零基础

成长为造价高手系列——

建筑电气工程造价

主编　王晓芳　计富元

参编　陈巧玲　罗　艳　魏海宽

机械工业出版社
CHINA MACHINE PRESS

本书将造价员必须掌握的行业知识、专业内容与实际工作经验相结合，可以帮助刚入行人员与上岗实现“零距离”，尽快入门，快速成为技术高手。

本书结合新定额与新清单及相关规范，按照专业工程造价的工作流程分步骤编排内容。将上岗基础知识、专业识图、工程造价计算、软件操作等内容按顺序编写，可帮助读者快速掌握造价相关专业内容，学会计算方法。

本书共分十章，内容主要包括造价人员职业制度与职业生涯、工程造价管理相关法律法规与制度、建筑电气工程施工、建筑电气工程识图、建筑电气工程造价构成与计价、建筑电气工程工程量的计算、建筑电气工程定额计价、建筑电气工程清单计价、建筑电气工程造价软件的运用、建筑电气工程综合计算实例。

本书既可作为相关培训机构的教材，也可供相关专业院校师生参考与使用。

图书在版编目(CIP)数据

建筑电气工程造价/王晓芳，计富元主编．—北京：机械工业出版社，2021.3
(零基础成长为造价高手系列)
ISBN 978-7-111-67578-5

Ⅰ.①建… Ⅱ.①王… ②计… Ⅲ.①房屋建筑设备-电气设备-建筑安装-工程造价 Ⅳ.①TU723.3

中国版本图书馆 CIP 数据核字（2021）第 033041 号

机械工业出版社(北京市百万庄大街 22 号　邮政编码 100037)
策划编辑：张　晶　责任编辑：张　晶　范秋涛
责任校对：刘时光　封面设计：陈　沛
责任印制：李　昂
唐山三艺印务有限公司印刷
2021 年 3 月第 1 版第 1 次印刷
184mm×260mm · 14 印张 · 370 千字
标准书号：ISBN 978-7-111-67578-5
定价：49.00 元

电话服务　　　　　　　　　　网络服务
客服电话：010-88361066　机　工　官　网：www.cmpbook.com
　　　　　010-88379833　机　工　官　博：weibo.com/cmp1952
　　　　　010-68326294　金　　书　　网：www.golden-book.com
封底无防伪标均为盗版　机工教育服务网：www.cmpedu.com

前言

随着我国国民经济的发展，建筑工程已经成为当今最具活力的行业之一。民用、工业及公共建筑如雨后春笋般在全国各地拔地而起，伴随着建筑施工技术的不断发展和成熟，建筑产品在品质、功能等方面有了更高的要求。建筑工程队伍的规模也日益扩大，大批从事建筑行业的人员迫切需要提高自身专业素质及专业技能。

本书是“零基础成长为造价高手系列”图书之一，结合了新的考试制度与法律法规，全面、细致地介绍了建筑工程造价专业技能、岗位职责及要求，帮助工程造价人员迅速进入职业状态、掌握职业技能。

本书内容的编写，由浅及深，循序渐进，适合不同层次的读者。在表达上运用了思维导图，简明易懂、灵活新颖，重点知识双色块状化，杜绝了枯燥乏味的讲述，让读者一目了然。

本系列图书共五个分册，分别为：《建筑工程造价》《安装工程造价》《市政工程造价》《装饰装修工程造价》《建筑电气工程造价》。

为了使广大工程造价工作者和相关工程技术人员更深入地理解新规范，本书涵盖了新定额和新清单的相关内容，详细地介绍了造价相关知识，注重理论与实际的结合，以实例的形式将工程量如何计算等具体内容进行了系统的阐述和详细的解说，并运用图表的格式清晰地展现出来，针对性很强，便于读者有目标地学习。

本书可作为相关专业院校的教学教材，也可作为培训机构学员的辅导材料。

本书在编写的过程中，参考了大量的文献资料。为了编写方便，对于所引用的文献资料并未一一注明，在此谨向原作者表示诚挚的敬意和谢意。

由于编者水平有限，疏漏之处在所难免，恳请广大同仁及读者批评指正。

编　者

目录 Contents

第一章　造价人员职业制度与职业生涯

第一节　造价人员资格制度及考试办法

一、造价工程师的概念

造价工程师是指通过全国统一考试取得中华人民共和国造价工程师职业资格证书，并经注册后从事建设工程造价业务活动的专业技术人员，如图1-1所示。

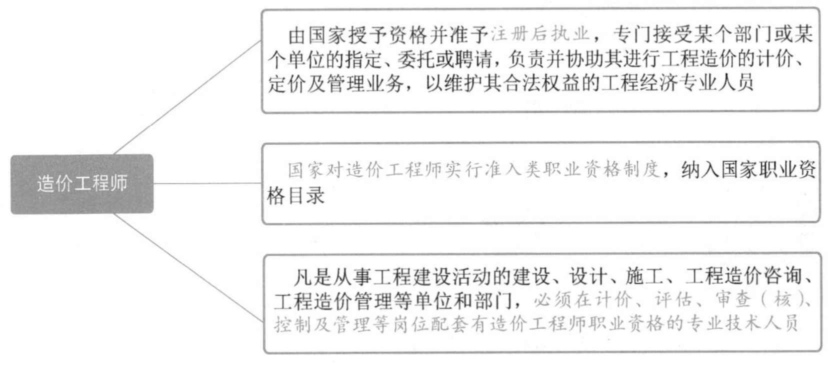

图1-1　造价工程师的概念

二、造价工程师职业资格制度

造价工程师分为一级造价工程师和二级造价工程师。由住房和城乡建设部、交通运输部、水利部、人力资源和社会保障部共同制定造价工程师职业资格制度，并按照职责分工负责造价工程师职业资格制度的实施与监管。

一级造价工程师职业资格考试全国统一大纲、统一命题、统一组织。二级造价工程师职业资格考试全国统一大纲，各省、自治区、直辖市自主命题并组织实施。一级和二级造价工程师职业资格考试均设置基础科目和专业科目。

1）凡遵守中华人民共和国宪法、法律、法规，具有良好的业务素质和道德品行，具备如图1-2所示条件之一者，可以申请参加一级造价工程师职业资格考试。

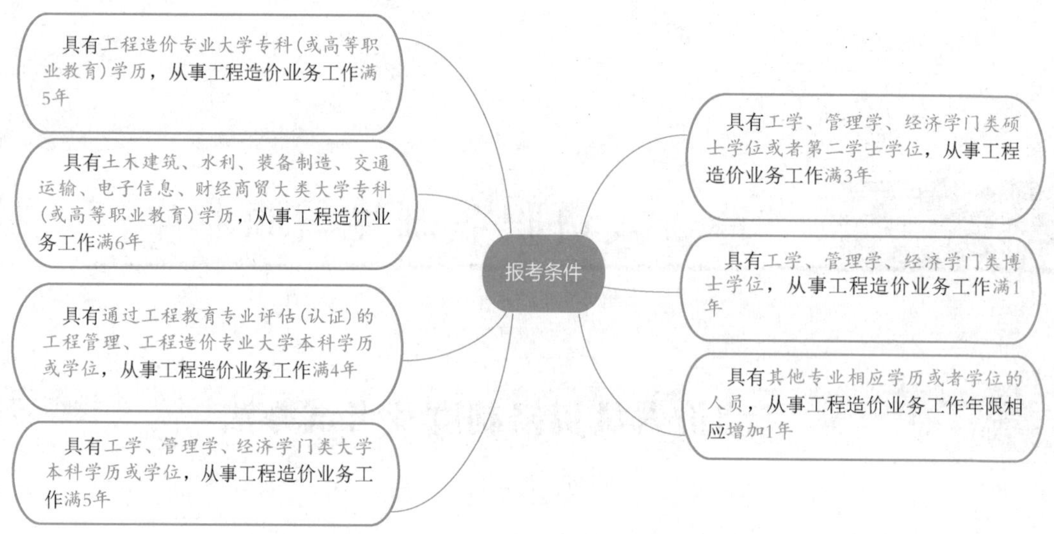

图 1-2　一级造价工程师报考条件

2）凡遵守中华人民共和国宪法、法律、法规，具有良好的业务素质和道德品行，具备如图 1-3 所示条件之一者，可以申请参加二级造价工程师职业资格考试。

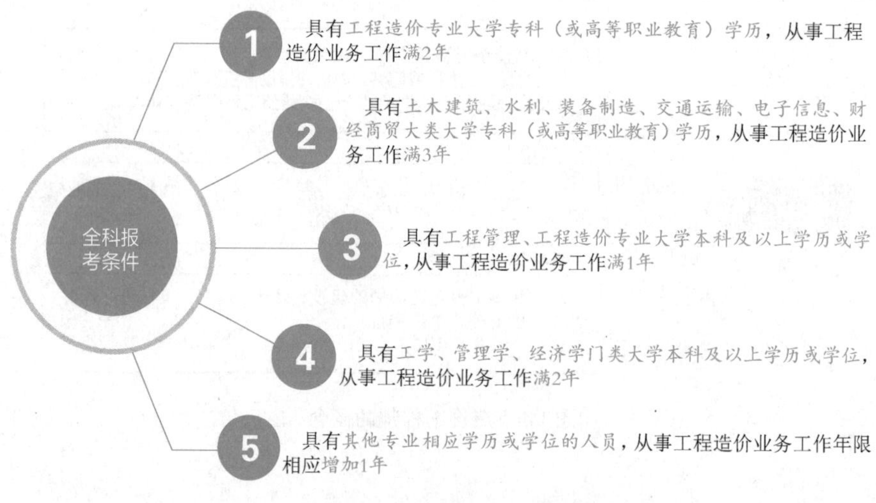

图 1-3　二级造价工程师全科报考条件

3）关于造价员证书的规定。

①根据《造价工程师职业资格制度规定》，本规定印发之前取得的全国建设工程造价员资格证书、公路水运工程造价人员资格证书以及水利工程造价工程师资格证书，效用不变。

②专业技术人员取得一级造价工程师、二级造价工程师职业资格，可认定其具备工程师、助理工程师职称，并可作为申报高一级职称的条件。

③根据《造价工程师职业资格制度规定》，本规定自印发之日起施行。人事部、建设部发布的《造价工程师执业资格制度暂行规定》（人发〔1996〕77 号）同时废止。根据该暂行规定取得的造价工程师执业资格证书与本规定中一级造价工程师职业资格证书效用等同。

三、造价工程师职业资格考试

造价工程师职业资格考试专业科目分为土木建筑工程、交通运输工程、水利工程和安装工程四个专业类别，考生在报名时可根据实际工作需要选择其一。其中，土木建筑工程、安装工程专业由住房和城乡建设部负责；交通运输工程专业由交通运输部负责；水利工程专业由水利部负责。

一级造价工程师职业资格考试成绩实行4年为一个周期的滚动管理办法，在连续的4个考试年度内通过全部考试科目，方可取得一级造价工程师职业资格证书。二级造价工程师职业资格考试成绩实行2年为一个周期的滚动管理办法，参加全部2个科目考试的人员必须在连续的2个考试年度内通过全部科目，方可取得二级造价工程师职业资格证书。

一级造价工程师职业资格考试分4个半天进行。《建设工程造价管理》《建设工程技术与计量》《建设工程计价》科目的考试时间均为2.5小时，《建设工程造价案例分析》科目的考试时间为4小时（图1-4）。二级造价工程师职业资格考试分2个半天。《建设工程造价管理基础知识》科目的考试时间为2.5小时，《建设工程计量与计价实务》科目的考试时间为3小时（图1-5）。

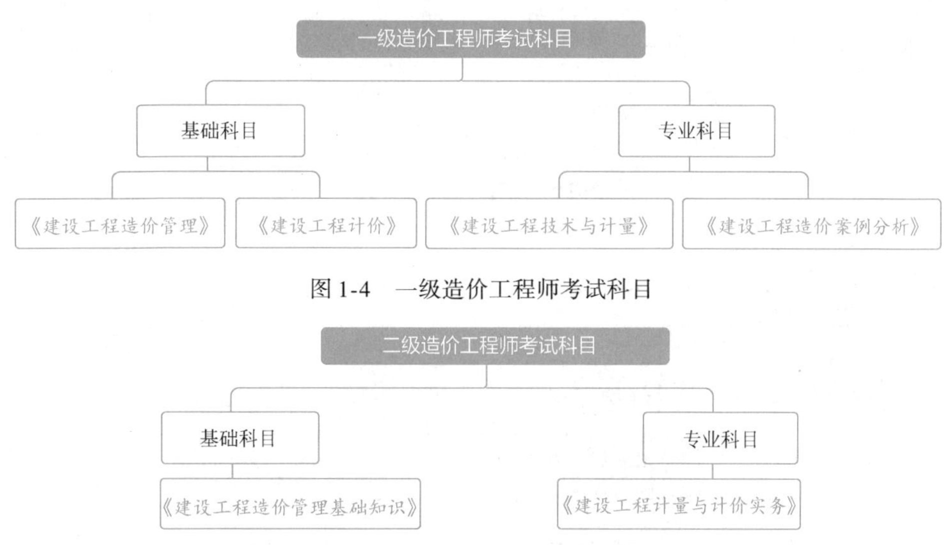

图1-4　一级造价工程师考试科目

图1-5　二级造价工程师考试科目

1）具有如图1-6所示条件之一的，参加一级造价工程师考试可免考基础科目。

2）具有如图1-7所示条件之一的，参加二级造价工程师考试可免考基础科目。

图1-6　一级造价工程师考试可免考基础科目　　图1-7　二级造价工程师考试可免考基础科目

第二节　造价人员的权利、义务、执业范围及职责

一、造价人员的权利

造价人员的权利如图 1-8 所示。

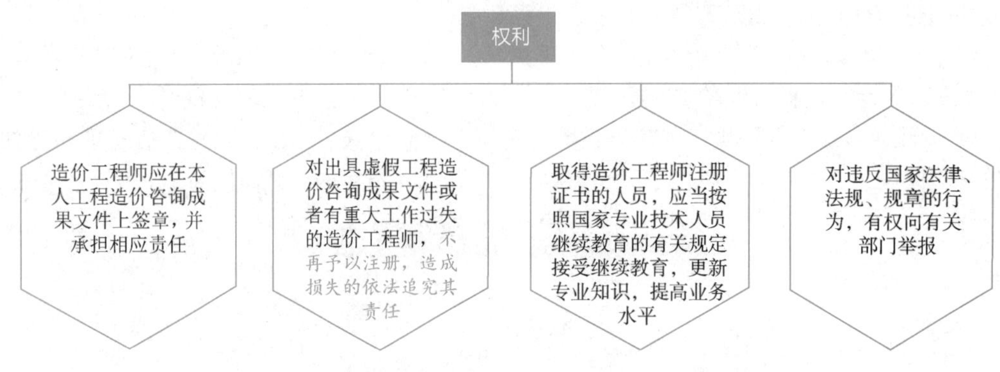

图 1-8　造价人员的权利

二、造价人员的义务

造价人员应履行的义务如图 1-9 所示。

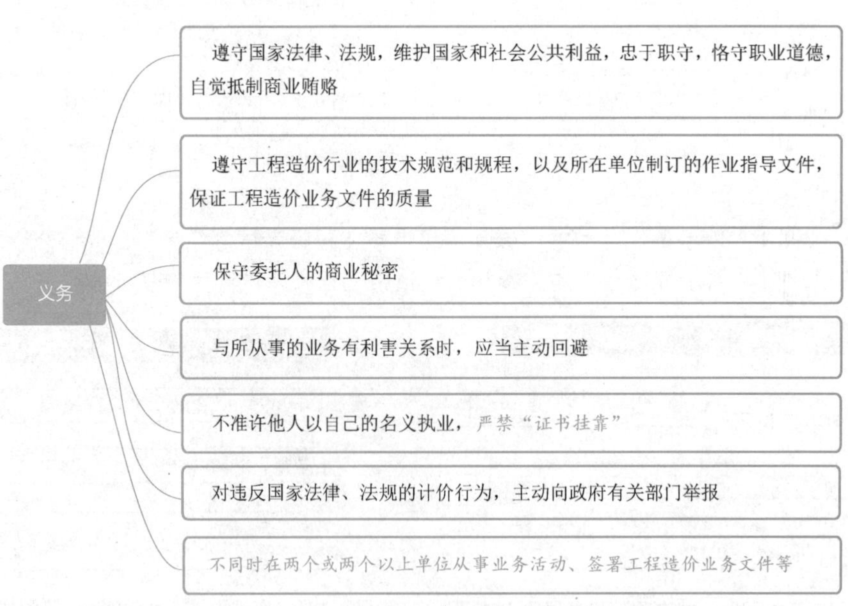

图 1-9　造价人员应履行的义务

三、造价人员的执业范围

1）一级造价工程师的执业范围包括建设项目全过程的工程造价管理与咨询等，具体工作内容如图 1-10 所示。

2）二级造价工程师主要协助一级造价工程师开展相关工作，可独立开展的具体工作如图 1-11 所示。

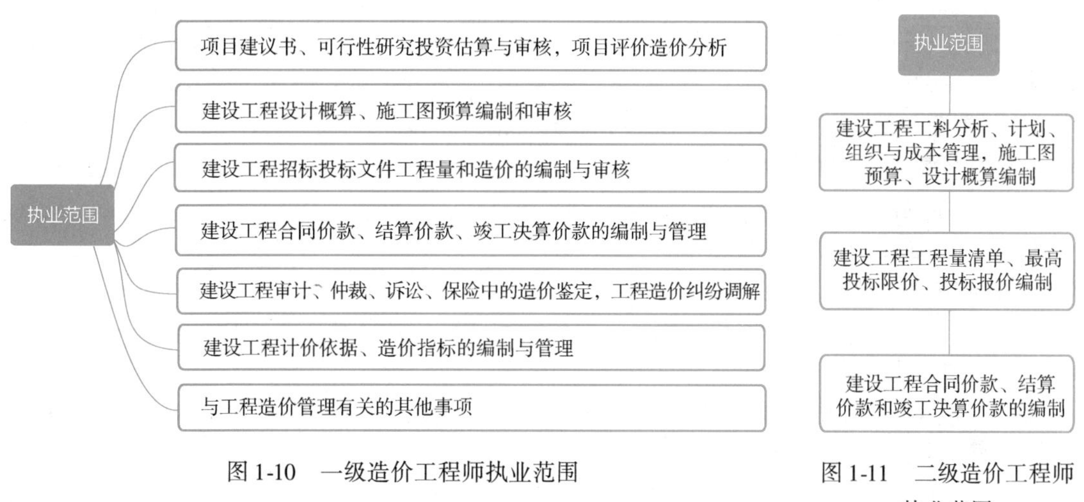

执业范围
项目建议书、可行性研究投资估算与审核，项目评价造价分析
建设工程设计概算、施工图预算编制和审核
建设工程招标投标文件工程量和造价的编制与审核
建设工程合同价款、结算价款、竣工决算价款的编制与管理
建设工程审计、仲裁、诉讼、保险中的造价鉴定，工程造价纠纷调解
建设工程计价依据、造价指标的编制与管理
与工程造价管理有关的其他事项

图 1-10　一级造价工程师执业范围

执业范围
建设工程工料分析、计划、组织与成本管理，施工图预算、设计概算编制
建设工程工程量清单、最高投标限价、投标报价编制
建设工程合同价款、结算价款和竣工决算价款的编制

图 1-11　二级造价工程师执业范围

四、造价人员的岗位职责

造价人员的岗位职责如图 1-12 所示。

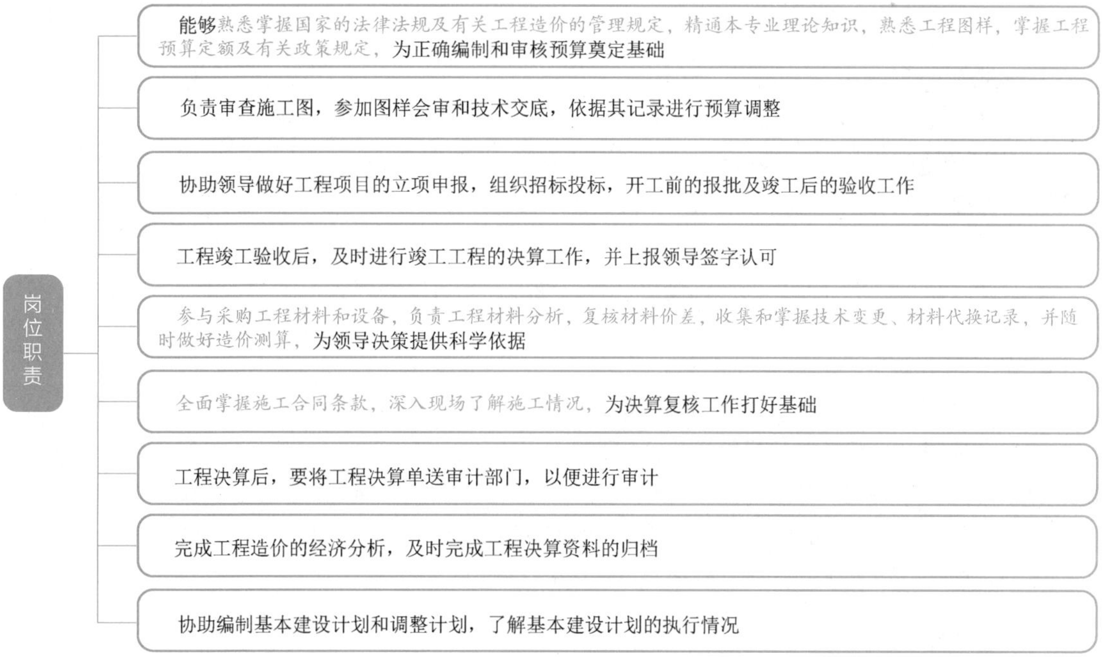

岗位职责
能够熟悉掌握国家的法律法规及有关工程造价的管理规定，精通本专业理论知识，熟悉工程图样，掌握工程预算定额及有关政策规定，为正确编制和审核预算奠定基础
负责审查施工图，参加图样会审和技术交底，依据其记录进行预算调整
协助领导做好工程项目的立项申报，组织招标投标，开工前的报批及竣工后的验收工作
工程竣工验收后，及时进行竣工工程的决算工作，并上报领导签字认可
参与采购工程材料和设备，负责工程材料分析，复核材料价差，收集和掌握技术变更、材料代换记录，并随时做好造价测算，为领导决策提供科学依据
全面掌握施工合同条款，深入现场了解施工情况，为决算复核工作打好基础
工程决算后，要将工程决算单送审计部门，以便进行审计
完成工程造价的经济分析，及时完成工程决算资料的归档
协助编制基本建设计划和调整计划，了解基本建设计划的执行情况

图 1-12　造价人员的岗位职责

第三节 造价人员的职业生涯

一、造价人员的从业前景

1）建筑工程行业发展迅猛，国家给与优惠政策，经济收益乐观，从事相关单位和人员技能水平要求高。

2）从事造价工程的相关单位分布范围广，分土建、安装、装饰、市政、园林等造价工程师。企业人才需求量大，专业技术人员难觅。

3）考证难度高、通过率低，证书含金量颇高。

4）薪资待遇高，发展机会广阔。

5）造价工程师执业方向：

①建设项目建议书、可行性研究投资估算的编制和审核，项目经济评价，工程概算、预算、结算、竣工结（决）算的编制和审核。

②工程量清单、标底（或控制价）、投标报价的编制和审核，工程合同价款的签订及变更、调整、工程款支付与工程索赔费用的计算。

③建设项目管理过程中设计方案的优化、限额设计等工程造价分析与控制，工程保险理赔的核查。

④工程经济纠纷的鉴定。

二、造价人员的从业岗位

1. 建设单位

预结算审核、投资成本测算、全过程造价控制、合约管理。

2. 施工单位

预结算编制、成本测算。

3. 中介单位

（1）设计单位　设计概算编制、可行性研究等工程经济业务等。

（2）咨询单位　招标代理、预结算编审、全过程造价控制、工程造价纠纷鉴定。

4. 行政事业单位

（1）财政评审机构　预结算审核、基建财务审核。

（2）政府审计部门　基建投资审计。

（3）造价管理部门及教学、科研部门　行政或行业管理、教学教育、造价科研。

建设单位、施工单位、中介单位是造价人员就业的三大主体。除此之外，还有造价软件公司、出版机构、金融机构、保险机构、新媒体运营等。

第四节　造价人员的职业能力

一、造价人员应具备的职业能力

1. 专业技术能力

1）掌握识图能力，是对造价人员的基本要求。

2）熟悉工程技术，对施工工艺、软件运用等技术问题要熟悉，出现问题时能够及时处理。

3）掌握工程造价技能。

①建设各阶段造价操作与控制能力。尤其是招标投标、合同价确定、合同实施、合同结算几个阶段的操控能力。

②掌握造价计价体系能力。目前主要有两种计价方式：定额计价与清单计价。

③要有经济分析与总结能力。包括主要财务报表编制、依据财务报表进行相关经济技术评价、竣工结算后的固定资产结算财务报告等。

2. 语言、文字表达能力

作为造价人员，要用言简意赅、逻辑清晰的语言、文字把复杂的问题表达清楚。比如合同管理、概预算编审报告的编制、各类报告文件的草拟，均需要造价人员有较强的文字表达与处理能力。不仅为了让自己看明白，也能更好地传递给他人。

3. 与他人沟通、相处能力

在做好本职工作的同时，也要善于和他人沟通、相处。比如工程结算对账、工程造价鉴定和材料询价等工作需要与对方沟通、交流，达成一致意见。造价不是一个闭门造车的工作，沟通是处理问题最直接、最有效的方式。

二、造价人员职业能力的提升

造价人员职业能力的提升如图 1-13 所示。

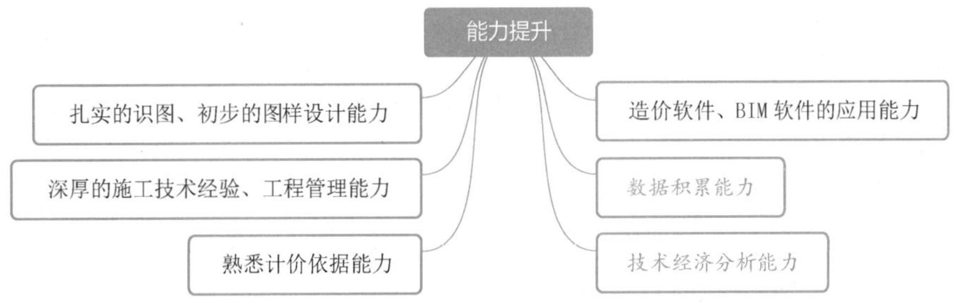

图 1-13　造价人员职业能力的提升

第五节 造价人员岗位工作流程

由于建设单位、施工单位和咨询单位等单位的工程实施阶段不同，其工作流程也不同，下面列举咨询单位造价人员岗位工作流程，如图 1-14 所示。

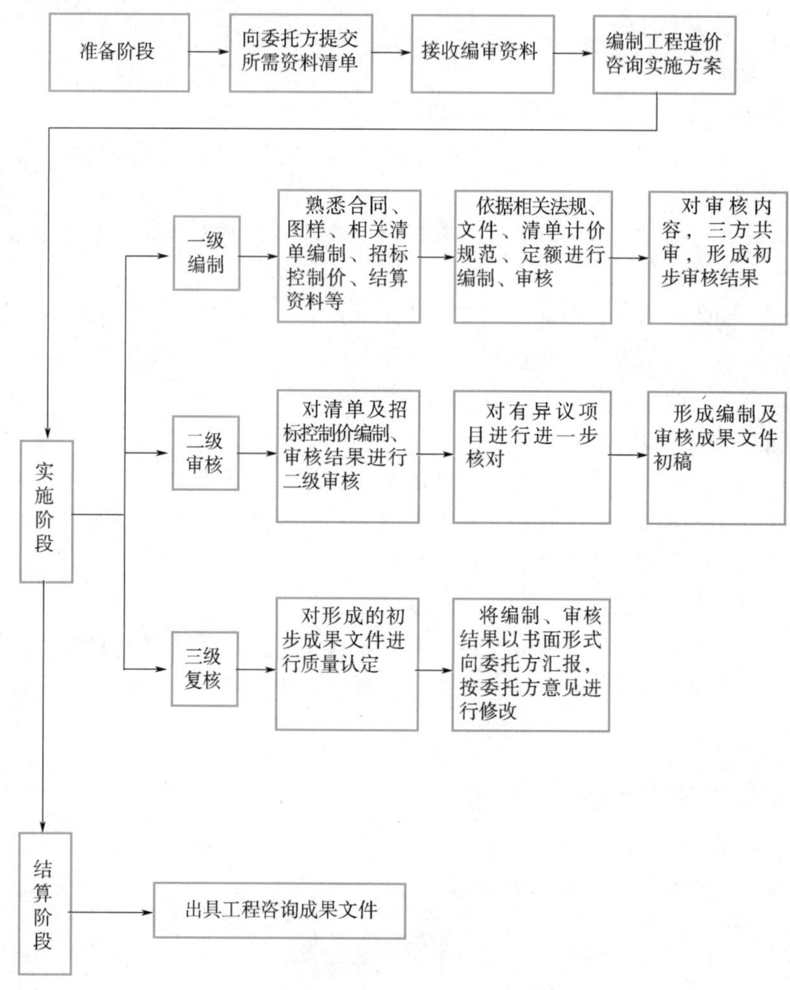

图 1-14 咨询单位造价人员岗位工作流程

第二章　工程造价管理相关法律法规与制度

第一节　工程造价管理相关法律法规

一、建筑法

《中华人民共和国建筑法》（以下简称《建筑法》）主要适用于各类房屋建筑及其附属设施的建造和与其配套的线路、管道、设备的安装活动。关于《建筑法》的规定可分为建筑许可、建筑工程发包与承包、建筑工程监理、建筑安全生产管理和建筑工程质量管理，此规定也适用于其他建设工程，如图 2-1 所示。

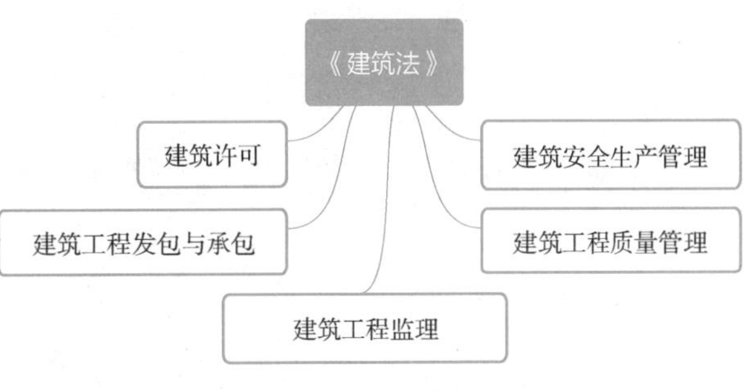

图 2-1　《建筑法》规定的划分

1. 建筑许可

申请领取施工许可证，应当具备如图 2-2 所示条件。

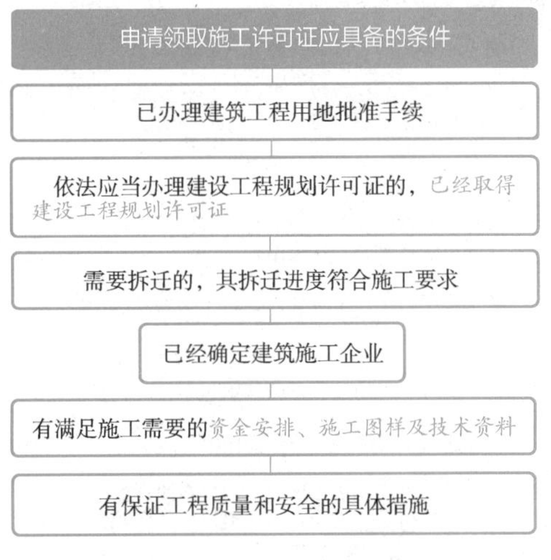

图 2-2　申领施工许可证的条件

2. 建筑工程发包与承包

（1）建筑工程发包　建筑工程发包包括发包方式和禁止行为，其规定如图 2-3 所示。

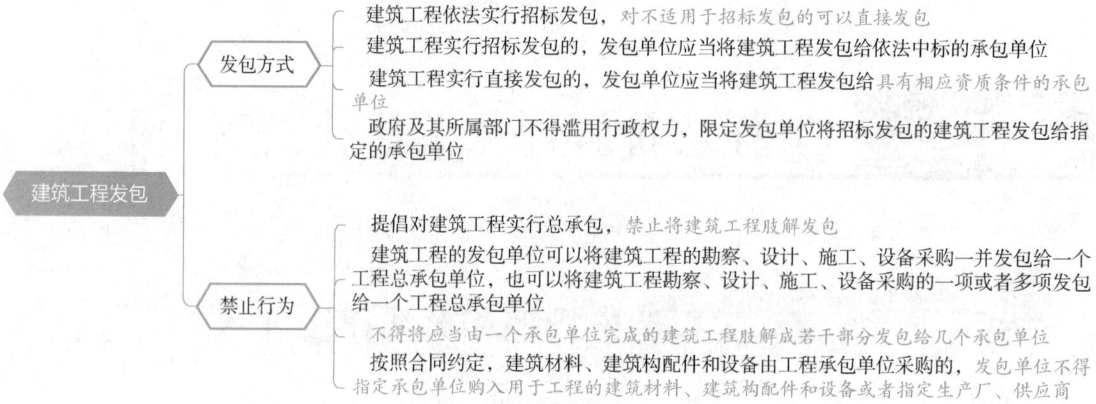

建筑工程发包
发包方式
建筑工程依法实行招标发包，对不适用于招标发包的可以直接发包
建筑工程实行招标发包的，发包单位应当将建筑工程发包给依法中标的承包单位
建筑工程实行直接发包的，发包单位应当将建筑工程发包给具有相应资质条件的承包单位
政府及其所属部门不得滥用行政权力，限定发包单位将招标发包的建筑工程发包给指定的承包单位
禁止行为
提倡对建筑工程实行总承包，禁止将建筑工程肢解发包
建筑工程的发包单位可以将建筑工程的勘察、设计、施工、设备采购一并发包给一个工程总承包单位，也可以将建筑工程勘察、设计、施工、设备采购的一项或者多项发包给一个工程总承包单位
不得将应当由一个承包单位完成的建筑工程肢解成若干部分发包给几个承包单位
按照合同约定，建筑材料、建筑构配件和设备由工程承包单位采购的，发包单位不得指定承包单位购入用于工程的建筑材料、建筑构配件和设备或者指定生产厂、供应商

图 2-3　建筑工程发包的规定

（2）建筑工程承包　关于建筑工程承包的规定如图 2-4 所示。

建筑工程承包
承包资质
承包建筑工程的单位应当持有依法取得的资质证书，并在其资质等级许可的业务范围内承揽工程
禁止建筑施工企业超越本企业资质等级许可的业务范围或者以任何形式用其他建筑施工企业的名义承揽工程
禁止建筑施工企业以任何方式允许其他单位或个人使用本企业的资质证书、营业执照，以本企业的名义承揽工程
联合承包
大型建筑工程或结构复杂的建筑工程，可以由两个以上的承包单位联合共同承包
共同承包的各方对承包合同的履行承担连带责任
两个以上不同资质等级的单位实行联合共同承包的，应当按照资质等级低的单位的业务许可范围承揽工程
工程分包
建筑工程总承包单位可以将承包工程中的部分工程发包给具有相应资质条件的分包单位。但是，除总承包合同中已约定的分包外，必须经建设单位认可
施工总承包的，建筑工程主体结构的施工必须由总承包单位自行完成
建筑工程总承包单位按照总承包合同的约定对建设单位负责；分包单位按照分包合同的约定对总承包单位负责
总承包单位和分包单位就分包工程对建设单位承担连带责任
禁止行为
禁止承包单位将其承包的全部建筑工程转包给他人，或将其承包的全部建筑工程肢解以后以分包的名义分别转包给他人
禁止总承包单位将工程分包给不具备资质条件的单位。禁止分包单位将其承包的工程再分包
建筑工程造价
建筑工程的发包单位与承包单位应当依法订立书面合同，明确双方的权利和义务
建筑工程造价应当按照国家有关规定，由发包单位与承包单位在合同中约定
发包单位和承包单位应当全面履行合同约定的义务。不按照合同约定履行义务的，依法承担违约责任。发包单位应当按照合同约定，及时拨付工程款项

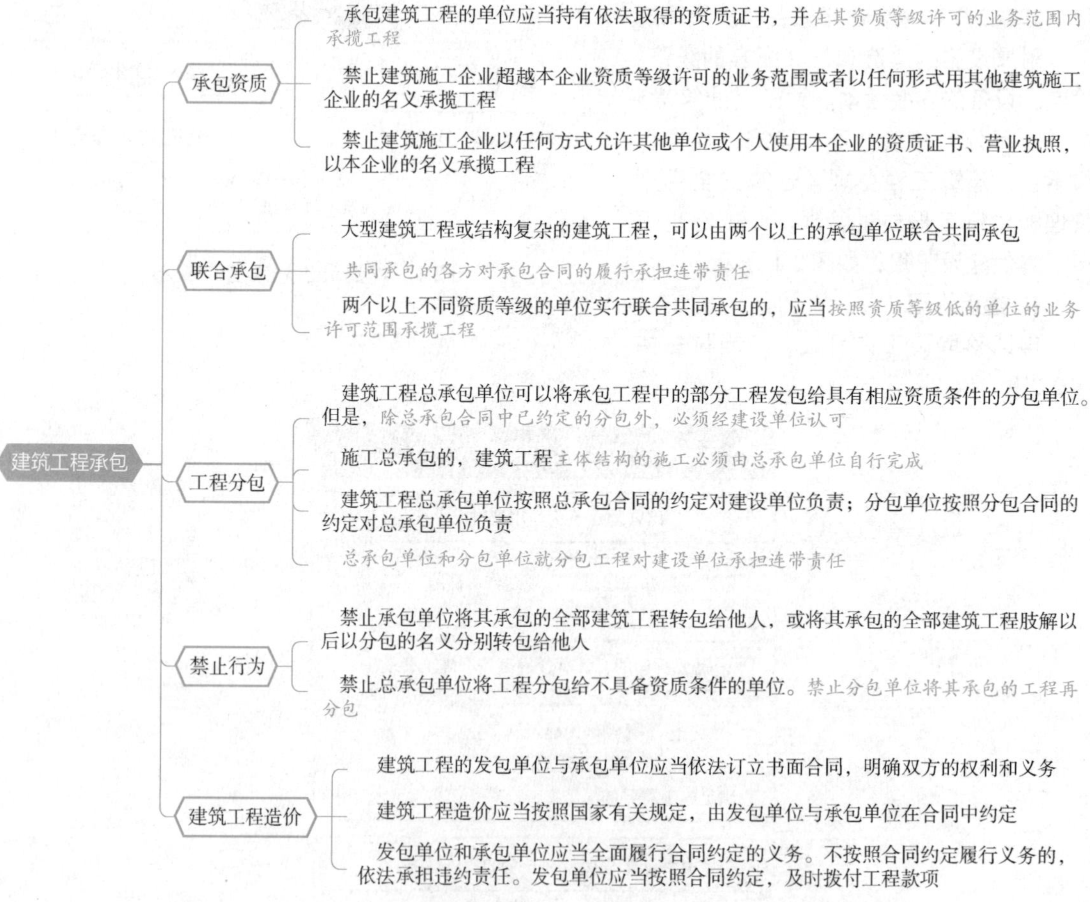

图 2-4　建筑工程承包的规定

3. 建筑工程监理

国家推行的建筑工程监理制度如图 2-5 所示。

国家推行建筑工程监理制度

- 建筑工程监理是指具有相应资质条件的工程监理单位受建设单位委托，依照法律、行政法规及有关的技术标准、设计文件和建筑工程承包合同，对承包单位在施工质量、建设工期和建设资金使用等方面，代表建设单位实施的监督管理活动
- 实行监理的建筑工程，建设单位与其委托的工程监理单位应当订立书面委托监理合同
- 实施建筑工程监理前，建设单位应当将委托的工程监理单位、监理的内容及监理权限，书面通知被监理的建筑施工企业
- 工程监理单位应当根据建设单位的委托，客观、公正地执行监理任务
- 工程监理人员发现工程设计不符合建筑工程质量标准或者合同约定的质量要求的，应当报告建设单位要求设计单位改正；认为工程施工不符合工程设计要求、施工技术标准和合同约定的，有权要求建筑施工企业改正

图 2-5　建筑工程监理制度

4. 建筑安全生产管理

建筑安全生产管理制度如图 2-6 所示。

建筑工程安全生产管理

- 必须坚持安全第一、预防为主的方针，建立健全安全生产的责任制度和群防群治制度
- 建筑工程设计应当符合按照国家规定制定的建筑安全规程和技术规范，保证工程的安全性能。建筑施工企业在编制施工组织设计时，应当根据建筑工程的特点制订相应的安全技术措施；对专业性较强的工程项目，应该编制专项安全施工组织设计，并采取安全技术措施
- 建筑施工企业应在施工现场采取维护安全、防范危险、预防火灾等措施；有条件的，应当对施工现场实行封闭管理。施工现场对毗邻的建筑物、构筑物和特殊作业环境可能造成损害的，建筑施工企业应当采取措施加以保护
- 施工现场安全由建筑施工企业负责。实行施工总承包的，由总承包单位负责。分包单位向总承包单位负责，服从总承包单位对施工现场的安全生产管理。鼓励企业为从事危险作业的职工办理意外伤害保险，支付保险费
- 涉及建筑主体和承重结构变动的装修工程，建设单位应当在施工前委托原设计单位或者具备相应资质条件的设计单位提出设计方案；没有设计方案的，不得施工。房屋拆除应当由具备保证安全条件的建筑施工单位承担，由建筑施工单位负责人对安全负责

图 2-6　建筑安全生产管理制度

5. 建筑工程质量管理

建筑工程质量管理制度如图 2-7 所示。

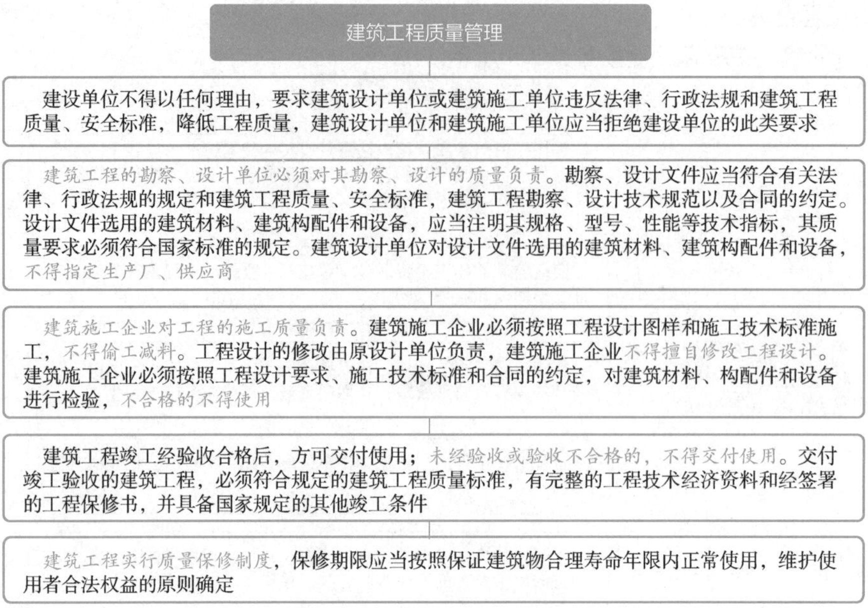

建筑工程质量管理
建设单位不得以任何理由，要求建筑设计单位或建筑施工单位违反法律、行政法规和建筑工程质量、安全标准，降低工程质量，建筑设计单位和建筑施工单位应当拒绝建设单位的此类要求
建筑工程的勘察、设计单位必须对其勘察、设计的质量负责。勘察、设计文件应当符合有关法律、行政法规的规定和建筑工程质量、安全标准，建筑工程勘察、设计技术规范以及合同的约定。设计文件选用的建筑材料、建筑构配件和设备，应当注明其规格、型号、性能等技术指标，其质量要求必须符合国家标准的规定。建筑设计单位对设计文件选用的建筑材料、建筑构配件和设备，不得指定生产厂、供应商
建筑施工企业对工程的施工质量负责。建筑施工企业必须按照工程设计图样和施工技术标准施工，不得偷工减料。工程设计的修改由原设计单位负责，建筑施工企业不得擅自修改工程设计。建筑施工企业必须按照工程设计要求、施工技术标准和合同的约定，对建筑材料、构配件和设备进行检验，不合格的不得使用
建筑工程竣工经验收合格后，方可交付使用；未经验收或验收不合格的，不得交付使用。交付竣工验收的建筑工程，必须符合规定的建筑工程质量标准，有完整的工程技术经济资料和经签署的工程保修书，并具备国家规定的其他竣工条件
建筑工程实行质量保修制度，保修期限应当按照保证建筑物合理寿命年限内正常使用，维护使用者合法权益的原则确定

图 2-7　建筑工程质量管理制度

二、合同法

《中华人民共和国合同法》(以下简称《合同法》) 中的合同是指平等主体的自然人、法人、其他组织之间设立、变更、终止民事权利义务关系的协议。

《合同法》中所列的平等主体有三类，即：自然人、法人和其他组织。

《合同法》的组成一般可分为总则、分则和附则，如图 2-8 所示。

《合同法》的组成
总则
一般规定
合同的订立
合同的效力
合同的履行
合同的变更和转让
合同的权利义务终止
违约责任
其他规定
分则
买卖合同
供用电、水、气、热力合同
赠与合同
借款合同
租赁合同
融资租赁合同
承揽合同
建设工程合同
运输合同
技术合同
保管合同
仓储合同
委托合同
行纪合同
居间合同
附则

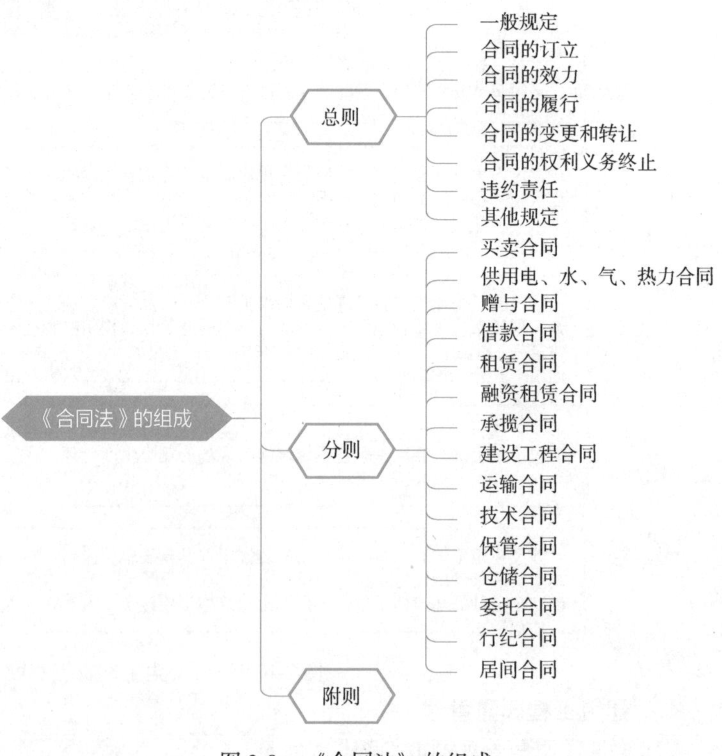

图 2-8　《合同法》的组成

1. 合同的订立

当事人订立合同，应当具有相应的民事权利能力和民事行为能力。订立合同必须以依法订立为前提，使所订立的合同成为双方履行义务、享有权利、受法律约束和请求法律保护的契约文书。

当事人依法可以委托代理人订立合同。所谓委托代理人订立

合同是指当事人委托他人以自己的名义与第三人签订合同，并承担由此产生的法律后果的行为。

（1）合同的形式和内容

1）合同的形式。当事人订立合同，有书面形式、口头形式和其他形式。法律、行政法规规定采用书面形式的，应当采用书面形式。当事人约定采用书面形式的，应当采用书面形式。建设工程合同应当采用书面形式。

2）合同的内容。合同的内容是指当事人之间就设立、变更或者终止权利义务关系表示一致的意思。合同内容通常称为合同条款。

合同的内容由当事人约定，约定的条款如图 2-9 所示。

当事人可以参照各类合同的示范文本订立合同。

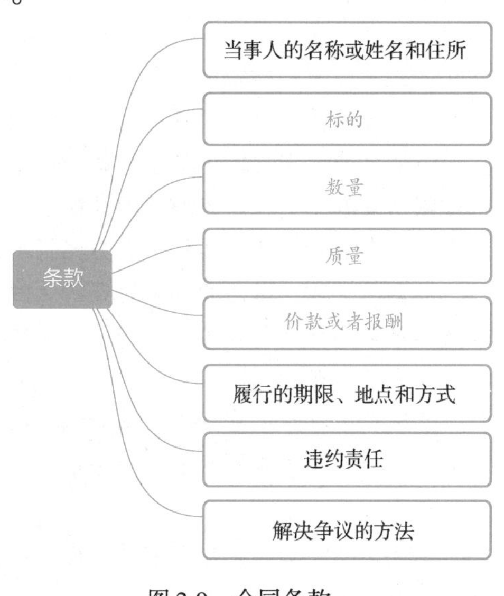

图 2-9　合同条款

（2）合同订立的程序

1）要约。

①要约及其有效的条件。要约是希望和他人订立合同的意思表示。要约应当符合如下规定：内容具体确定；表明经受要约人承诺，要约人即受该意思表示约束。也就是说，要约必须是特定人的意思表示，必须是以缔结合同为目的，必须具备合同的主要条款。

有些合同在要约之前还会有要约邀请。所谓要约邀请是希望他人向自己发出要约的意思表示。要约邀请并不是合同成立过程中的必经过程，它是当事人订立合同的预备行为，这种意思表示的内容往往不确定，不含有合同得以成立的主要内容和相对人同意后受其约束的表示，在法律上无需承担责任。寄送的价目表、拍卖公告、招标公告、招股说明书、商业广告等属于要约邀请。商业广告的内容符合要约规定的，视为要约。

②要约的生效。要约到达受要约人时生效。如采用数据电文形式订立合同，收件人指定特定系统接收数据电文的，该数据电文进入该特定系统的时间，视为到达时间；未指定特定系统的，该数据电文进入收件人的任何系统的首次时间，视为到达时间。

③要约可以撤回和撤销。要约可以撤回，撤回要约的通知应当在要约到达受要约人之前或者与要约同时到达受要约人。

要约可以撤销。撤销要约的通知应当在受要约人发出承诺通知之前到达受要约人。

但有下列情形之一的，要约不得撤销，如图 2-10 所示。

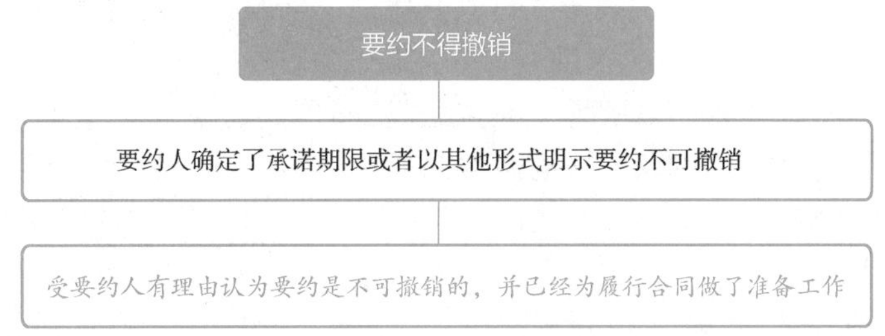

图 2-10　要约不得撤销

④要约失效。有如图 2-11 所示情形之一的，要约失效。

2）承诺。承诺是受要约人同意要约的意思表示。除根据交易习惯或者要约表明可以通过行为做出承诺的之外，承诺应当以通知的方式做出。

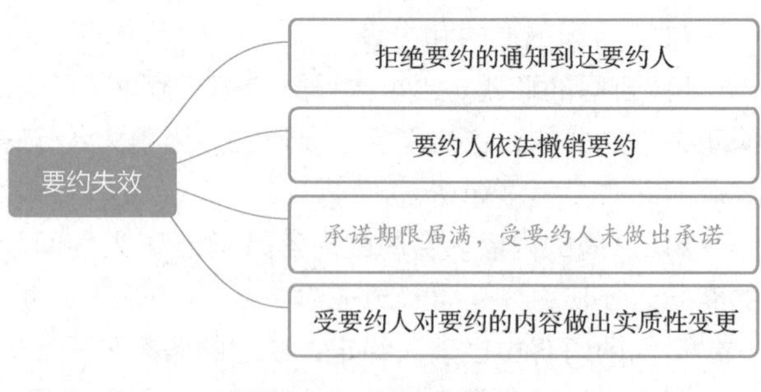

图 2-11　要约失效

承诺的期限。承诺应当在要约确定的期限内到达要约人。要约没有确定承诺期限的，承诺应当依照下列规定到达：

①除非当事人另有约定，以对话方式做出的要约，应当即时做出承诺。

②以非对话方式做出的要约，承诺应当在合理期限内到达。

以信件或者电报做出的要约，承诺期限自信件载明的日期或者电报交发之日开始计算。信件未载明日期的，自投寄该信件的邮戳日期开始计算。以电话、传真等快递通信方式做出的要约，承诺期限自要约到达受要约人时开始计算。

承诺的生效。承诺通知到达要约人时生效。承诺不需要通知的，根据交易习惯或者要约的要求做出承诺的行为时生效。采用数据电文形式订立合同的，承诺到达的时间适用于要约到达受要约人时间的规定。

受要约人在承诺期限内发出承诺，按照通常情形能够及时到达要约人，但因其他原因承诺到达要约人时超过承诺期限的，除要约人及时通知受要约人因承诺超过期限不接受该承诺的以外，该承诺有效。

承诺的撤回。承诺可以撤回，撤回承诺的通知应当在承诺通知到达要约人之前或者承诺通知同时到达要约人。

逾期承诺。受要约人超过承诺期限发出承诺的，除要约人及时通知受要约人该承诺有效的以外，为新要约。

要约内容的变更。承诺的内容应当与要约的内容一致。有关合同标的、数量、质量、价款或者报酬、履行期限、履行地点和方式、违约责任和解决争议方法等的变更，是对要约内容的实质性变更。受要约人对要约的内容做出实质性变更的，为新要约。

承诺对要约的内容做出非实质性变更的，除要约人及时表示反对或者要约表明承诺不得对要约的内容做出任何变更的以外，该承诺有效，合同的内容以承诺的内容为准。

（3）合同的成立　承诺生效时合同成立。

1）合同成立的时间。当事人采用合同书形式订立合同的，自双方当事人签字或者盖章时合同成立。当事人采用信件、数据电文等形式订立合同的，可以在合同成立之前要求签订确认书。签认确定书时合同成立。

2）合同订立的地点。承诺生效的地点为合同成立的地点。采用数据电文形式订立合同的，收件人的主营业地为合同成立的地点；没有主营业地的，其经常居住地为合同成立的地点。当事人另有约定的，按照其约定。当事人采用合同书形式订立合同的，双方当事人签字或者盖章的地点为合同成立的地点。

3）合同成立的其他情形如图 2-12 所示。

4）格式条款。格式条款是当事人为了重复使用而预先拟定，并在订立合同时未与对方协商的条款。

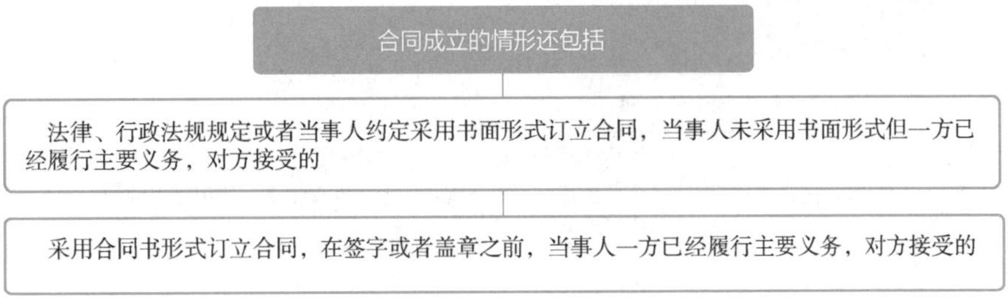

合同成立的情形还包括
法律、行政法规规定或者当事人约定采用书面形式订立合同，当事人未采用书面形式但一方已经履行主要义务，对方接受的
采用合同书形式订立合同，在签字或者盖章之前，当事人一方已经履行主要义务，对方接受的

图 2-12　合同成立的其他情形

①格式条款提供者的义务。采用格式条款订立合同，有利于提高当事人双方合同订立过程的效率、减少交易成本、避免合同订立过程中因当事人双方一事一议而可能造成的合同内容的不确定性。但由于格式条款的提供者往往在经济地位方面具有明显的优势，在行业中居于垄断地位，因而导致其拟定格式条款时，会更多地考虑自己的利益，而较少考虑另一方当事人的权利或者附加种种限制条件。为此，提供格式条款的一方应当遵循公平的原则确定当事人之间的权利义务关系，并采取合理的方式提请对方注意免除或者限制其责任的条款，按照对方的要求，对该条款予以说明。

②格式条款无效。提供格式条款一方免除自己责任、加重对方责任、排除对方主要权利的，该条款无效。此外，《合同法》规定的合同无效的情形，同样适用于格式合同条款。

③格式条款的解释。对格式条款的理解发生争议的，应当按照通常理解予以解释。对格式条款有两种以上解释的，应当做出不利于提供格式条款一方的解释。格式条款和非格式条款不一致的，应当采用非格式条款。

5）缔约过失责任。缔约过失责任发生于合同不成立或者合同无效的缔约过程。其构成条件：一是当事人有过错。若无过错，则不承担责任。二是有损害后果的发生。若无损失，也不承担责任。三是当事人的过错行为与造成的损失有因果关系。

当事人订立合同过程中有如图 2-13 所示情形之一，给对方造成损失的，应当承担损害赔偿责任。

应当承担损害赔偿责任的情形
假借订立合同，恶意进行磋商
故意隐瞒与订立合同有关的重要事实或者提供虚假情况
有其他违背诚实信用原则的行为

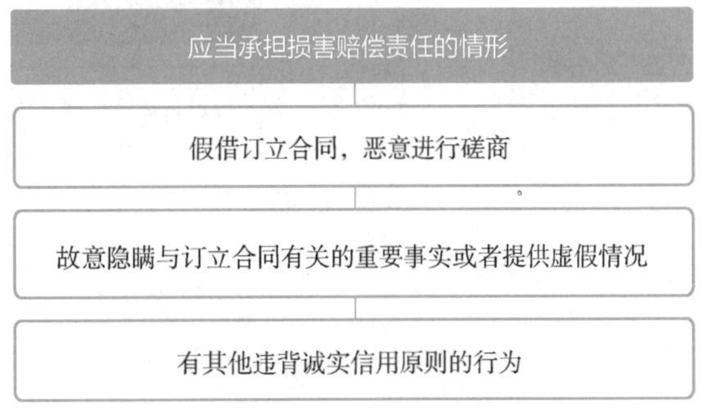

图 2-13　造成损失应承担损害赔偿的情形

当事人在订立合同的过程中知悉的商业秘密，无论合同是否成立，不得泄露或者不正当地使用。泄露或者不正当地使用该商业秘密给对方造成损失的，应当承担损害赔偿责任。

2. 合同的效力

（1）合同的生效　合同生效与合同成立是两个不同的概念。合同成立是指双方当事人依照有关法律对合同的内容进行协商并达成一致的意见。合同成立的判断依据是承诺是否生效。合同生效是指合同产生的法律效力，具有法律约束力。在通常情况下，合同依法成立之时，就是合同生效之日，二者在时间上是同步的。但有些合同在成立后，并非立即产生法律效力，而是需要其他条件成就之后，才开始生效。

关于合同生效时间、附条件和附期限的合同的规定如图 2-14 所示。

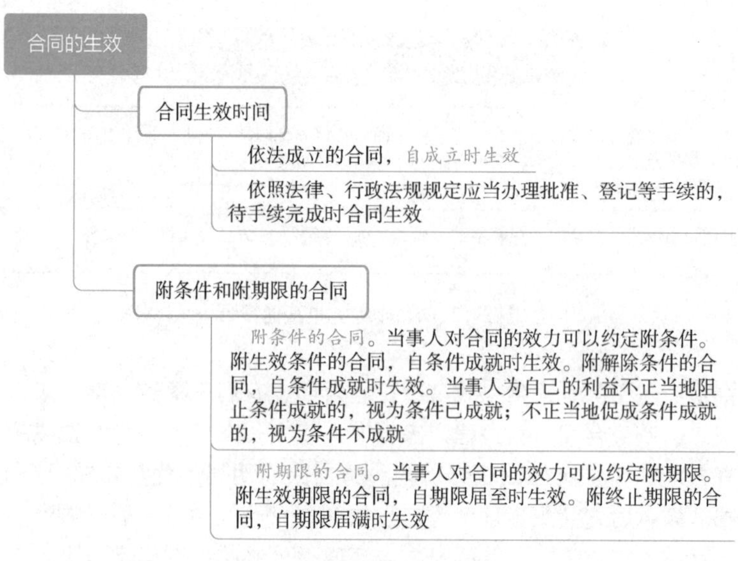

图 2-14　合同生效的规定

（2）效力待定合同　效力待定合同是指合同已经成立，但合同效力能否产生尚不能确定的合同。效力待定合同主要是由于当事人缺乏缔约能力、财产处分能力或代理人的代理资格和代理权限存在缺陷所造成的。效力待定合同包括限制民事行为能力人订立的合同和无权代理人代订的合同。

1）限制民事行为能力人订立的合同。根据我国《民法通则》，限制民事行为能力人是指 10 周岁以上不满 18 周岁的未成年人，以及不能完全辨认自己行为的精神病人。限制民事行为能力人订立的合同，经法定代理人追认后，该合同有效，但纯获利益的合同或者与其年龄、智力、精神健康状况相适应而订立的合同，不必经法定代理人追认。

由此可见，限制民事行为能力人订立的合同并非一律无效，在如图 2-15 所示几种情形下订立的合同是有效的。

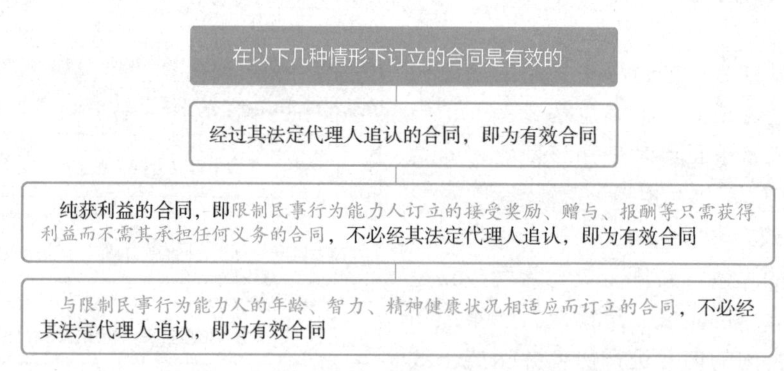

图 2-15　合同有效的情形

与限制民事行为能力人订立合同的相对人可以催告法定代理人在 1 个月内予以追认。法定代理人未做表示的，视为拒绝追认。合同被追认之前，善意相对人有撤销的权利。撤销应当以通知的方式做出。

2）无权代理人代订的合同。无权代理人订立的合同主要包括行为人没有代理权、超越代理权限范围或者代理权终止后仍以被代理人的名义订立的合同。

①无权代理人代订的合同对被代理人不发生效力的情形。行为人没有代理权、超越代理权或者代理权终止后以被代理人的名义订立的合同，未经被代理人追认，对被代理人不发生效力，由行为人承担责任。

与无权代理人签订合同的相对人可以催告被代理人在1个月内予以追认。被代理人未做表示的，视为拒绝追认。合同被追认之前，善意相对人有撤销的权利。撤销应当以通知的方式做出。

无权代理人代订的合同是否对被代理人发生法律效力，取决于被代理人的态度。与无权代理人签订合同的相对人催告被代理人在1个月内予以追认时，被代理人未做表示或表示拒绝的，视为拒绝追认，该合同不生效。被代理人表示予以追认的，该合同对被代理人发生法律效力。在催告开始至被代理人追认之前，该合同对于被代理人的法律效力处于待定状态。

②无权代理人代订的合同对被代理人具有法律效力的情形。行为人没有代理权、超越代理权或者代理权终止后以被代理人名义订立合同，相对人有理由相信行为人有代理权的，该代理行为有效。这是《合同法》针对表见代理情形所做出的规定。所谓表见代理是善意相对人通过被代理人的行为足以相信无权代理人具有代理权的情形。

在通过表见代理订立合同的过程中，如果相对人无过错，即相对人不知道或者不应当知道（无义务知道）无权代理人没有代理权时，使相对人相信无权代理人具有代理权的理由是否正当、充分，就成为是否构成表见代理的关键。如果确实存在充分、正当的理由并足以使相对人相信有权代理人具有代理权，则无权代理人的代理行为有效，即无权代理人通过其表见代理行为与相对人订立的合同具有法律效力。

③法人或者其他组织的法定代表人、负责人超越权限订立的合同的效力。法人或者其他组织的法定代表人、负责人超越权限订立的合同，除相对人知道或者应当知道其超越权限的以外，该代表行为有效。这是因为法人或者其他组织的法定代表人、负责人的身份应当被视为法人或者其他组织的全权代理人，他们完全有资格代表法人或者其他组织为民事行为而不需要获得法人或者其他组织的专门授权，其代理行为的法律后果由法人或者其他组织承担。但是，如果相对人知道或者应当知道法人或者其他组织的法定代表人、负责人在代表法人或者其他组织与自己订立合同时超越其代表（代理）权限，仍然订立合同的，该合同将不具有法律效力。

④无处分权的人处分他人财产合同的效力。在现实经济活动中，通过合同处分财产（如赠与、转让、抵押、留置等）是常见的财产处分方式。当事人对财产享有处分权是通过合同处分财产的必要条件。无处分权的人处分他人财产的合同一般为无效合同。但是，无处分权的人处分他人财产，经权利人追认或者无处分权的人订立合同后取得处分权的，该合同有效。

（3）无效合同　无效合同是指其内容和形式违反了法律、行政法规的强制性规定，或者损害了国家利益、集体利益、第三人利益和社会公共利益，因而不为法律承认和保护、不具有法律效力的合同。无效合同自始没有法律约束力。在现实经济活动中，无效合同通常有两种情形，即整个合同无效（无效合同）和合同的部分条款无效。

1）无效合同的情形。有如图2-16所示情形之一的，合同无效。

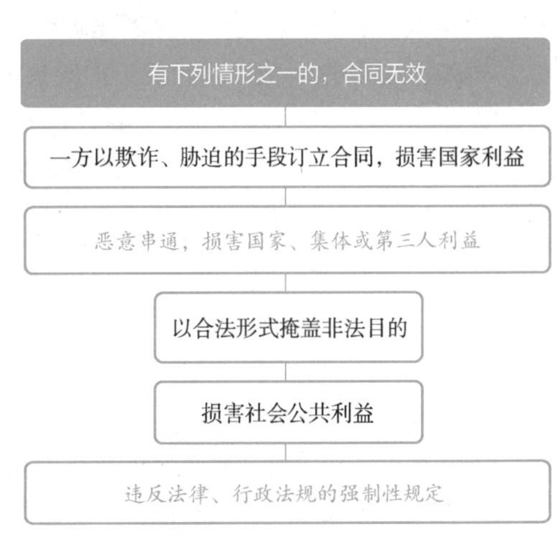

图2-16　无效合同的情形

2）合同的部分条款无效的情形。合同中免责条款无效的情况如图 2-17 所示。

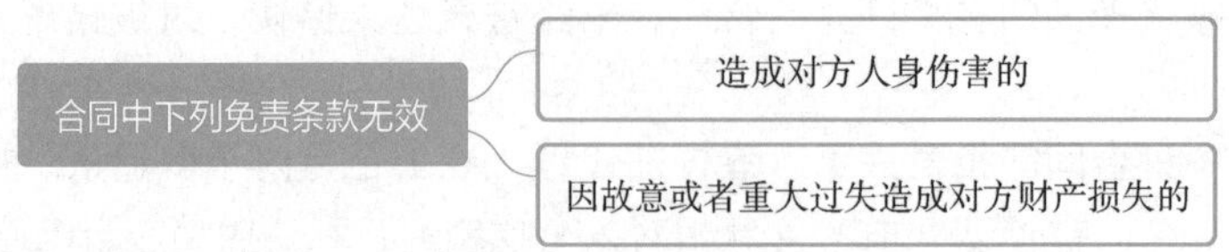

图 2-17　合同部分条款无效的情形

免责条款是当事人在合同中规定的某些情况下免除或者限制当事人所负未来合同责任的条款。在一般情况下，合同中的免责条款都是有效的。但是，如果免责条款所产生的后果具有社会危害性和侵权性，侵害了对方当事人的人身权利和财产权利，则该免责条款不具有法律效力。

（4）可变更或者撤销的合同　可变更、可撤销合同是指欠缺一定的合同生效条件，但当事人一方可依照自己的意思使合同的内容得以变更或者使合同的效力归于消灭的合同。可变更、可撤销合同的效力取决于当事人的意思，属于相对无效的合同。当事人根据其意思，若主张合同有效，则合同有效；若主张合同无效，则合同无效；若主张合同变更，则合同可以变更。

1）合同可以变更或者撤销的情形。当事人一方有权请求人民法院或者仲裁机构变更或者撤销的合同如图 2-18 所示。

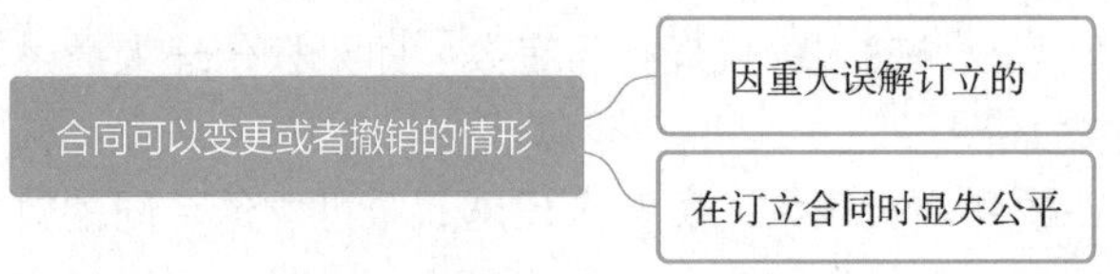

图 2-18　合同可以变更或者撤销的情形

一方以欺诈、胁迫的手段或者乘人之危，使对方在违背真实意思的情况下订立的合同，受损害方有权请求人民法院或者仲裁机构变更或者撤销。

当事人请求变更的，人民法院或者仲裁机构不得撤销。

2）撤销权的消灭。撤销权是指受损害的一方当事人对可撤销的合同依法享有的、可请求人民法院或仲裁机构撤销该合同的权利。享有撤销权的一方当事人称为撤销权人。撤销权应由撤销权人行使，并应向人民法院或者仲裁机构主张该项权利。而撤销权的消灭是指撤销权人依照法律享有的撤销权由于一定法律事由的出现而归于消灭的情形。

有如图 2-19 所示情形之一的，撤销权消灭。

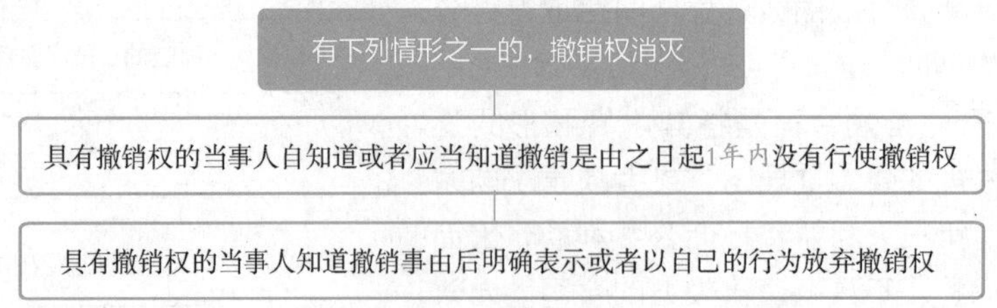

图 2-19　撤销权消灭的情形

由此可见，应具有法律规定的可以撤销合同的情形时，当事人应当在规定的期限内行使其撤销权，否则，超过法律规定的期限时，撤销权归于消灭。此外，若当事人放弃撤销权，则撤销权也归于消灭。

3）无效合同或者被撤销合同的法律后果。无效合同或者被撤销的合同自始没有法律约束力。合同部分无效、不影响其他部分效力的，其他部分仍然有效。合同无效、被撤销或者终止的，不影响合同中独立存在的有关解决争议方法的条款的效力。

合同无效或被撤销后，履行中的合同应当终止履行；尚未履行的，不得履行。对当事人依据无效合同或者被撤销的合同而取得的财产应当依法进行处理，如图 2-20 所示。

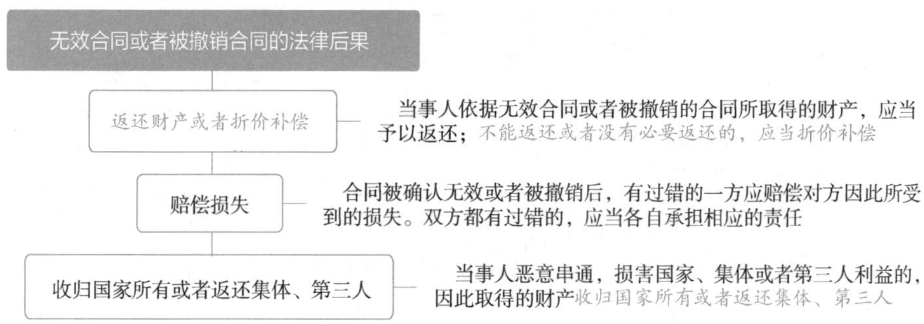

图 2-20　无效合同或者被撤销合同的法律后果

3. 合同履行

合同履行是指合同生效后，合同当事人为实现订立合同欲达到的预期目的而依照合同全面、适当地完成合同义务的行为。

（1）合同履行的原则

1）全面履行原则。当事人应当按照合同约定全面履行自己的义务，即当事人应当严格按照合同约定的标的、数量、质量，由合同约定的履行义务的主体在合同约定的履行期限、履行地点，按照合同约定的价款或者报酬、履行方式，全面地完成合同所约定的属于自己的义务。

全面履行原则不允许合同的任何一方当事人不按合同约定履行义务，擅自对合同的内容进行变更，以保证合同当事人的合法权益。

2）诚实信用原则。当事人应当遵循诚实信用原则，根据合同的性质、目的和交易习惯履行通知、协助、保密等义务。

诚实信用原则要求合同当事人在履行合同过程中维持合同双方的合同利益平衡，以诚实、真诚、善意的态度行使合同权利、履行合同义务，不对另一方当事人进行欺诈，不滥用权利。诚实信用原则还要求合同当事人在履行合同约定的主义务的同时，履行合同履行过程中的附随义务，如图 2-21 所示。

图 2-21　随附义务

（2）合同履行的一般规定

1）合同有关内容没有约定或者约定不明确问题的处理。合同生效后，当事人就质量、价款或者报酬、履行地点等内容没有约定或者约定不明确的，可以协议补充；不能达成补充协议的，按照合同有关条款或者交易习惯确定。依照以上基本原则和方法仍不能确定合同有关内容的，应当按照如图 2-22 所示方法处理。

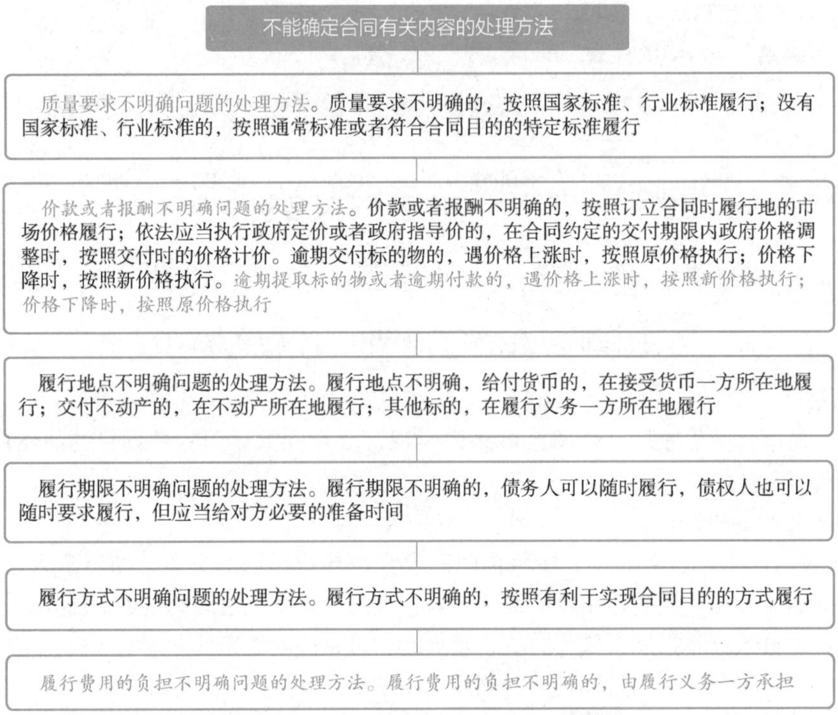

不能确定合同有关内容的处理方法

质量要求不明确问题的处理方法。质量要求不明确的，按照国家标准、行业标准履行；没有国家标准、行业标准的，按照通常标准或者符合合同目的的特定标准履行

价款或者报酬不明确问题的处理方法。价款或者报酬不明确的，按照订立合同时履行地的市场价格履行；依法应当执行政府定价或者政府指导价的，在合同约定的交付期限内政府价格调整时，按照交付时的价格计价。逾期交付标的物的，遇价格上涨时，按照原价格执行；价格下降时，按照新价格执行。逾期提取标的物或者逾期付款的，遇价格上涨时，按照新价格执行；价格下降时，按照原价格执行

履行地点不明确问题的处理方法。履行地点不明确，给付货币的，在接受货币一方所在地履行；交付不动产的，在不动产所在地履行；其他标的，在履行义务一方所在地履行

履行期限不明确问题的处理方法。履行期限不明确的，债务人可以随时履行，债权人也可以随时要求履行，但应当给对方必要的准备时间

履行方式不明确问题的处理方法。履行方式不明确的，按照有利于实现合同目的的方式履行

履行费用的负担不明确问题的处理方法。履行费用的负担不明确的，由履行义务一方承担

图 2-22　不能确定合同有关内容的处理方法

2）合同履行中的第三人。在通常情况下，合同必须由当事人亲自履行。但根据法律的规定或合同的约定，或者在与合同性质不相抵触的情况下，合同可以由第三人履行，也可以由第三人代为履行。向第三人履行合同或者由第三人代为履行合同，不是合同义务的转移，当事人在合同中的法律地位不变。

①向第三人履行合同。当事人约定由债务人向第三人履行债务的，债务人未向第三人履行债务或者履行债务不符合约定，应当向债权人承担违约责任。

②由第三人代为履行合同。当事人约定由第三人向债权人履行债务的，第三人不履行债务或者履行债务不符合约定，债务人应当向债权人承担违约责任。

3）合同履行过程中几种特殊情况的处理如图 2-23 所示。

4. 合同的变更和转让

（1）合同的变更　合同的变更有广义和狭义之分。广义的合同变更是指合同法律关系的主体和合同内容的变更。狭义的合同变更仅指合同内容的变更，不包括合同主体的变更。

合同主体的变更是指合同当事人的变动，即原来的合同当事人退出合同关系而由合同以外的第三人替代，第三人成为合同的新当事人。合同主体的变更实质上就是合同的转让。合同内容的变更是指合同成立以后、履行之前或者在合同履行开始之后尚未履行完毕之前，合同当事人对合

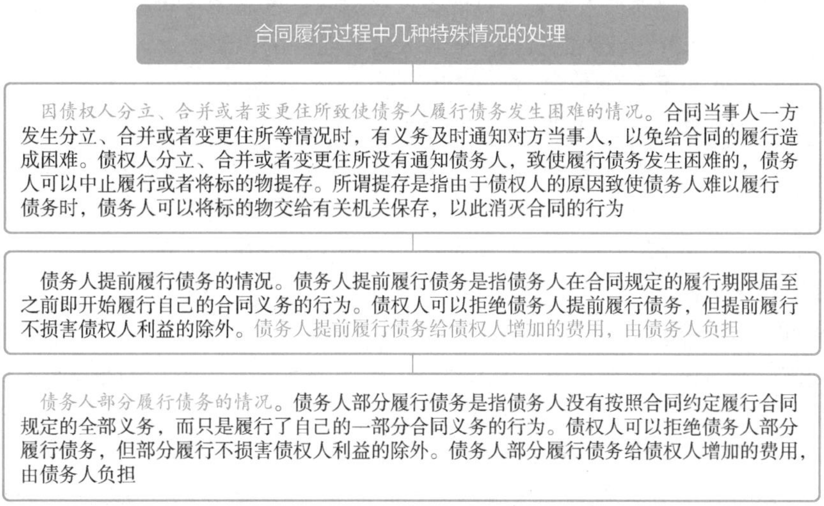

合同履行过程中几种特殊情况的处理

因债权人分立、合并或者变更住所致使债务人履行债务发生困难的情况。合同当事人一方发生分立、合并或者变更住所等情况时，有义务及时通知对方当事人，以免给合同的履行造成困难。债权人分立、合并或者变更住所没有通知债务人，致使履行债务发生困难的，债务人可以中止履行或者将标的物提存。所谓提存是指由于债权人的原因致使债务人难以履行债务时，债务人可以将标的物交给有关机关保存，以此消灭合同的行为

债务人提前履行债务的情况。债务人提前履行债务是指债务人在合同规定的履行期限届至之前即开始履行自己的合同义务的行为。债权人可以拒绝债务人提前履行债务，但提前履行不损害债权人利益的除外。债务人提前履行债务给债权人增加的费用，由债务人负担

债务人部分履行债务的情况。债务人部分履行债务是指债务人没有按照合同约定履行合同规定的全部义务，而只是履行了自己的一部分合同义务的行为。债权人可以拒绝债务人部分履行债务，但部分履行不损害债权人利益的除外。债务人部分履行债务给债权人增加的费用，由债务人负担

图 2-23　合同履行过程中几种特殊情况的处理

同内容的修改或者补充。《合同法》所指的合同变更是指合同内容的变更。合同变更可分为协议变更和法定变更。

1）协议变更。当事人协商一致，可以变更合同。法律、行政法规规定变更合同应当办理批准、登记等手续的，应当办理相应的批准、登记手续。

当事人对合同变更的内容约定不明确的，推定为未变更。

2）法定变更。在合同成立后，当发生法律规定的可以变更合同的事由时，可根据一方当事人的请求对合同内容进行变更而不必征得对方当事人的同意。但这种变更合同的请求须向人民法院或者仲裁机构提出。

（2）合同的转让　合同的转让是指合同一方当事人取得对方当事人同意后，将合同的权利义务全部或者部分转让给第三人的法律行为。合同的转让包括权利（债权）转让、义务（债务）转移和权利义务概括转让三种情形。法律、行政法规规定转让权利或者转移义务应当办理批准、登记等手续的，应办理相应的批准、登记手续。

1）合同债权转让。债权人可以将合同的权利全部或者部分转让给第三人，但如图 2-24 所示三种情形不得转让。

下列三种情形不得转让合同债权

根据合同性质不得转让

按照当事人约定不得转让

依照法律规定不得转让

图 2-24　合同债权不得转让的情形

债权人转让权利的，债权人应当通知债务人。未经通知，该转让对债务人不发生效力。除非经受让人同意，否则，债权人转让权利的通知不得撤销。

合同债权转让后，该债权由原债权人转移给受让人，受让人取代让与人（原债权人）成为新债权人，依附于主债权的从债权也一并移转给受让人，例如抵押权、留置权等，但专属于原债权人自身的从债权除外。

为保护债务人利益，不致使其因债权转让而蒙受损失，债务人接到债权转让通知后，债务人对让与人的抗辩，可以向受让人主张；债务人对让与人享有债权，并且债务人的债权先于转让的债权到期或者同时到期的，债务人可以向受让人主张抵消。

2）合同债务转移。债务人将合同的义务全部或者部分转移给第三人的，应当经债权人同意。

债权人转移义务后，原债务人享有的对债权人的抗辩权也随债务转移而由新债务人享有，新债务人可以主张原债务人对债权人的抗辩。债务人转移业务的，新债务人应当承担与主债务有关的从债务，但该从债务专属于原债务人自身的除外。

3）合同权利义务概括转让。当事人一方经对方同意，可以将自己在合同中的权利和义务一并转让给第三人。权利和义务一并转让的，适用上述有关债权转让和债务转移的有关规定。

此外，当事人订立合同后合并的，由合并后的法人或者其他组织行使合同权利，履行合同义务。当事人订立合同后分立的，除债权人和债务人另有约定的以外，由分立的法人或者其他组织对合同的权利和义务享有连带债权，承担连带债务。

5. 合同的权利义务终止

（1）合同的权利义务终止的原因　合同的权利义务终止又称为合同的终止或者合同的消灭，是指因某种原因而引起的合同权利义务关系在客观上不复存在。

合同的权利义务终止的情形如图2-25所示。

债权人免除债务人部分或者全部债务的，合同的权利义务部分或者全部终止；债权和债务同归于一人的，合同的权利义务终止，但涉及第三人利益的除外。

合同的权利义务中止，不影响合同中结算和清理条款的效力。合同的权利义务终止后，当事人应当遵循诚实信用原则，根据交易习惯履行通知、协助、保密等义务。

（2）合同解除　合同解除是指合同有效成立后，在尚未履行或者尚未履行完毕之前，因当事人一方或者双方的意思表示而使合同的权利义务关系（债权债务关系）自始消灭或者向将来消灭的一种民事行为。

合同解除后，尚未履行的，终止履行；已经履行的，根据履行情况和合同性质，当事人可以要求恢复原状、采取其他补救措施，并有权要求赔偿损失。

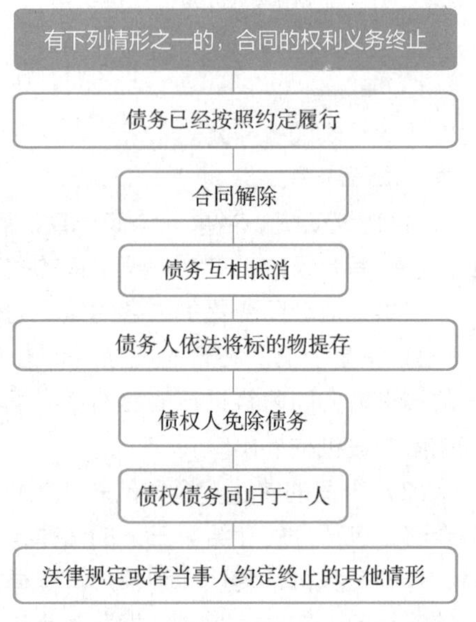

图2-25　合同的权利义务终止的情形

（3）标的物的提存　如图2-26所示。

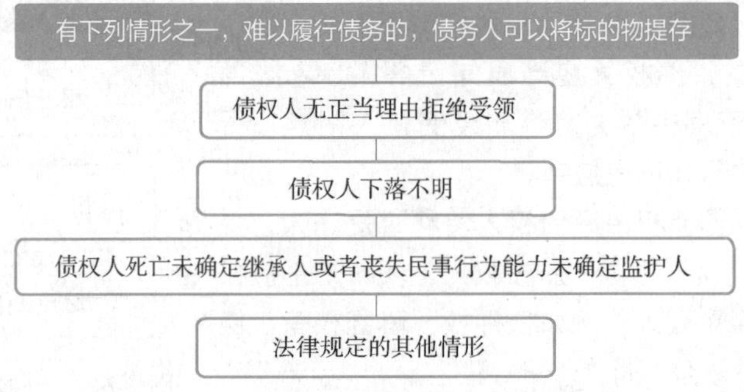

图2-26　债务人可以将标的物提存的情形

债权人可以随时领取提存物，但债权人对债务人负有到期债务的，在债权人未履行债务或提供担保之前，提存部门根据债务人的要求应当拒绝其领取提存物。

债权人领取提存物的权利期限为5年，超过该期限，提存物扣除提存费用后归国家所有。

6. 违约责任

(1) 违约责任及其特点　违约责任是指合同当事人不履行或者不适当履行合同义务所应承担的民事责任。当事人一方明确表示或者以自己的行为表明不履行合同义务的，对方可以在履行期限届满之前要求其承担违约责任。违约责任的特点如图 2-27 所示。

违约责任的特点

以有效合同为前提。当侵权责任和缔约过失责任不同，违约责任必须以当事人双方事先存在的有效合同关系为前提

以合同当事人不履行或者不适当履行合同义务为要件。只有合同当事人不履行或者不适当履行合同义务时，才应承担违约责任

可由合同当事人在法定范围内约定。违约责任主要是一种赔偿责任，因此，可由合同当事人在法律规定的范围内自行约定

是一种民事赔偿责任。首先，它是由违约方向守约方承担的民事责任，无论是违约金还是赔偿金，均是平等主体之间的支付关系；其次，违约责任的确定，通常应以补偿守约方的损失为标准

图 2-27　违约责任的特点

(2) 违约责任的承担

1) 违约责任的承担方式。当事人一方不履行合同义务或者履行合同义务不符合约定的，应当承担继续履行、采取补救措施或者赔偿损失等违约责任。

①继续履行。继续履行是指在合同当事人一方不履行合同义务或者履行合同义务不符合合同约定时，另一方合同当事人有权要求其在合同履行期限届满后继续按照原合同约定的主要条件履行合同义务的行为。继续履行是合同当事人一方违约时，其承担违约责任的首选方式。

A. 违反金钱债务时的继续履行。当事人一方未支付价款或者报酬的，对方可以要求其支付价款或者报酬。

B. 违反非金钱债务时的继续履行。当事人一方不履行非金钱债务或者履行非金钱债务不符合约定的，对方可以要求履行，但有下列情形之一的除外：法律上或者事实上不能履行；债务的标的不适于强制履行或者履行费用过高；债权人在合理期限内未要求履行。

②采取补救措施。如果合同标的物的质量不符合约定的，应当按照当事人的约定承担违约责任。对违约责任没有约定或者约定不明确的，可以协议补充；不能达成补充协议的，按照合同有关条款或者交易习惯确定。依照上述办法仍不能确定的，受损害方根据标的的性质以及损失的大小，可以合理选择要求对方承担修理、更换、重做、退货、减少价款或者报酬等违约责任。

③赔偿损失。当事人一方不履行合同义务或者履行合同义务不符合约定的，在履行义务或者采取补救措施后，对方还有其他损失的，应当赔偿损失。损失赔偿额应当相当于因违约所造成的损失，包括合同履行后可以获得的利益，但不得超过违反合同一方订立合同时预见到或者应当预见到的因违反合同可能造成的损失。

当事人一方违约后，对方应当采取适当措施防止损失的扩大；没有采取适当措施致使损失扩大的，不得就扩大的损失要求赔偿。当事人因防止损失扩大而支出的合理费用，由违约方承担。

经营者对消费者提供商品或者服务有欺诈行为的，依照《中华人民共和国消费者权益保护法》的规定承担损害赔偿责任。

④违约金。当事人可以约定一方违约时应当根据违约情况向对方支付一定数额的违约金，也可以约定因违约产生的损失赔偿额的计算方法。约定的违约金低于造成的损失的，当事人可以请求人民法院或者仲裁机构予以增加；约定的违约金过分高于造成的损失的，当事人可以请求人民法院或者仲裁机构予以适当减少。

当事人就延迟履行约定违约金的，违约方支付违约金后，还应当履行债务。

⑤定金。当事人可以依照《中华人民共和国担保法》约定一方向对方给付定金作为债权的担保。债务人履行债务后，定金应当抵作价款或者收回。给付定金的一方不履行约定的债务的，无权要求返还定金；收受定金的一方不履行约定的债务的，应当双倍返还定金。

当事人既约定违约金，又约定定金的，一方违约时，对方可以选择适应违约金或者定金条款。

2）违约责任的承担主体如图 2-28 所示。

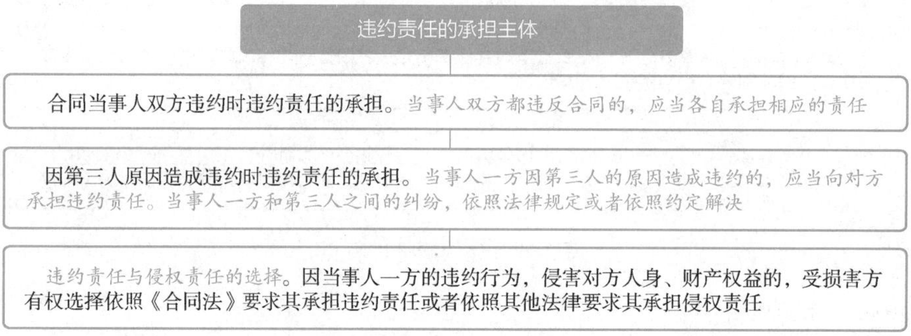

违约责任的承担主体

合同当事人双方违约时违约责任的承担。当事人双方都违反合同的，应当各自承担相应的责任

因第三人原因造成违约时违约责任的承担。当事人一方因第三人的原因造成违约的，应当向对方承担违约责任。当事人一方和第三人之间的纠纷，依照法律规定或者依照约定解决

违约责任与侵权责任的选择。因当事人一方的违约行为，侵害对方人身、财产权益的，受损害方有权选择依照《合同法》要求其承担违约责任或者依照其他法律要求其承担侵权责任

图 2-28　违约责任的承担主体

（3）不可抗力　不可抗力是指不能预见、不能避免并不能克服的客观情况。因不可抗力不能履行合同的，根据不可抗力的影响，部分或者全部免除责任，但法律另有规定的除外。当事人迟延履行后发生不可抗力的，不能免除责任。

当事人一方因不可抗力不能履行合同的，应当及时通知对方，以减轻给对方造成的损失，并应当在合理期限内提供证明。

7. 合同争议的解决

合同争议是指合同当事人之间对合同履行状况和合同违约责任承担等问题所产生的意见分歧。合同争议的解决方式有和解、调解、仲裁或者诉讼。

（1）合同争议的和解与调解　和解与调解是解决合同争议的常用和有效方式。当事人可以通过和解或者调解解决合同争议。

1）和解。和解是合同当事人之间发生争议后，在没有第三人介入的情况下，合同当事人双方在自愿、互谅的基础上，就已经发生的争议进行商谈并达成协议，自行解决争议的一种方式。和解方式简便易行，有利于加强合同当事人之间的协作，使合同能得到更好的履行。

2）调解。调解是指合同当事人于争议发生后，在第三者的主持下，根据事实、法律和合同，经过第三者的说服与劝解，使发生争议的合同当事人双方互谅、互让，自愿达成协议，从而公平、合理地解决争议的一种方式。

与和解相同，调解也具有方法灵活、程序简便、节省时间和费用、不伤害发生争议的合同当事人双方的感情等特征，而且由于有第三者的介入，可以缓解发生争议的合同双方当事人之间的对立情绪，便于双方较为冷静、理智地考虑问题。同时，由于第三者常常能够站在较为公正的立场上，较为客观、全面地看待、分析争议的有关问题并提出解决方案，从而有利于争议的公正

解决。

参与调解的第三者不同，调解的性质也就不同。调解有民间调解、仲裁机构调解和法庭调解三种。

(2) 合同争议的仲裁　仲裁是指发生争议的合同当事人双方根据合同中约定的仲裁条款或者争议发生后由其达成的书面仲裁协议，将合同争议提交给仲裁机构并由仲裁机构按照仲裁法律规范的规定居中裁决，从而解决合同争议的法律制度。当事人不愿协商、调解或协商、调解不成的，可以根据合同中的仲裁条款或事后达成的书面仲裁协议，提交仲裁机构仲裁。涉外合同当事人可以根据仲裁协议向中国仲裁机构或者其他仲裁机构申请仲裁。

根据《中华人民共和国仲裁法》，对于合同争议的解决，实行“或裁或审制”。即发生争议的合同当事人双方只能在“仲裁”或者“诉讼”两种方式中选择一种方式解决其合同争议。

仲裁裁决具有法律约束力。合同当事人应当自觉执行裁决。不执行的，另一方当事人可以申请有管辖权的人民法院强制执行。裁决做出后，当事人就同一争议再申请仲裁或者向人民法院起诉的，仲裁机构或者人民法院不予受理。但当事人对仲裁协议的效力有异议的，可以请求仲裁机构做出决定或者请求人民法院做出裁定。

(3) 合同争议的诉讼　诉讼是指合同当事人依法将合同争议提交人民法院受理，由人民法院依司法程序通过调查、做出判决、采取强制措施等来处理争议的法律制度。合同当事人可以选择诉讼方式解决合同争议的情形如图2-29所示。

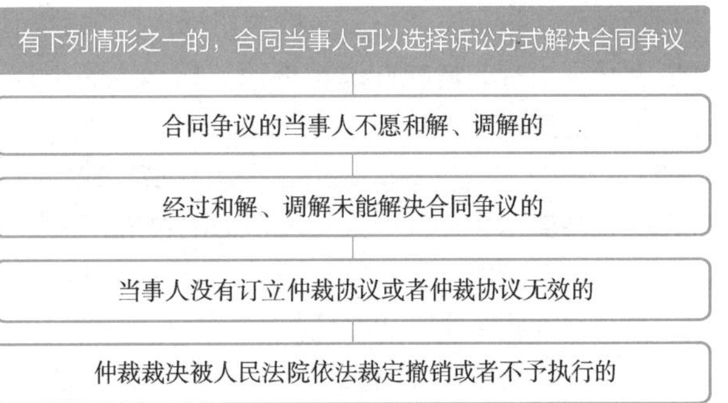

图2-29　诉讼方式解决合同争议的情形

合同当事人双方可以在签订合同时约定选择诉讼方式解决合同争议，并依法选择有管辖权的人民法院，但不得违反《中华人民共和国民事诉讼法》关于级别管辖和专属管辖的规定。对于一般的合同争议，由被告住所地或者合同履行地人民法院管辖。建设工程合同的纠纷一般都适用不动产所在地的专属管辖，由工程所在地人民法院管辖。

三、招标投标法

《中华人民共和国招标投标法》(以下简称《招标投标法》) 规定，在中华人民共和国境内进行如图2-30所示工程建设项目（包括项目的勘察、设计、施工、监理以及与工程建设有关的重要设备、材料等的采购)，必须进行招标。

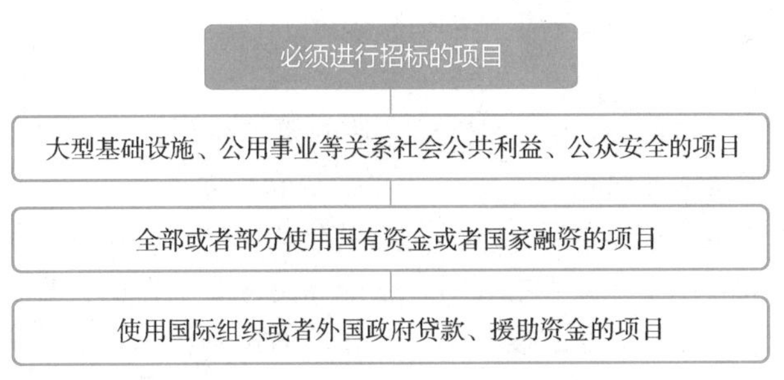

图2-30　必须进行招标的项目

任何单位和个人不得将依法必须进行招标的项目化整为零或者以其他任何方式规避招标。依法必须进行招标的项目，其招标投标活动不受地区或者部门的限制。任何单位和个人不得违法限制或者排斥本地区、本系统以外的法人或者其他组织参加投标，不得以任何方式非法干涉招标投标活动。

1. 招标

（1）招标的条件和方式

1）招标的条件。招标项目按照国家有关规定需要履行项目审批手续的，应当先履行审批手续，取得批准。招标人应当有进行招标项目的相应资金或资金来源已经落实，并应当在招标文件中如实载明。

招标人有权自行选择招标代理机构，委托其办理招标事宜。任何单位和个人不得以任何方式为招标人指定招标代理机构。招标人具有编制招标文件和组织评标能力的，可以自行办理招标事宜。任何单位和个人不得强制其委托招标代理机构办理招标事宜。

依法必须进行招标的项目，招标人自行办理招标事宜的，应当向有关行政监督部门备案。

2）招标方式。招标分为公开招标和邀请招标两种方式。

招标公告或投标邀请书应当载明招标人的名称和地址、招标项目的性质、数量、实施地点和时间以及获取招标文件的办法等事项。招标人不得以不合理的条件限制或者排斥潜在的投标人，不得对潜在的投标人实行歧视待遇。

（2）招标文件　招标人应当根据招标项目的特点和需要编制招标文件。招标文件应当包括招标项目的技术要求、对投标人资格审查的标准、投标报价要求和评标标准等所有实质性要求和条件以及拟签订合同的主要条款。招标项目需要划分标段、确定工期的，招标人应当合理划分标段、确定工期，并在招标文件中载明。

招标文件不得要求或者标明特定的生产供应者以及含有倾向或者排斥潜在投标人的其他内容。招标人不得向他人透漏已获取招标文件的潜在投标人的名称、数量及可能影响公平竞争的有关招标投标的其他情况。

招标人对已发出的招标文件进行必要的澄清或者修改的，应当在招标文件要求提交投标文件截止时间至少15日前，以书面形式通知所有招标文件收受人。该澄清或者修改的内容为招标文件的组成部分。

（3）其他规定　招标人设有标底的，标底必须保密。招标人应当确定投标人编制投标文件所需要的合理时间。依法必须进行招标的项目，自招标文件开始发出之日起至投标人提交投标文件截止之日止，最短不得少于20日。

2. 投标

投标人应当具备承担招标项目的能力。国家有关规定对投标人资格条件或者招标文件对投标人资格条件有规定的，投标人应当具备规定的资格条件。

（1）投标文件

1）投标文件的内容。投标人应当按照招标文件的要求编制投标文件。投标文件应当对招标文件提出的实质性要求和条件做出响应。

根据招标文件载明的项目实际情况，投标人如果准备在中标后将中标项目的部分非主体、非关键工程进行分包的，应当在投标文件中载明。在招标文件要求提交投标文件的截止时间前，投标人可以补充、修改或者撤回已提交的投标文件，并书面通知招标人。补充、修改的内容为投标文件的组成部分。

2）投标文件的送达。投标人应当在招标文件要求提交投标文件的截止时间前，将投标文件送达投标地点。招标人收到投标文件后，应当签收保存，不得开启。投标人少于3个的，招标人应当依照《招标投标法》重新招标。

在招标文件要求提交投标文件的截止时间后送达的投标文件，招标人应当拒收。

（2）联合投标　两个以上法人或者其他组织可以组成一个联合体，以一个投标人的身份共同投标。联合体各方均应具备承担招标项目的相应能力。国家有关规定或者招标文件对投标人资格条件有规定的，联合体各方均应具备规定的相应资格条件。由同一专业的单位组成的联合体按照资质等级较低的单位确定资质等级。

联合体各方应当签订共同投标协议，明确约定各方拟承担的工作和责任，并将共同投标协议连同投标文件一并提交给招标人。联合体中标的，联合体各方应当共同与招标人签订合同，就中标项目向招标人承担连带责任。

（3）其他规定　投标人不得相互串通投标报价，不得排挤其他投标人的公平竞争，损害招标人或其他投标人的合法权益。投标人不得与招标人串通投标，损害国家利益、社会公共利益或者他人的合法权益。投标人不得以低于成本的报价竞标，也不得以他人名义投标或者以其他方式弄虚作假，骗取中标。禁止投标人以向招标人或评标委员会成员行贿的手段谋取中标。

3. 开标、评标和中标

（1）开标　开标应当在招标人的主持下，在招标文件确定的提交投标文件截止时间的同一时间、招标文件中预先确定的地点公开进行。应邀请所有投标人参加开标。开标时，由投标人或者其推选的代表检查投标文件的密封情况，也可以由招标人委托的公证机构检查并公证。经确认无误后，由工作人员当众拆封，宣读投标人名称、投标价格和投标文件的其他主要内容。

开标过程应当记录，并存档备查。

（2）评标　评标由招标人依法组建的评标委员会负责。招标人应当采取必要的措施，保证评标在严格保密的情况下进行。评标委员会应当按照招标文件确定的评标标准和方法，对投标文件进行评审和比较。符合投标的中标人条件如图2-31所示。

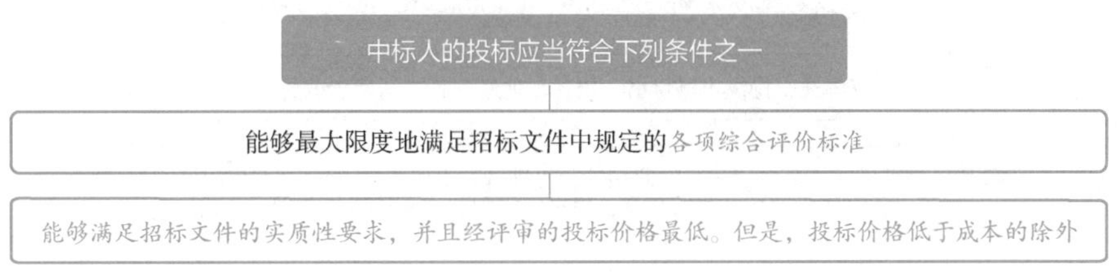

图2-31　符合投标的中标人条件

评标委员会经评审，认为所有投标都不符合招标文件要求的，可以否决所有投标。

评标委员会完成评标后，应当向招标人提出书面评标报告，并推荐合格的中标候选人。招标人据此确定中标人。招标人也可以授权评标委员会直接确定中标人。在确定中标人前，招标人不得与投标人就投标价格、投标方案等实质性内容进行谈判。

（3）中标　中标人确定后，招标人应当向中标人发出中标通知书，并同时将中标结果通知所有未中标的投标人。

招标人和中标人应当自中标通知书发出之日起30日内，按照招标文件中标人的投标文件订立书面合同。招标人和中标人不得再订立背离合同实质性内容的其他协议。

招标文件要求中标人提交履约保证金的，中标人应当提交。

四、其他相关法律

1. 价格法

《中华人民共和国价格法》规定，国家实行并完善宏观经济调控下主要由市场形成价格的机制。价格的制定应当符合价值规律，大多数商品和服务价格实行市场调节价，极少数商品和服务价格实行政府指导价或政府定价。

（1）经营者的价格行为　经营者定价应当遵循公平、合法和诚实信用的原则，定价的基本依据是生产经营成本和市场供求情况。

1）义务。经营者应当努力改进生产经营管理，降低生产经营成本，为消费者提供价格合理的商品和服务，并在市场竞争中获取合法利润。

2）权利。经营者进行价格活动享有的权利如图 2-32 所示。

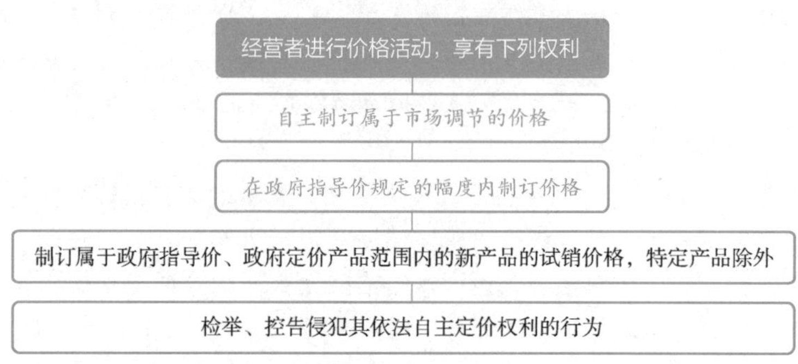

图 2-32　经营者进行价格活动享有的权利

3）禁止行为。经营者不得有的不正当价格行为如图 2-33 所示。

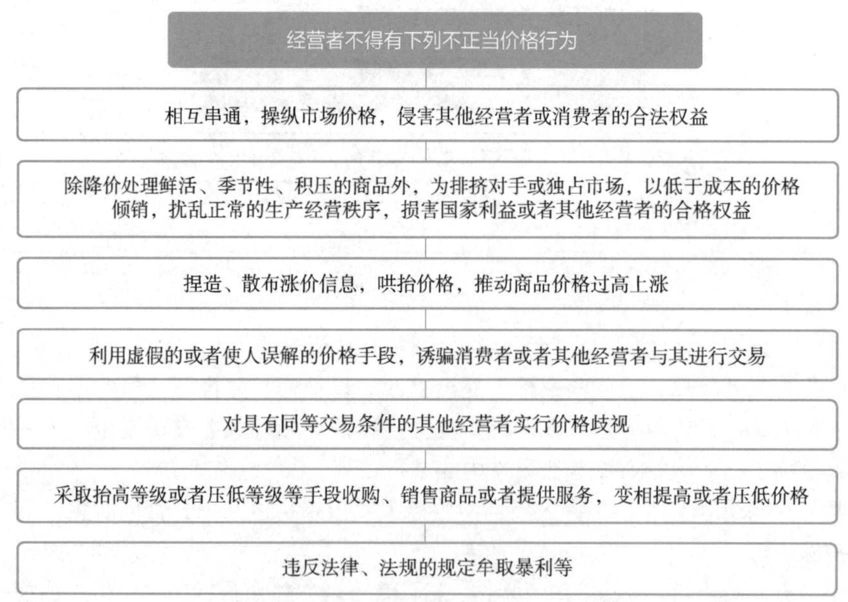

图 2-33　经营者不得有的不正当价格行为

（2）政府的定价行为

1）定价目录。政府指导价、政府定价的定价权限和具体适用范围，以中央的和地方的定价目录为依据。中央定价目录由国务院价格主管部门制定、修订，报国务院批准后公布。地方定价目录由省、自治区、直辖市人民政府价格主管部门按照中央定价目录规定的定价权限和具体适用范围制度，经本级人民政府审核同意，报国务院价格主管部门审定后公布。省、自治区、直辖市人民政府以下各级地方人民政府不得制定定价目录。

2）定价权限。国务院价格主管部门和其他有关部门，按照中央定价目录规定的定价权限和具体适用范围制定政府指导价、政府定价。其中重要的商品和服务价格的政府指导价、政府定价应当按照规定经国务院批准。省，自治区，直辖市人民政府价格主管部门和其他有关部门，应当按照地方定价目录规定的定价权限和具体适用范围制定在本地区执行的政府指导价、政府定价。

市、县人民政府可以根据省、自治区、直辖市人民政府的授权，按照地方定价目录规定的定价权限和具体适用范围制定在本地区执行的政府指导价、政府定价。

3）定价范围如图 2-34 所示。

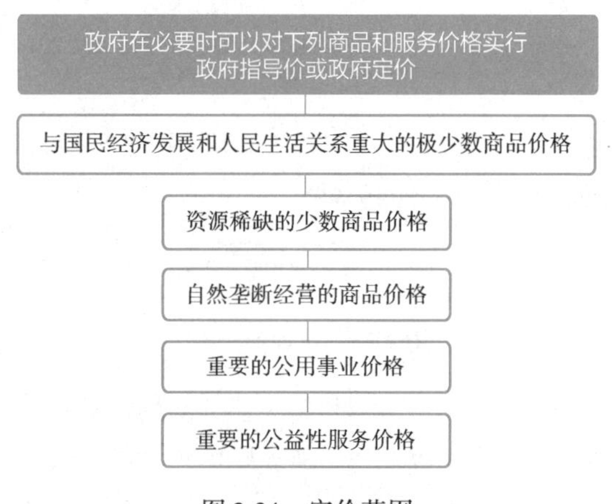

图 2-34　定价范围

4）定价依据。制定政府指导价、政府定价，应当依据有关商品或者服务的社会平均成本和市场供求状况、国民经济与社会发展要求，依据社会承受能力，实行合理的购销差价、批零差价、地区差价和季节差价。制定政府指导价、政府定价，应当开展价格、成本调查，听取消费者、经营者和有关方面的意见。制定关系群众切身利益的公用事业价格、公益性服务价格、自然垄断经营的商品价格时，应当建立听证会制度，由政府价格主管部门主持，征求消费者、经营者和有关方面的意见。

（3）价格总水平调控　政府可以建立重要商品储备制度，设立价格调节基金，调控价格，稳定市场。当重要商品和服务价格显著上涨或者有可能显著上涨时，国务院和省、自治区、直辖市人民政府可以对部分价格采取限定差价率或者利润率、规定限价、实行提价申报制度和调价备案制度等干预措施。

当市场价格总水平出现剧烈波动等异常状态时，国务院可以在全国范围内或者部分区域内采取临时集中定价权限、部分或者全面冻结价格的紧急措施。

2. 土地管理法

《中华人民共和国土地管理法》是一部规范我国土地所有权和使用权、土地利用、耕地保护、建设用地等行为的法律。

（1）土地的所有权和使用权

1）土地所有权。我国实行土地的社会主义公有制，即全民所有制和劳动群众集体所有制。国家为了公共利益的需要，可以依法对土地实行征收或者征用并给予补偿。

2）土地使用权。国有土地和农民集体所有的土地，可以依法确定给单位或者个人使用。使用土地的单位和个人，有保护、管理和合理利用土地的义务。

农民集体所有的土地，由县级人民政府登记造册，核发证书，确认所有权。农民集体所有的土地依法用于非农业建设的，由县级人民政府登记造册，核发证书，确认建设用地使用权。

单位和个人依法使用的国有土地，由县级以上人民政府等级造册，核发证书，确认使用权；其中，重要国家机关使用的国有土地的具体登记发证机关，由国务院确定。

依法改变土地权属和用途的，应当办理土地变更登记手续。

（2）土地利用总体规划

1）土地分类：国家实行土地用途管制制度。通过编制土地利用总体规划，规定土地用途，将土地分为农用地、建设用地和未利用地，如图2-35所示。

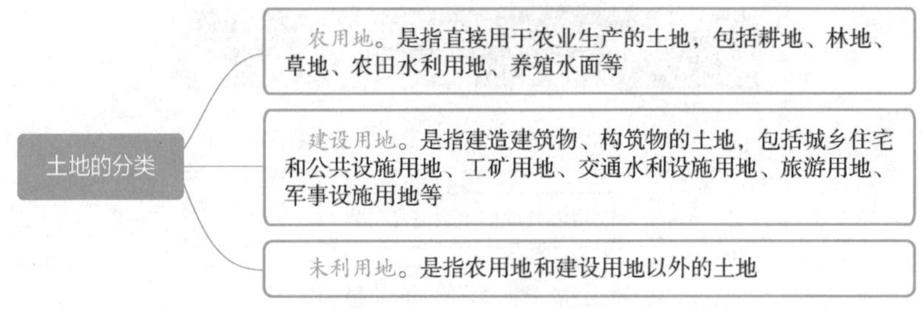

图2-35　土地的分类

使用土地的单位和个人必须严格按照土地利用总体规划确定的用途使用土地。国家严格限制农用地转为建设用地，控制建设用地总量，对耕地实行特殊保护。

2）土地利用规划。各级人民政府应当根据国民经济和社会发展规划、国土整治和资源环境保护的要求、土地供给能力以及各项建设对土地的需求，组织编制土地利用总体规划。

城市建设用地规模应当符合国家规定的标准，充分利用现有建设用地，不占或者少占农用地。各级人民政府应当加强土地利用计划管理，实行建设用地总量控制。

土地利用总体规划实行分级审批。经批准的土地利用总体规划的修改，须经原批准机关批准；未经批准，不得改变土地利用总体规划确定的土地用途。

（3）建设用地

1）建设用地的批准。除兴办乡镇企业、村民建设住宅或乡（镇）村公共设施、公益事业建设经依法批准使用农民集体所有的土地外，任何单位和个人进行建设而需要使用土地的，必须依法申请使用国有土地，包括国家所有的土地和国家征收的原属于农民集体所有的土地。

涉及农用地转为建设用地的，应当办理农用地转用审批手续。

2）征收土地的补偿。征收土地的，应当按照被征收土地的原用途给予补偿。征收耕地的补偿费用包括土地补偿费、安置补助费以及地上附着物和青苗的补偿费。

征收其他土地的土地补偿费和安置补助费标准，由省、自治区、直辖市参照征收耕地的土地补偿费和安置补助费的标准规定。被征收土地上的附着物和青苗的补偿标准，由省、自治区、直辖市规定。征收城市郊区的菜地，用地单位应当按照国家有关规定缴纳新菜地开放建设基金。

3）建设用地的使用。经批准的建设项目需要使用国有建设用地的，建设单位应当持法律、行政法规规定的有关文件，向有批准权的县级以上人民政府土地行政主管部门提出建设用地申请，经土地行政主管部门审查，报本级人民政府批准。

建设单位使用国有土地，应当以出让等有偿使用方式取得；但是，下列建设用地，经县级以上人民政府依法批准，可以划拨方式取得，如图 2-36 所示。

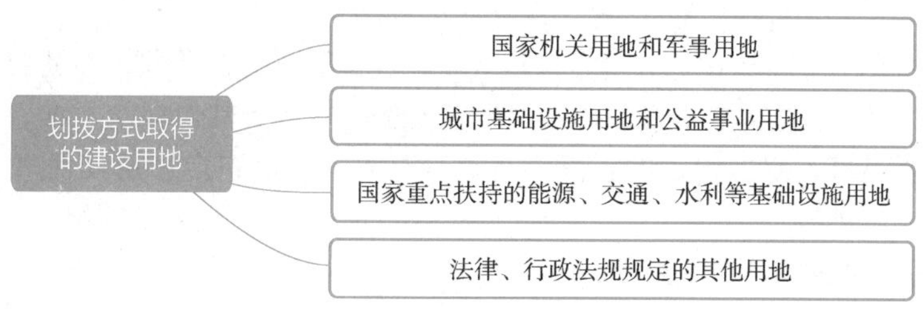

图 2-36　划拨方式取得的建设用地

以出让等有偿使用方式取得国有土地使用权的建设单位，按照国务院规定的标准和办法，缴纳土地使用权出让金等土地有偿使用费和其他费用后，方可使用土地。

建设单位使用国有土地的，应当按照土地使用权出让等有偿使用合同的约定或者土地使用权划拨批准文件的规定使用土地；确需改变该幅土地建设用途的，应当经有关人民政府土地行政主管部门同意，报原批准用地的人民政府批准。其中，在城市规划区内改变土地用途的，在报批前，应当先经有关城市规划行政主管部门同意。

4）土地的临时使用。建设项目施工和地质勘查需要临时使用国有土地或者农民集体所有的土地的，由县级以上人民政府土地行政主管部门批准。其中，在城市规划区内的临时用地，在报批前，应当先经有关城市规划行政主管部门的同意。土地使用者应当根据土地权属，与有关土地行政主管部门或者农村集体经济组织、村民委员会签订临时使用土地合同，并按照合同的约定支付临时使用土地补偿费。

临时使用土地的使用者应当按照临时使用土地合同约定的用途使用土地，并不得修建永久性建筑物。临时使用土地限期一般不超过两年。

5）国有土地使用权的收回如图 2-37 所示。

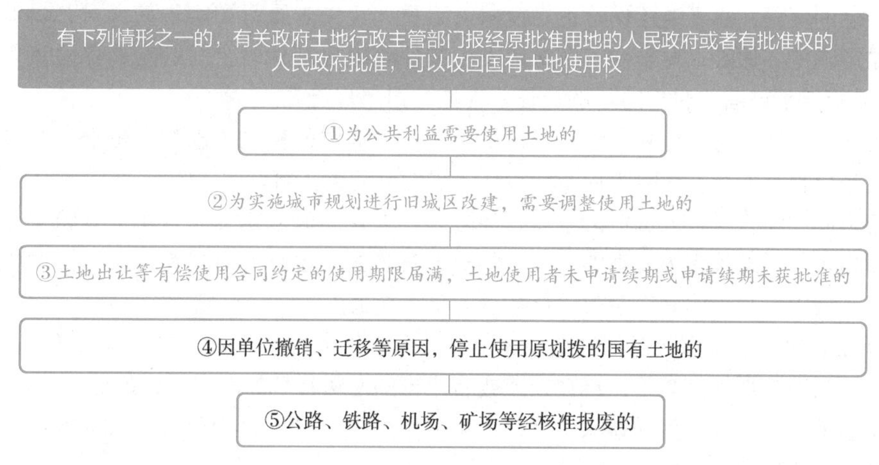

图 2-37　国有土地使用权的收回

其中，属于①、②等两种情况而收回国有土地使用权的，对土地使用权人应当给予适当补偿。

3. 保险法

《中华人民共和国保险法》中所称保险是指投保人根据合同约定，向保险人（保险公司）支付保险费，保险人对于合同约定的可能发生的事故因其发生所造成的财产损失承担赔偿保险金责任，或者当被保险人死亡、伤残、疾病或达到合同约定的年龄、期限时承担给付保险金责任的商业保险行为。

（1）保险合同的订立　当投标人提出保险要求，经保险人同意承保，并就合同的条款达成协议，保险合同即成立。保险人应当及时向投保人签发保险单或者其他保险凭证。保险单或者其他保险凭证应当载明当事人双方约定的合同内容。当事人也可以约定采用其他书面形式载明合同内容。

1）保险合同的内容如图 2-38 所示。

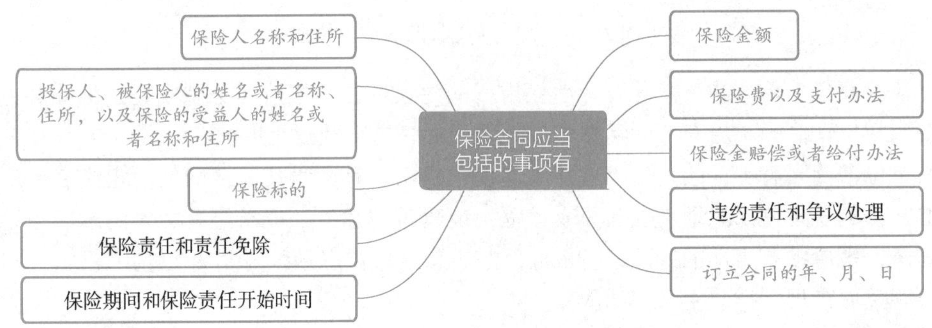

图 2-38　保险合同的内容

其中，保险金额是指保险人承担赔偿或者给付保险责任的最高限额。

2）保险合同双方的义务。

①投保人的告知义务。订立保险合同，保险人就保险标的或者被保险人的有关情况提出询问的，投保人应当如实告知。投保人故意或者因重大过失未履行如实告知义务，足以影响保险人决定是否同意承保或者提高保险费率的，保险人有权解除合同。

投保人故意不履行如实告知义务的，保险人对于合同解除前发生的保险事故，不承担赔偿或者给付保险金的责任，并不退还保险费。投保人因重大过失未履行如实告知义务，对保险事故的发生有严重影响的，保险人对于合同解除前发生的保险事故（保险合同约定的保险责任范围内的事故），不承担赔偿或者给付保险金的责任，但应当退还保险费。

②保险人的说明义务。订立保险合同，采用保险人提供的格式条款的，保险人向投保人提供的投保单应当附格式条款，保险人应当向投保人说明合同的内容。

对保险合同中免除保险人责任的条款，保险人订立合同时应当在投保单、保险单或者其他保险凭证上做出足以引起投保人注意的提示，并对该条款的内容以书面或者口头形式向投保人做出明确说明；未做提示或者明确说明的，该条款不产生效力。

（2）诉讼时效　人寿保险以外的其他保险的被保险人或者受益人，向保险人请求赔偿或者给付保障金的诉讼时效期间为 2 年，自其知道或者应当知道保险事故发生之日起计算。

人寿保险的被保险人或者受益人向保险人请求给付保险金的诉讼时效期间为 5 年，自其知道或者应当知道保险事故发生之日起计算。

（3）财产保险合同　财产保险是以财产及其有关利益为保险标的的保险。建筑工程一切险和安装工程一切险均属财产保险。

1）双方的权利和义务。被保险人应当遵守国家有关消防、安全、生产操作、劳动保护等方面的规定，维护保险标的安全。保险人可以按照合同约定，对保险标的安全状况进行检查，及时向投保人、被保险人提出消除不安全因素和隐患的书面建议。投保人、被保险人未按照约定履行其对保险标的安全应尽责任的，保险人有权要求增加保险费或者解除合同。保险人为维护保险标的的安全，经被保险人同意，可以采取安全预防措施。

2）保险费的增加或降低。在合同有效期内，保险标的危险程度增加的，被保险人按照合同约定应当及时通知保险人，保险人可以按照合同约定增加保险费或者解除合同。保险人解除合同的，应当将已收取的保险费，按照合同约定扣除自保险责任开始之日起至合同解除之日止应收的部分后，退还投保人。被保险人未履行通知义务的，因保险标的危险程度显著增加而发生的保险事故，保险人不承担赔偿保险金的责任。

保险费的降低如图 2-39 所示。

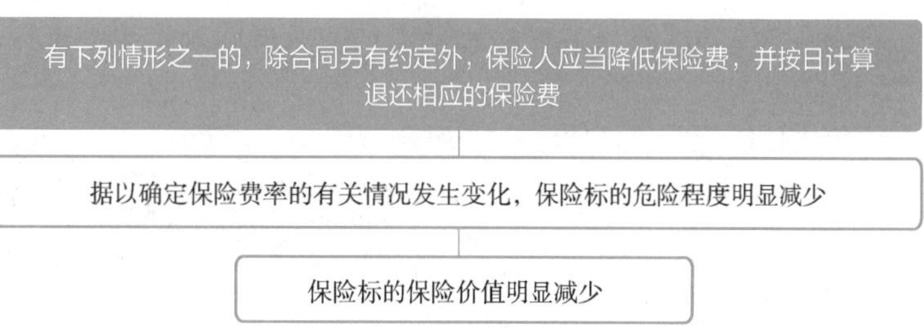

图 2-39　保险费的降低

保险责任开始前，投保人要求解除合同的，应当按照合同约定向保险人支付手续费，保险人应当退还保险费。保险责任开始后，投保人要求解除合同的，保险人应当将已收取的保险费，按照合同约定扣除自保险责任开始之日起至合同解除之日止应收的部分后，退还投保人。

3）赔偿标准。投保人和保险人约定保险标的保险价值并在合同中载明的，保险标的发生损失时，以约定的保险价值为赔偿计算标准。投保人和保险人未约定保险标的保险价值的，保险标的发生损失时，以保险事故发生时保险标的实际价值为赔偿计算标准。保险金额不得超过保险价值，超过保险价值的，超过部分无效，保险人应当退还相应的保险费。保险金额低于保险价值的，除合同另有约定外，保险人按照保险金额与保险价值的比例承担赔偿保险金的责任。

4）保险事故发生后的处置。保险事故发生时，被保险人应当尽力采取必要的措施，防止或者减少损失。保险事故发生后，被保险人为防止或者减少保险标的损失所支付的必要的、合理的费用，由保险人承担；保险人所承担的数额的保险标的损失赔偿金额以外另行计算，最高不超过保险金额的数额。

保险事故发生后，保险人已支付了全部保险金额，并且保险金额等于保险价值的，受损保险标的全部权利归于保险人；保险金额低于保险价值的，保险人按照保险金额与保险价值的比例取得受损保险标的部分权利。

保险人、被保险人为查明和确定保险事故的性质、原因和保险标的损失程度所支付的必要的、合理的费用，由保险人承担。

（4）人身保险合同　人身保险是以人的寿命和身体为保险标的的保险。建设工程施工人员意外伤害保险即属于人身保险。

1）双方的权利和义务。投保人应向保险人如实申报被保险人的年龄、身体状况。投保人申报的被保险人年龄不真实，并且其真实年龄不符合合同约定的年龄限制的，保险人可以解除合同，并按照合同约定退还保险单的现金价值。

2）保险费的支付。投保人可以按照合同约定向保险人一次支付全部保险费或者分期支付保险费。合同约定分期支付保险费的，投保人支付首期保险费后，除合同另有约定外，投保人自保险人催告之日起超过30日未支付当期保险费，或者超过约定的期限60日未支付当期保险费的，合同效力中止，或者由保险人按照合同约定的条件减少保险金额。保险人对人寿保险的保险费，不得用诉讼方式要求投保人支付。

合同效力中止的，经保险人与投保人协商并达成协议，在投保人补交保险费后，合同效力恢复。但是，自合同效力中止之日起满两年双方未达成协议的，保险人有权解除合同。解除合同时，应当按照合同约定退还保险单的现金价值。

3）保险受益人。被保险人或者投保人可以指定一人或者数人为受益人。受益人为数人的，被保险人或者投保人可以确定受益顺序和受益份额；未确定受益份额的，受益人按照相等份额享有受益权。

被保险人或者投保人可以变更受益人并书面通知保险人。保险人收到变更受益人的书面通知后，应当在保险单或者其他保险凭证上批注或者附贴批单。投保人变更受益人时须经被保险人同意。

保险人依法履行给付保险金的义务如图2-40所示。

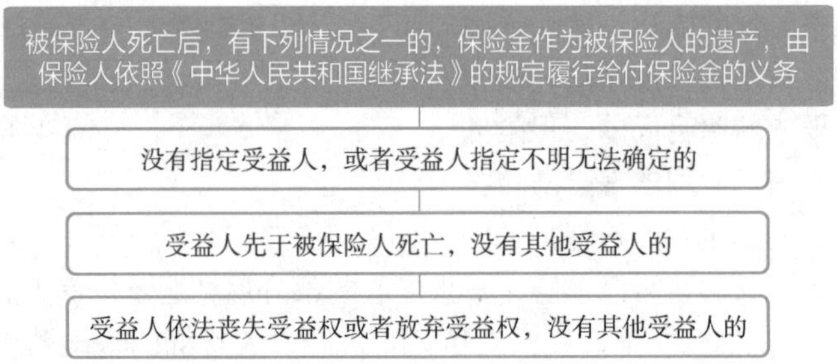

被保险人死亡后，有下列情况之一的，保险金作为被保险人的遗产，由保险人依照《中华人民共和国继承法》的规定履行给付保险金的义务

- 没有指定受益人，或者受益人指定不明无法确定的
- 受益人先于被保险人死亡，没有其他受益人的
- 受益人依法丧失受益权或者放弃受益权，没有其他受益人的

图2-40 保险人依法履行给付保险金的义务

4）合同的解除。投保人解除合同的，保险人应当自收到解除合同通知之日起30日内，按照合同约定退还保险单的现金价值。

4. 税法相关法律

（1）税务管理

1）税务登记。《中华人民共和国税收征收管理法》规定，从事生产、经营的纳税人（包括企业，企业在外地设立的分支机构和从事生产、经营的场所，个体工商户和从事生产、经营的单位）自领取营业执照之日起30日内，应持有关证件，向税务机关申报办理税务登记。取得税务登记证件后，在银行或者其他金融机构开设基本存款账户和其他存款账户，并将其全部账号向税务机关报告。

从事生产、经营的纳税人的税务登记内容发生变化的，应自工商行政管理机关办理变更登记之日起30日内或者在向工商行政管理机关申请办理注销登记之前，持有关证件向税务机关申报办理变更或者注销税务登记。

2）账簿管理。纳税人、扣缴义务人应按照有关法律、行政法规和国务院财政、税务主管部门的规定设置账簿，根据合法、有效凭证记账，进行核算。

从事生产、经营的纳税人、扣缴义务人必须按照国务院财政、税务主管部门规定的保管期限保管账簿、记账凭证、完税凭证及其他有关资料。

3）纳税申报。纳税人必须依照法律、行政法规规定或者税务机关依照法律、行政法规的规定确定的申报期限、申报内容如实办理纳税申报，报送纳税申报表、财务会计报表以及税务机关根据实际需要要求纳税人报送的其他纳税资料。

纳税人、扣缴义务人不能按期办理纳税申报或者报送代扣代缴、代收代缴税款报告表的，经税务机关核准，可以延期申报。经核准延期办理申报、报送事项的，应当在纳税期内按照上期实际缴纳的税款或者税务机关核定的税额预缴税款，并在核准的延期内办理税款结算。

4）税款征收。税务机关征收税款时，必须给纳税人开具完税凭证。扣缴义务人代扣、代收税款时，纳税人要求扣缴义务人开具代扣、代收税款凭证的，扣缴义务人应当开具。

纳税人、扣缴义务人应按照法律、行政法规确定的期限缴纳税款。纳税人因有特殊困难，不能按期缴纳税款的，经省、自治区、直辖市国家税务局、地方税务局批准，可以延期缴纳税款，但是最长不得超过 3 个月。纳税人未按照规定期限缴纳税款的，扣缴义务人未按照规定期限解缴税款的，税务机关除责令限期缴纳外，从滞纳税款之日起，按日加收滞纳税款万分之五的滞纳金。

（2）税率　税率是指应纳税额与计税基数之间的比例关系，是税法结构中的核心部分。税率的种类如图 2-41 所示。

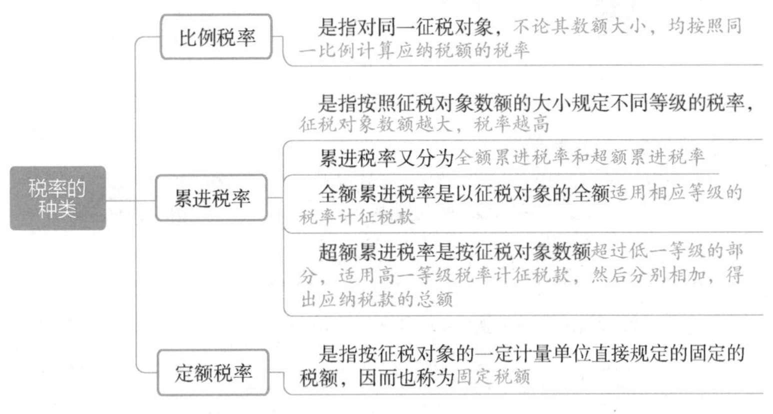

图 2-41　税率的种类

（3）税收种类　根据税收征收对象不同，税收可分为流转税、所得税、财产税、行为税、资源税等五种，如图 2-42 所示。

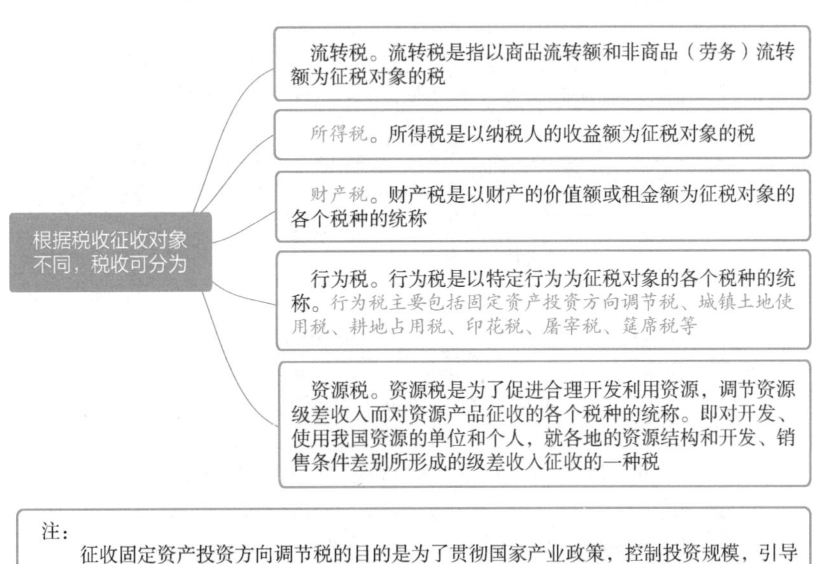

图 2-42　税收的种类

第二节 工程造价管理制度

根据《工程造价咨询企业管理办法》，工程造价咨询企业是指接受委托，对建设项目投资、工程造价的确定与控制提供专业咨询服务的企业。工程造价咨询企业从事工程造价咨询活动，应当遵循独立、客观、公正、诚实信用的原则，不得损害社会公共利益和他人的合法权益。

一、工程造价咨询企业资质等级标准

1. 甲级企业资质标准

甲级工程造价咨询企业资质标准如图 2-43 所示。

甲级工程造价咨询企业资质标准如下

已取得乙级工程造价咨询企业资质证书满3年

企业出资人中，注册造价工程师人数不低于出资人总人数的60%，且其出资额不低于企业注册资本总额的60%

技术负责人已取得造价工程师注册证书，并具有工程或工程经济类高级专业技术职称，且从事工程造价专业工作15年以上

专职从事工程造价专业工作的人员（以下简称专职专业人员）不少于20人，其中，具有工程或者工程经济类中级以上专业技术职称的人员不少于16人；取得造价工程师注册证书的人员不少于10人，其他人员具有从事工程造价专业工作的经历

企业与专职专业人员签订劳动合同，且专职专业人员符合国家规定的职业年龄（出资人除外）

专职专业人员人事档案关系由国家认可的人事代理机构代为管理

企业注册资本不少于人民币100万元

企业近3年工程造价咨询营业收入累计不低于人民币500万元

具有固定的办公场所，人均办公建筑面积不少于10m²

技术档案管理制度、质量控制制度、财务管理制度齐全

企业为本单位专职专业人员办理的社会基本养老保险手续齐全

在申请核定资质等级之日前3年内无违规行为

图 2-43　甲级工程造价咨询企业资质标准

2. 乙级企业资质标准

乙级工程造价咨询企业资质标准如图 2-44 所示。

乙级工程造价咨询企业资质标准如下

- 企业出资人中，注册造价工程师人数不低于出资人总人数的60%，且其出资额不低于注册资本总额的60%
- 技术负责人已取得造价工程师注册证书，并具有工程或工程经济类高级专业技术职称，且从事工程造价专业工作10年以上
- 专职专业人员不少于12人，其中，具有工程或者工程经济类中级以上专业技术职称的人员不少于8人；取得造价工程师注册证书的人员不少于6人，其他人员具有从事工程造价专业工作的经历
- 企业与专职专业人员签订劳动合同，且专职专业人员符合国家规定的职业年龄（出资人除外）
- 专职专业人员人事档案关系由国家认可的人事代理机构代为管理
- 企业注册资本不少于人民币50万元
- 具有固定的办公场所，人均办公建筑面积不少于10m²
- 技术档案管理制度、质量控制制度、财务管理制度齐全
- 企业为本单位专职专业人员办理的社会基本养老保险手续齐全
- 暂定期内工程造价咨询营业收入累计不低于人民币50万元
- 申请核定资质等级之日前无违规行为

图 2-44　乙级工程造价咨询企业资质标准

二、工程造价咨询企业业务承接

1. 业务范围

工程造价咨询业务范围如图 2-45 所示。

工程造价咨询业务范围包括

- 建设项目建议书及可行性研究投资估算、项目经济评价报告的编制和审核
- 建设项目概预算的编制与审核，并配合设计方案比选、优化设计、限额设计等工作进行工程造价分析与控制
- 建设项目合同价款的确定（包括招标工程工程量清单和标底、投标报价的编制和审核）；合同价款的签订与调整（包括工程变更、工程洽商和索赔费用的计算）及工程款支付，工程结算及竣工结（决）算报告的编制与审核等
- 工程造价经济纠纷的鉴定和仲裁的咨询
- 提供工程造价信息服务等

图 2-45　工程造价咨询业务范围

2. 执业

（1）咨询合同及其履行　工程造价咨询企业在承接各类建设项目的工程造价咨询业务时，应当与委托人订立书面工程造价咨询合同。工程造价咨询企业与委托人可以参照《建设工程造价咨询合同》（示范文本）订立合同。

工程造价咨询企业从事工程造价咨询业务，应当按照有关规定的要求出具工程造价成果文件。工程造价成果文件应当由工程造价咨询企业加盖有企业名称、资质等级及证书编号的执业印章，并由执行咨询业务的注册造价工程师签字、加盖执业印章。

（2）禁止性行为　工程造价咨询企业不得有的行为如图2-46所示。

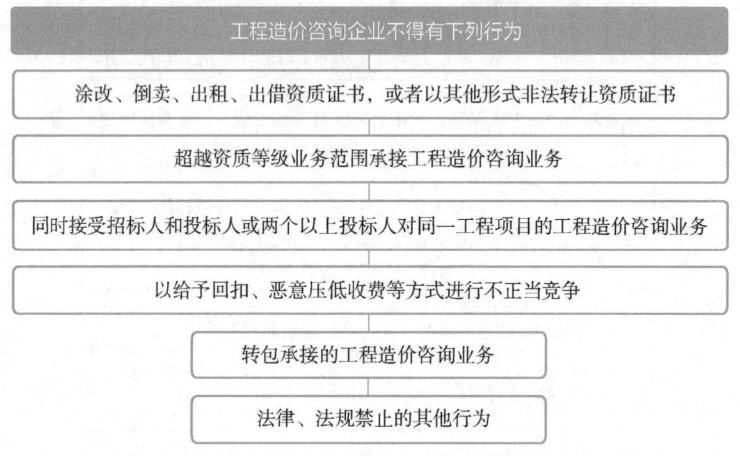

图2-46　工程造价咨询企业不得有的行为

三、工程造价咨询企业法律责任

1. 资质申请或取得的违规责任

申请人隐瞒有关情况或者提供虚假材料申请工程造价咨询企业资质的，不予受理或者不予资质许可，并给予警告，申请人在1年内不得再次申请工程造价咨询企业资质。

以欺骗、贿赂等不正当手段取得工程造价咨询企业资质的，由县级以上地方人民政府建设主管部门或者有关专业部门给予警告，并处以1万元以上3万元以下的罚款，申请人3年内不得再次申请工程造价咨询企业资质。

2. 经营违规责任

未取得工程造价咨询企业资质从事工程造价咨询活动或者超越资质等级承接工程造价咨询业务的，出具的工程造价成果文件无效，由县级以上地方人民政府建设主管部门或者有关专业部门给予警告，责令限期改正，并处以1万元以上3万元以下的罚款。

工程造价咨询企业不及时办理资质证书变更手续的，由资质许可机关责令限期办理；逾期不办理的，可处以1万元以下的罚款。

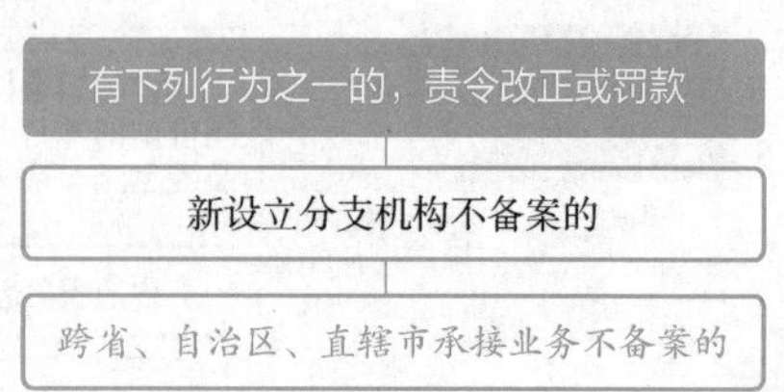

图2-47　责令改正或罚款的行为

有如图2-47所示行为之一的，由县级以上地方人民政府建设主管部门或者有关专业部门给予警告，责令限期改正；

逾期未改正的，可处以5000元以上2万元以下的罚款。

3. 其他违规责任

资质许可机关有如图2-48所示情形之一的，由其上级行政主管部门或者监察机关责令改正，对直接负责的主管人员和其他直接责任人员依法给予处分；构成犯罪的，依法追究刑事责任。

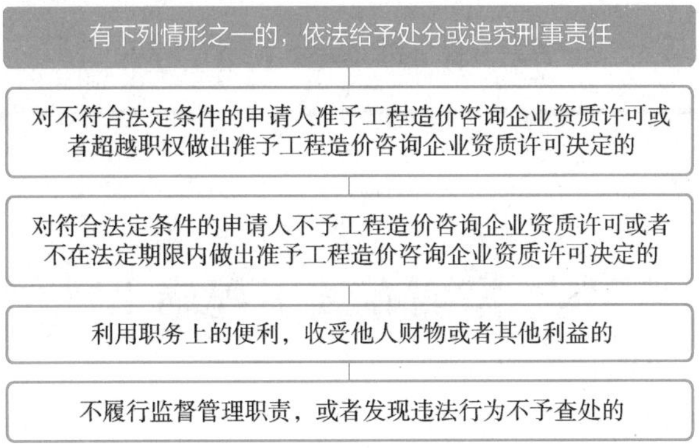

有下列情形之一的，依法给予处分或追究刑事责任

- 对不符合法定条件的申请人准予工程造价咨询企业资质许可或者超越职权做出准予工程造价咨询企业资质许可决定的
- 对符合法定条件的申请人不予工程造价咨询企业资质许可或者不在法定期限内做出准予工程造价咨询企业资质许可决定的
- 利用职务上的便利，收受他人财物或者其他利益的
- 不履行监督管理职责，或者发现违法行为不予查处的

图2-48　依法给予处分或追究刑事责任的情形

第三章　建筑电气工程施工

第一节　室内布线工程施工

一、导线的选择

室内布线用电线、电缆应按低压配电系统的额定电压、电力负荷、敷设环境及其与附近电气装置、设施之间能否产生有害的电磁感应等要求，选择合适的型号和截面。

1）对电线、电缆导体的截面大小进行选择时，应按其敷设方式、环境温度和使用条件确定，其额定载流量不应小于预期负荷的最大计算电流，线路电压损失不应超过允许值。单相回路中的中性线应与相线等截面。

2）室内布线若采用单芯导线做固定装置的 PEN 干线时，其截面面积对铜材不应小于 $10mm^2$，对铝材不应小于 $16mm^2$；当用多芯电缆的线芯做 PEN 线时，其最小截面可为 $4mm^2$。

3）当 PE 线所用材质与相线相同时，按热稳定要求，截面不应小于表 3-1 所列规定。

表 3-1　保护线的最小截面　（单位：mm^2）

装置的相线截面	接地线及保护线最小截面
$S \leqslant 16$	S
$16 < S \leqslant 35$	16
$S > 35$	$S/2$

4）同一建筑物、构筑物的各类电线绝缘层颜色选择应一致，并应符合下列规定。

①保护地线（PE）应为绿、黄相间色。

②中性线（N）应为淡蓝色。

③相线：L1 应为黄色；L2 应为绿色；L3 应为红色。

5）当用电负荷大部分为单相用电设备时，其 N 线或 PEN 线的截面不宜小于相线截面；以气体放电灯为主要负荷的回路中，N 线截面不应小于相线截面；采用可控硅调光的三相四线或三相三线配电线路，其 N 线或 PEN 线的截面不应小于相线截面的 2 倍。

二、室内布线的施工程序

室内布线的施工程序如图 3-1 所示。

图 3-1　室内布线的施工程序

三、导线的连接

导线的敷设方式分为明敷和暗敷两种。导线直接或者在管子、线槽等保护体内，敷设于墙壁、顶棚的表面及桁架、支架等处称为明敷。导线在管子、线槽等保护体内，敷设于墙壁、顶棚、地坪及楼板等的内部或者在混凝土板孔内敷设称为暗敷。

布线方式的确定，主要取决于建筑物的环境特征。当几种布线方式同时能满足环境特征要求时，则应根据建筑物的性质、要求及用电设备的分布等因素综合考虑，决定合理的布线及敷设方式。

1. 导线的布置

导管与热水管、蒸汽管平行敷设时，宜敷设在热水管、蒸汽管的下方。导管与热水管、蒸汽管间的最小距离宜符合表 3-2 的规定。

表 3-2　导管与热水管、蒸汽管间的最小距离　（单位：mm）

导管敷设位置	管道种类	
	热水	蒸汽
在热水、蒸汽管道上面平行敷设	300	1000
在热水、蒸汽管道下面或水平平行敷设	200	500
与热水、蒸汽管道交叉敷设	100	300

注：1. 导管与不含易燃易爆气体的其他管道的距离，平行敷设不应小于 100mm，交叉敷设处不应小于 50mm。
2. 导管与易燃易爆气体不宜平行敷设，交叉敷设处不应小于 100mm。
3. 达不到规定距离时应采取可靠有效的隔离保护措施。

2. 导线的连接

1）在割开导线绝缘层进行连接时，不应损伤线芯；导线的接头应在接线盒内连接；不同材料导线不准直接连接；分支线接头处，干线不应受到来自支线的横向拉力。

2）绝缘导线除芯线连接外，在连接处应用绝缘带（塑料带、黄蜡带等）包缠均匀、严密，绝缘强度不低于原有强度。在接线端子的端部与导线绝缘层的空隙处，也应用绝缘带包缠严密，最外层处还得用黑胶布扎紧一层，以防机械损伤。

3）单股铝线与电气设备端子可直接连接；多股铝芯线应采用焊接或压接端子后再与电气设备端子连接，压模规格同样应与线芯截面相符。

4）单股铜线与电气器具端子可直接连接。截面面积超过2.5 mm^2 的多股铜线连接应采用焊接或压接端子再与电气器具连接，采用焊接方法应先将线芯拧紧后，经搪锡后再与器具连接，焊锡应饱满，焊后要清除残余焊药和焊渣，不应使用酸性焊剂。用压接法连接，压模的规格应与线芯截面相符。

四、钢管的连接

1. 管与管的连接

（1）螺纹连接　钢管与钢管间用螺纹连接时，管端螺纹长度不应小于管接头的1/2；连接螺纹宜外露2～3扣。螺纹表面应光滑、无缺损。螺纹连接应使用全扣管接头，连接管端部套螺纹，两管拧进管接头长度不可小于管接头长度的1/2，使两管端之间吻合。

（2）套管连接　钢管之间的连接，一般采用套管连接。而套管连接宜用于暗配管，套管长度为连接管外径的1.5～3倍；连接管的对口处应在套管的中心，焊口应焊接牢固、严密。当没有合适管径做套管时，也可将较大管径的套管顺口冲开一条缝隙，将套管缝隙处用手锤击打对严做套管。施工中严禁不同管径的管直接套接连接。

（3）对口焊接

1）当暗配黑色钢管管径在 ϕ80 及以上，使用套管连接较困难时，也可将两连接管端打喇叭口，管与管之间采取对口焊的方法进行焊接连接。

2）钢管在采取打喇叭口对口焊时，在焊接前应除去管口毛刺，用气焊加热连接管端部，边加热边用手锤沿管内周边，逐点均匀向外敲打出喇叭口，再把两管喇叭口对齐，两连接管应在同一条管子轴线上，周围焊严密，应保证对口处管内光滑，无焊渣。

2. 管与盒（箱）的连接

（1）焊接连接

1）当钢管与盒（箱）采用焊接连接时，管口宜高出盒（箱）内壁3～5mm，且焊后应补涂防腐漆。管与盒在焊接连接时，应一管一孔顺直插入与管相吻合的敲落（或连接）孔内，伸进长度宜为3～5mm。在管与盒的外壁相接触处焊接，焊接长度不宜小于管外周长的1/3，且不应烧穿盒壁。

2）钢管与箱连接时，不宜把管与箱体焊在一起，应采用圆钢作为跨接接地线。在适当位置，应对入箱管做横向焊接。焊接应保证在箱体放置后管口能高出箱壁3～5mm。当有多根管入箱时长度应保持一致、管口平齐。待安装箱体以后再把连接钢管的圆钢与箱体外侧的棱边进行焊接。

（2）用锁紧螺母或护圈帽固定

1）明配钢管或暗配的镀锌钢管与盒（箱）连接应采用锁紧螺母或护圈帽固定，用锁紧螺母固定的管端螺纹宜外露锁紧螺母2～3扣。钢管与接线盒、开关盒的连接，可采用螺母连接或焊接。采用螺母连接时，先在管子上旋上一个锁紧螺母（根母），然后将盒上的敲落孔打掉，将管子穿入孔内，再用手旋上盒内螺母（护口），最后用扳手把盒外锁紧螺母旋紧。

2）钢管与盒（箱）连接时，钢管管口使用金属护圈帽（护口）保护导线时，应将套螺纹后的管端先拧上锁紧螺母（根母），顺直插入盒与管外径相一致的敲落孔内，露出2～3扣的管口螺纹，再拧上金属护圈帽（护口），把管与盒连接牢固。

3）当有多根入箱管时，为使入箱管长度一致，可在箱内使用木制平托板，在箱体的适当位置上用木方或普通砖顶住平托板。在入箱管管口处先拧好一个锁紧螺母，留出适当长度的管口螺纹，插入箱体敲落（连接）孔内顶在平托板上，待墙体工程施工后拆去箱内托板，在管口处拧上锁紧螺母和护圈帽。

3. 钢管与设备连接

1）钢管与设备直接连接时，应将钢管敷设到设备的接线盒内。

2）当钢管与设备间接连接时，对室内干燥场所，钢管端部宜增设电线保护软管或可挠金属电线保护管（即普利卡金属套管）后引入到设备的接线盒内，且钢管管口应包扎紧密；对室外或室内潮湿场所，钢管端部应增设防水弯头，导线应加套保护软管，经弯成滴水弧状后，再引入到设备的接线盒。

4. 钢管的接地连接

钢管之间及钢管与盒（箱）之间连接时，必须与PE或PEN线连接，且应连接可靠。通常，在管接头的两端及管与盒（箱）连接处，用相应的圆钢或扁钢焊接好跨接接地线，使整个管路连成一个导电整体，以防止导线绝缘可能损伤或发生电击现象。钢管接地连接时，应符合下列相关规定。

1）当镀锌钢管之间采用螺纹连接时，连接处的两端应采用专用接地卡固定。通常，以专用的接地卡跨接的跨接线为黄绿色相间的铜芯软导线，截面面积不小于4mm²。对于镀锌钢管和壁厚2mm及以下的薄壁钢管，不得采用熔焊跨接接地线。

2）当非镀锌钢导管之间采用螺纹连接时，连接处的两端可采用专用接地卡固定跨接线，也可以采用焊接跨接接地线。焊接跨接接地线的做法如图3-2所示。当非镀锌钢导管与配电箱箱体采用间接焊接连接时，可利用导管与箱体之间的跨接接地线固定管、箱。连接管与盒（箱）的跨接接地线，应在盒（箱）的棱边上焊接，跨接接地线在箱棱边上焊接的长度不小于跨接接地线直径的6倍，在盒上焊接不应小于跨接接地线的截面面积。

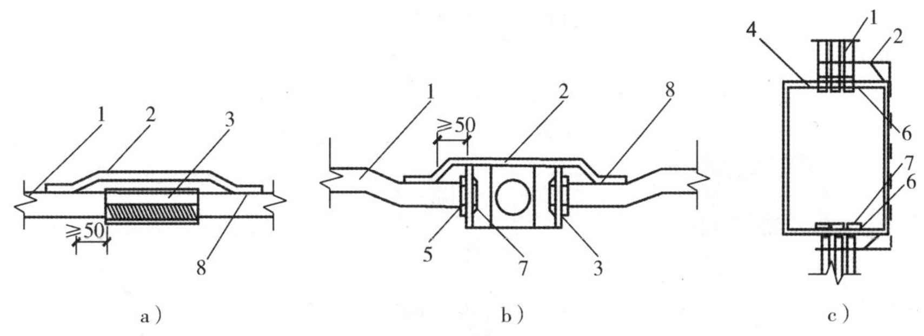

图3-2 焊接跨接接地线的做法

a）管与管连接 b）管与盒连接 c）管与箱连接

1—非镀锌钢导管 2—圆钢跨接接地线 3—器具盒 4—配电箱

5—全扣管接头 6—根母 7—护口 8—电气焊处

3）跨接接地线直径应根据钢导管的管径进行选择，见表3-3。管接头两端跨接接地线焊接长度，不小于跨接接地线直径的6倍，跨接接地线在连接管焊接处距管接头两端不宜小于50mm。

表3-3　跨接接地线选择表

公称直径/mm		跨接接地线/mm	
电线管	厚壁钢管	圆钢	扁钢
≤32	≤25	ϕ6	—
38	≤32	ϕ8	—
51	40～50	ϕ10	—
64～76	≤65～80	ϕ10及以上	25×4

4）对于套接压扣式或紧定式薄壁钢管及其金属附件组成的导管管路，当管与管及管与盒（箱）连接符合规定时，连接处可不设置跨接接地线，管路外壳应有可靠接地；导管管路不应作为电气设备接地线使用。

五、硬塑料管的敷设

1. 硬塑料管的选择

塑料管按其受热性能来分，可分为热塑性、热固性两大类。受热时软化，冷却后变硬，可重复受热塑制的称为热塑性塑料，如聚乙烯、聚苯乙烯等。如第一次热固化后，第二次受热不能再软化，则为热固化塑料，如酚醛塑料。在施工中大部分采用热塑性硬塑料管、聚氯乙烯半硬性塑料管和可弯硬塑料管。

明敷设硬塑料管要求有一定的机械强度，管壁厚度应大于2mm，弯曲时不能产生凹裂，要有较大的耐冲击韧性和较小的热膨胀系数，外观要求光洁、美观、平直。暗敷设硬塑料管要便于弯曲，要能承受一定的正压力，要有较高的温度软化点，并且要富有弹性，管壁厚度大于3mm。不得使用软塑料管、半硬性塑料管进行暗敷。

2. 硬塑料管明管敷设工艺

硬塑料管明管敷设工艺如图3-3所示。

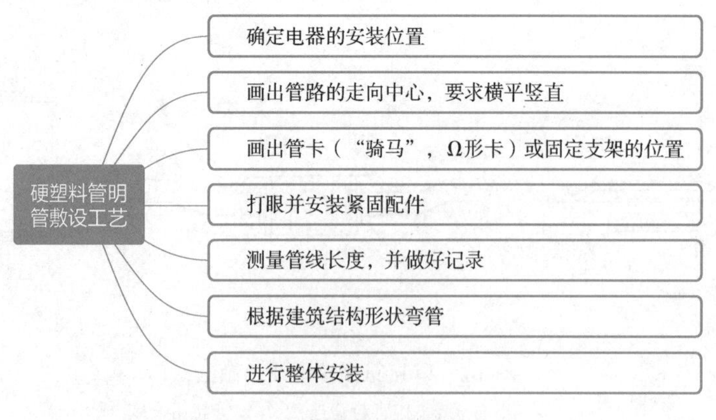

图3-3　硬塑料管明管敷设工艺

3. 硬塑料管暗管敷设工艺

硬塑料管暗管敷设工艺如图3-4所示。

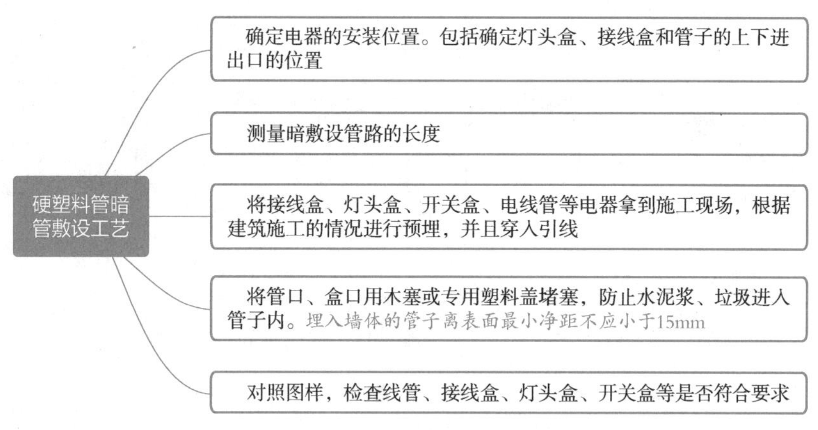

图 3-4　硬塑料管暗管敷设工艺

4. 塑料线槽的敷设

塑料线槽敷设时，宜沿建筑物顶棚与墙壁交角处的墙上及墙角和踢脚板上口线上敷设。线槽槽底的固定应符合下列规定。

1）塑料线槽布线应先固定槽底，线槽槽底应根据每段所需长度切断。

2）塑料线槽布线在分支时应做成“T”字分支，线槽在转角处槽底应锯成 45°角对接，对接连接面应严密平整，无缝隙。

3）塑料线槽槽底可用伞形螺栓固定或用塑料胀管固定，也可用木螺栓将其固定在预先埋入在墙体内的木砖上，如图 3-5 所示。

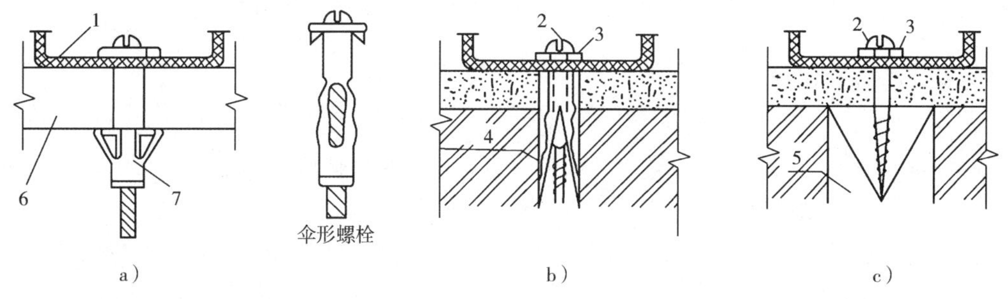

图 3-5　线槽槽底固定

a）用伞形螺栓固定　b）用塑料胀管固定　c）用木砖固定

1—槽底　2—木螺栓　3—垫圈　4—塑料胀管　5—木砖　6—石膏壁板　7—伞形螺栓

4）塑料线槽槽底的固定点间距应根据线槽规格而定。固定线槽时，应先固定两端再固定中间，端部固定点距槽底终点不应小于 50mm。

5）固定好后的槽底应紧贴建筑物表面，布置合理，横平竖直，线槽的水平度与垂直度允许偏差均不应大于 5mm。

6）线槽槽盖一般为卡装式。安装前，应比照每段线槽槽底的长度按需要切断，槽盖的长度要比槽底的长度短一些，如图 3-6 所示，其 A 段的长度应为线槽宽度的一半，在安装槽盖时供做装饰配件就位用。塑料线槽槽盖如不使用装饰配件时，槽盖与槽底应错位搭接。槽盖安装时，应将槽盖平行放置，对准槽底，用手一按槽盖，即可卡入槽底的凹槽中。

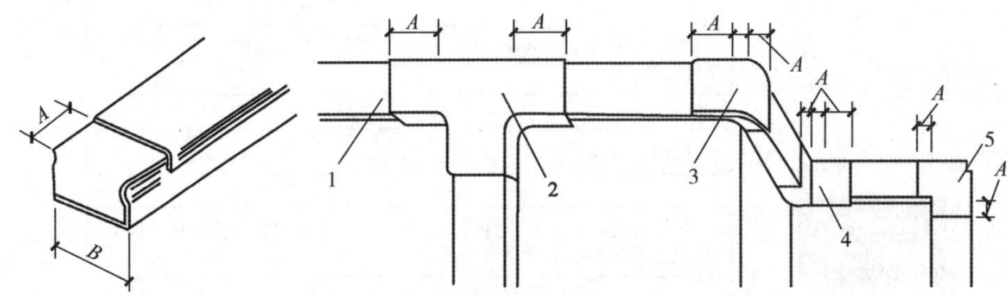

图 3-6　线槽沿墙敷设示意图

1—直线线槽　2—平三通　3—阳转角　4—阴转角　5—直转角

7）在建筑物的墙角处线槽进行转角及分支布置时，应使用左三通或右三通。分支线槽布置在墙角左侧时使用左三通，分支线槽布置在墙角右侧时应使用右三通。

8）塑料线槽布线在线槽的末端应使用附件堵头封堵。

5. 塑料线槽内导线的敷设

1）线槽内电线或电缆的总截面（包括外护层）不应超过线槽内截面的20%，载流导线不宜超过30根（控制、信号等线路可视为非载流导线）。

2）强、弱电线路不应同时敷设在同一根线槽内。同一路径无抗干扰要求的线路，可以敷设在同一根线槽内。

3）放线时先将导线放开抻直，从始端到终端边放边整理，导线应顺直，不得有挤压、背扣、扭结和受损等现象。

4）电线、电缆在塑料线槽内不得有接头，导线的分支接头应在接线盒内进行。从室外引进室内的导线在进入墙内一段应使用橡胶绝缘导线，严禁使用塑料绝缘导线。

六、钢索吊装管布线

钢索吊装管布线，是采用扁钢吊卡将钢管或塑料管以及灯具吊装在钢索上。其具体安装方法如下：

1）吊装布管时，应按照先干线后支线的顺序，把加工好的管子从始端到终端顺序连接。

2）按要求找好灯位，装上吊灯头盒卡子（图3-7），再装上扁钢吊卡（图3-8），然后开始敷设配管。扁钢吊卡的安装应垂直、牢固、间距均匀；扁钢厚度应不小于1.0mm。

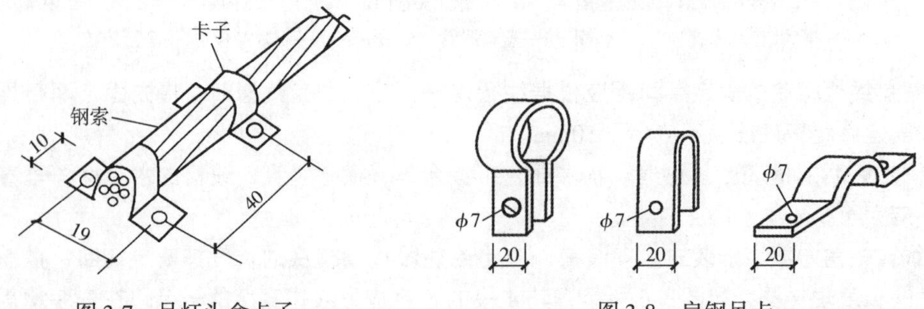

图 3-7　吊灯头盒卡子　　　　图 3-8　扁钢吊卡

3）从电源侧开始，量好每段管长，加工（断管、套扣、搣弯等）完毕后，装好灯头盒，再将配管逐段固定在扁钢吊卡上，并做好整体接地（在灯头盒两端的钢管，要用跨接地线焊牢）。

吊装钢管时，应采用钢制灯头盒；吊装硬塑料管时，可采用塑料灯头盒。

4）钢索吊装管配线的组装如图3-9所示。图中L：钢管1.5m，塑料管1.0m。对于钢管配线，吊卡距灯头盒距离应不大于200mm，吊卡之间距离不大于1.5m；对塑料管配线，吊卡距灯头盒不大于150mm，吊卡之间距离不大于1m。线间最小距离1mm。

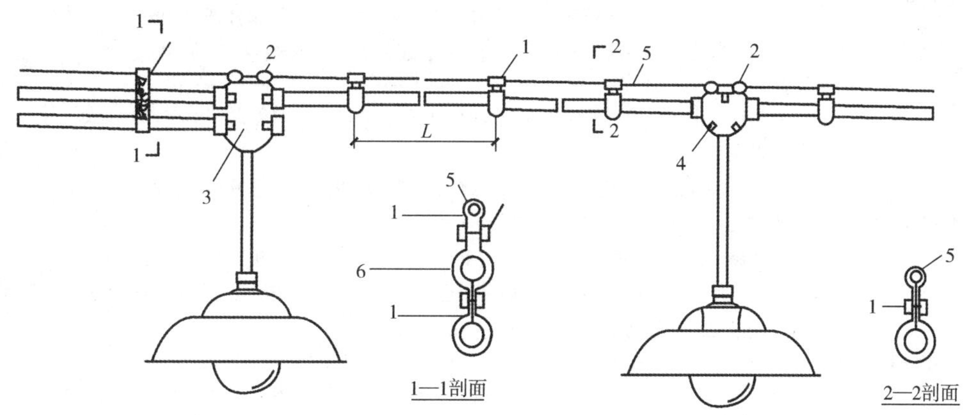

图3-9　钢索吊装管配线组装图

1—扁钢吊卡　2—吊灯头盒卡子　3—五通灯头

4—三通灯头盒　5—钢索　6—钢管或塑料管

第二节　架空配电线路施工

一、电杆的选用

电杆是架空线路的重要组成部分，用于安装横担、绝缘子和架设导线的。因此电杆应具有足够的机械强度；同时也应具备造价低、寿命长的特点。用于架空线路的电杆通常有木杆、钢筋混凝土杆和金属杆。

架空线路用钢筋混凝土电杆多为锥形杆，分为普通型和预应力型。

预应力杆与普通杆相比可节省大量钢材，且由于使用了小截面钢筋，其杆身的壁厚也相应减少，杆身重量也相应减轻，造价也较为便宜。因此，预应力杆被广泛应用在架空线路中。

架空线路中的电杆可分为直线杆、转角杆、耐张杆、分支杆、跨越杆和终端杆六种杆型，具体内容见表3-4。

表3-4　电杆杆型

项目	内容
直线杆	直线杆也称中间杆（即两个耐张杆之间的电杆），位于线路的直线段，仅做支持导线、绝缘子及金具用 在正常情况下只承受导线的垂直荷重和风吹导线的水平荷重，不承受顺线路方向的导线拉力 在架空线路中大多数是直线杆，占全部电杆的80%左右。其杆顶结构如图3-10所示

（续）

项目	内容
转角杆	架空线路会有一些改变方向的地点，即转角。设在转角处的电杆即称为转角杆 转角杆的杆顶结构形式要根据转角大小、档距长短、导线截面等具体情况而定，可以是直线转角杆，也可以是耐张转角杆。图 3-11 所示为双担直线型转角杆杆顶结构 转角杆除在正常运行情况下承受荷重外，还要承受两侧导线拉力的合力
耐张杆	架空线路在运行中可能发生断线事故，此时会造成电杆两侧受导线拉力不平衡，导致倒杆事故的发生 为防止事故范围的扩大、减少倒杆数量，在一定距离装设机械强度较大，可承受导线不平衡拉力的电杆，这种电杆称为耐张杆 在线路运行中，耐张杆所承受的荷重与直线杆相同，但在断线事故情况下则要承受一侧导线的拉力。所以耐张杆上的导线一般采用悬式绝缘子串加耐张线夹或蝶式绝缘子固定，两个耐张杆之间的距离一般为 1～2km，如图 3-12 所示
分支杆	分支杆位于分支线路与干线相连接处，分为直线分支杆和转角分支杆。在主干线上多为直线型和耐张型，尽量避免在转角杆上分支；在分支线路上相当于终端杆，可承受分支线路导线的全部拉力。其杆顶结构如图 3-13 所示
跨越杆	当架空线路与公路、铁路、电力线路、通信线路等交叉时，必须满足规定的交叉跨越的要求 一般直线杆的导线悬挂较低，不能满足要求，故要求适当增加电杆的高度，同时适当加强导线的机械强度，这种杆称为跨越杆，其杆顶结构如图 3-14 所示
终端杆	设在线路的起点和终点的电杆统称为终端杆。由于终端杆上只在一侧有导线（接户线或用户电缆接户），所以在正常情况下，电杆要承受线路方向全部导线的拉力。其杆顶结构和耐张杆相似，只是拉线有所不同，如图 3-15 所示

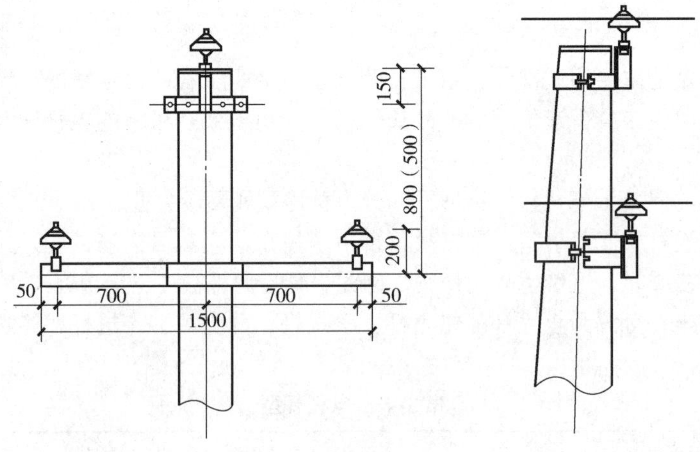

图 3-10　直线杆杆顶结构

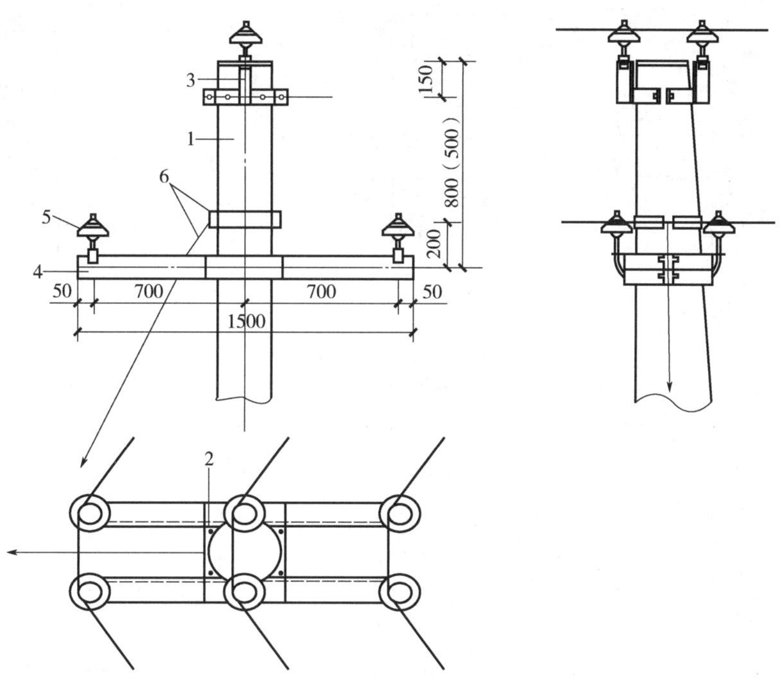

图 3-11 转角杆杆顶结构

1—电杆 2—M 形抱铁 3—杆顶支座抱箍 4—横担 5—针式绝缘子 6—拉线

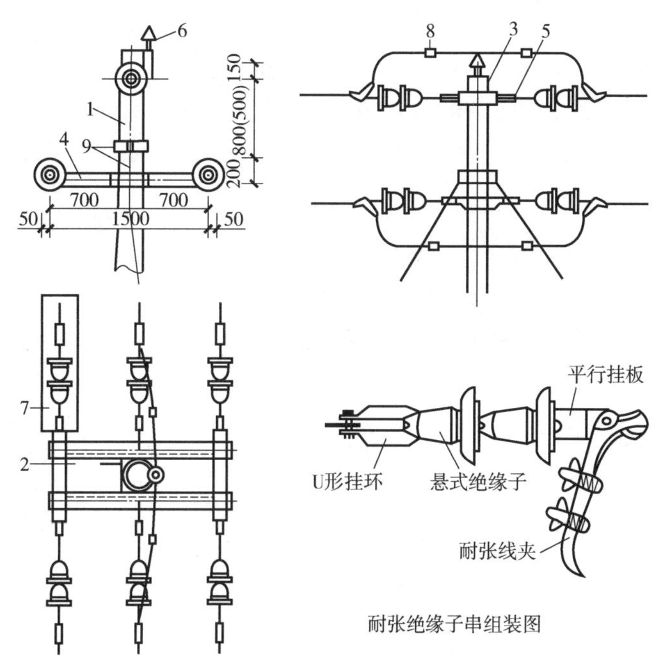

图 3-12 耐张杆杆顶结构

1—电杆 2—M 形抱铁 3—杆顶支座抱箍 4—横担 5—拉板 6—针式绝缘子 7—耐张绝缘子 8—并沟线夹 9—拉线

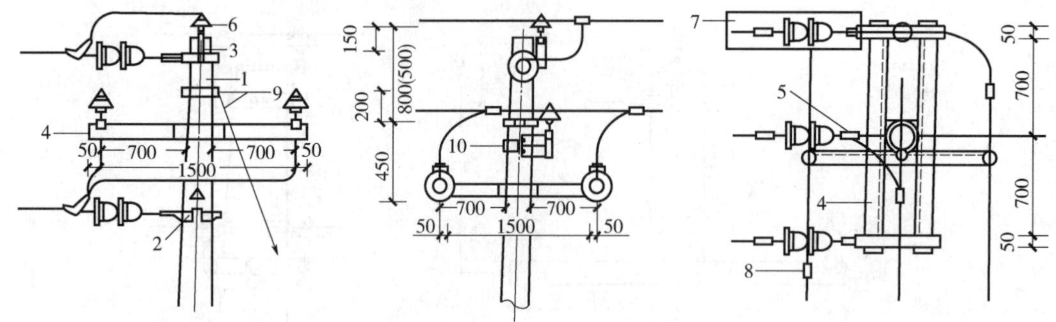

图 3-13　分支杆杆顶结构

1—电杆　2—M 形抱铁　3—杆顶支座抱箍　4—横担　5—拉板　6—针式绝缘子　7—耐张绝缘子串　8—并沟线夹　9—拉线　10—U 形抱铁

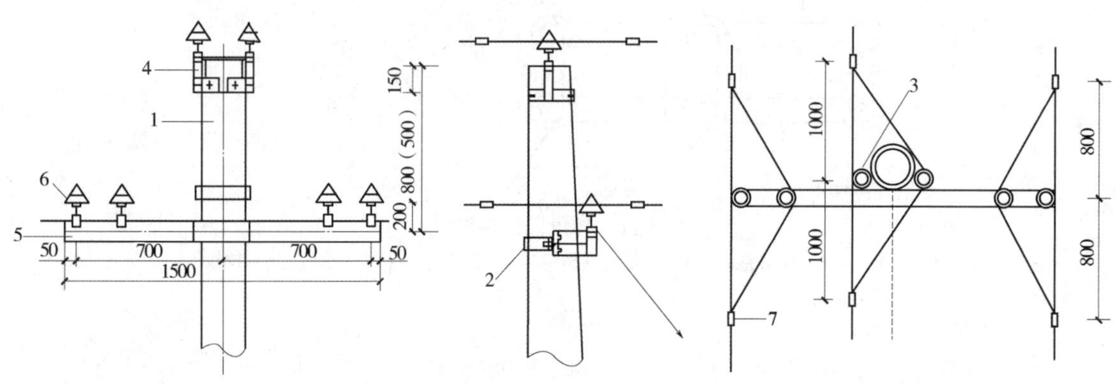

图 3-14　跨越杆杆顶结构

1—电杆　2—U 形抱铁　3—M 形抱铁　4—杆顶支座抱箍　5—横担　6—针式绝缘子　7—并沟线夹

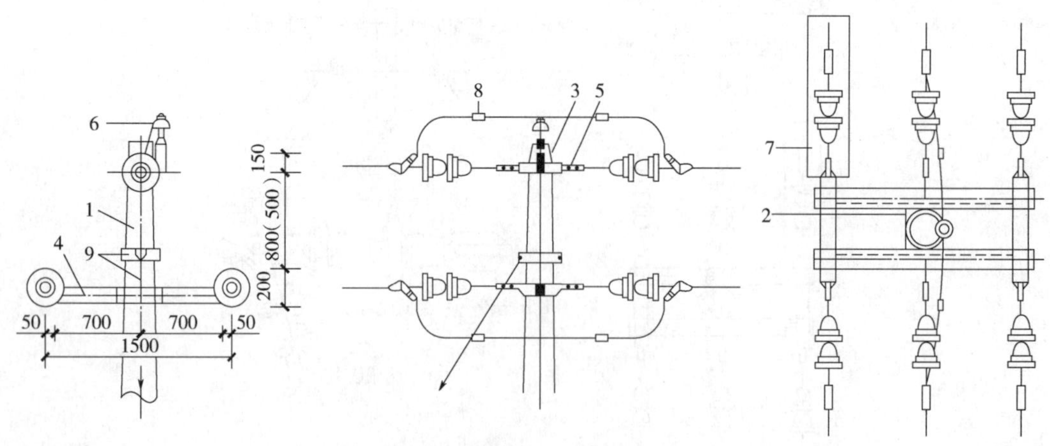

图 3-15　终端杆杆顶结构

1—电杆　2—M 形抱铁　3—杆顶支座抱箍　4—横担　5—拉板　6—针式绝缘子　7—耐张绝缘子串　8—并沟线夹　9—拉线

二、横担的选择

架空线路的横担按材质分为木横担、铁横担和陶瓷横担三种，按使用条件或受力情况可分为直线横担、耐张横担和终端横担。

横担的选择与杆型、导线规格及线路档距有关。高压单回路与低压架空线路横担的选择见表 3-5、表 3-6。

表 3-5　高压单回路横担选择表

类型 / 杆型 / 档距/m / 导线型号	横担规格：直线 50（覆冰厚度/mm 0、5、10、15）	直线 90（0、5、10、15）	直线 120（0、5、10、15）	耐张 —（0、5、10、15）	终端 —（0、5、10、15）	耐张线夹型号	并沟线夹型号
LJ-25					2×∠63×6		B-0
LJ-35			∠63×6			NLD-1	
LJ-50				2×∠63×6			
LJ-70					2×∠15×8		B-1
LJ-95	∠63×6	∠63×6	∠75×8			NLD-2	
LJ-120							B-2
LJ-150		∠75×8			2×∠90×8	NLD-3	
LJ-185			∠90×8				B-3
LJ-240	∠75×8			2×∠7.5×8	2×∠75×8*	NLD-4	B-4
LGJ-16					2×∠63×6		
LGJ-25			∠63×6			NLD-1	B-0
LGJ-35	∠63×6	∠63×6		2×∠63×6	2×∠75×8		
LGJ-50							B-1
LGJ-70					2×∠90×8	NLD-2	
LGJ-95				2×∠75×8	2×∠63×6*		B-2
LGJ-120						NLD-3	
LGJ-150			∠90×8				B-3
LGJ-185		∠75×8	∠75×8				
LGJ-240	∠75×8	∠90×8		2×∠90×8	2×∠75×8*		

注：表中带＊者为带斜材的横担。

表 3-6　低压架空线路横担选择表

类型	四线横担											
杆型	直线杆				≤45° 转角杆、耐张杆				终端杆			
覆冰厚度/mm	0	5	10	15	0	5	10	15	0	5	10	15
LJ-16	∠50×5	∠50×5	∠63×6	∠63×6	2×∠50×5	2×∠50×5	2×∠50×5	2×∠50×5	2×∠75×8	2×∠75×8	2×∠75×8	2×∠75×8
LJ-25	∠50×5	∠50×5	∠63×6	∠75×8	2×∠50×5	2×∠50×5	2×∠50×5	2×∠50×5	2×∠75×8	2×∠75×8	2×∠75×8	2×∠75×8
LJ-35	∠50×5	∠50×5	∠63×6	∠75×8	2×∠50×5	2×∠50×5	2×∠63×6	2×∠63×6	2×∠75×8	2×∠75×8	2×∠75×8	2×∠75×8
LJ-50	∠50×5	∠63×6	∠63×6	∠75×8	2×∠63×6	2×∠63×6	2×∠63×6	2×∠63×6	2×∠90×8	2×∠90×8	2×∠90×8	2×∠90×8
LJ-70	∠50×5	∠63×6	∠63×6	∠75×8	2×∠63×6	2×∠63×6	2×∠63×6	2×∠63×6	2×∠90×8	2×∠90×8	2×∠90×8	2×∠90×8
LJ-95	∠50×5	∠63×6	∠63×6	∠75×8	2×∠63×6	2×∠63×6	2×∠63×6	2×∠63×6	2×∠90×8	2×∠90×8	2×∠90×8	2×∠90×8
LJ-120	∠63×6	∠63×6	∠75×8	∠75×8	2×∠75×8	2×∠75×8	2×∠75×8	2×∠75×8	2×∠90×8	2×∠90×8	2×∠90×8	2×∠90×8
LJ-150	∠63×6	∠63×6	∠75×8	∠75×8	2×∠75×8	2×∠75×8	2×∠75×8	2×∠75×8	2×∠63×6*	2×∠63×6*	2×∠63×6*	2×∠63×6*
LJ-185	∠63×6	∠63×6	∠75×8	∠75×8	2×∠75×8	2×∠75×8	2×∠75×8	2×∠75×8	2×∠63×6*	2×∠63×6*	2×∠63×6*	2×∠75×8*

注：表中带＊者为带斜材的横担。

三、导线的排列

架空线路使用的导线应具有一定的机械强度和耐腐蚀性能。

架空线路常用裸绞线有：裸铝绞线（LJ）、裸铜绞线（TJ）、钢芯铝绞线（LGJ）及铝合金线（HLJ）。

导线在电杆上的排列为：高压线路分为三角排列和水平排列，三角排列线间水平距离为1.4m；低压线路均为水平排列，导线间水平距离为0.4m，靠近电杆两侧的导线距电杆中心距离增大到0.3m。

四、绝缘子的使用

绝缘子是用来固定导线，并使导线与导线、导线与横担、导线与电杆间保持绝缘，同时也承受导线的垂直荷重和水平荷重。因此，绝缘子应具有足够的机械强度和良好的绝缘性能。架空线路常用绝缘子有：针式绝缘子、蝶式绝缘子、悬式绝缘子和拉紧绝缘子。

（1）针式绝缘子　针式绝缘子有高压和低压两种，其外形如图3-16所示。主要用于直线杆和直线转角杆上。

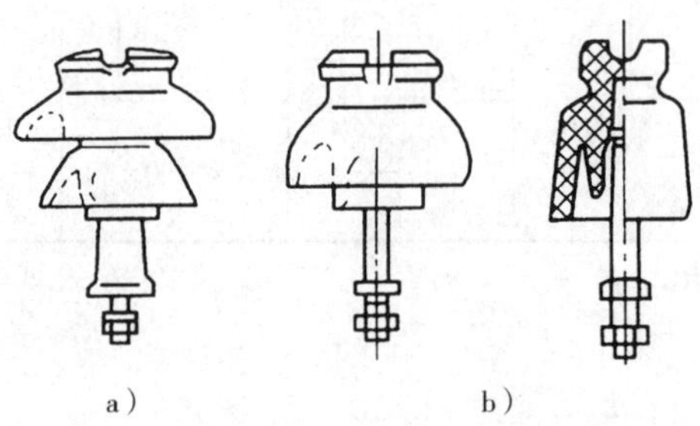

a）　　b）

图3-16　针式绝缘子

a）高压绝缘子　b）低压绝缘子

（2）蝶式绝缘子　蝶式绝缘子有高压和低压两种，其外形如图 3-17 所示。高压型号有 E-1 型、E-2 型，一般应与悬式绝缘子配合使用，作为线路中的一个元件。低压型号有 ED-1、ED-2 型、ED-3 型、ED-4 型，主要用于 10kV 及以下线路的终端杆、耐张杆和耐张型转角杆。

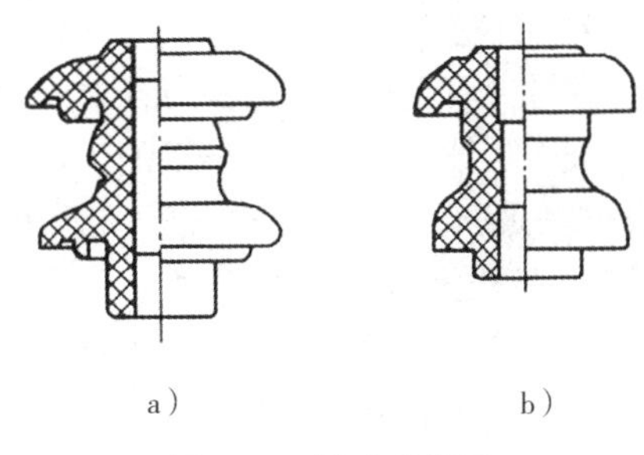

图 3-17　蝶式绝缘子
a）高压　b）低压

（3）悬式瓷绝缘子　悬式瓷绝缘子有普通型和防污型两种。一般是组成绝缘子串，在不同电压等级的高压架空线路上作绝缘和悬挂导线用，其外形如图 3-18 所示。普通型的型号为 XP，按机械破坏负荷分为 4t、6t、7t、10t、16t、21t 和 30t 级。

（4）拉紧绝缘子　拉紧绝缘子主要用于线路终端杆、转角杆、耐张杆和大跨度电杆上，作拉线的绝缘及连接用。按机械破坏负荷分为 2t、4. 5t、9t 级。拉紧绝缘子外形如图 3-19 所示。

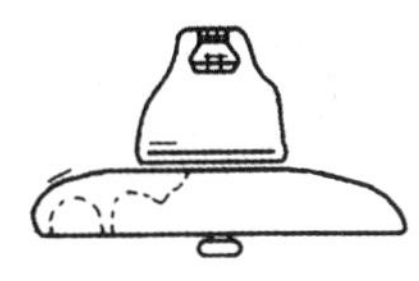
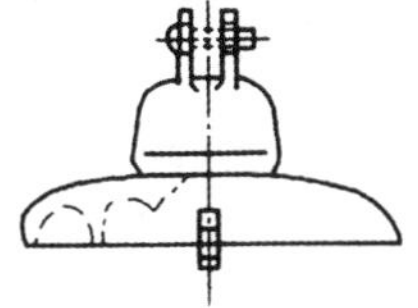

图 3-18　悬式瓷绝缘子

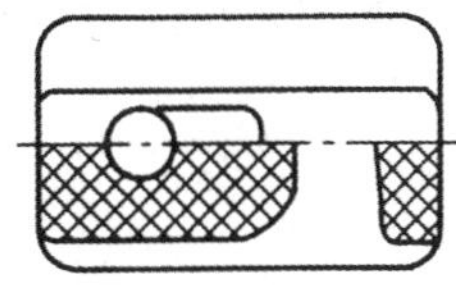
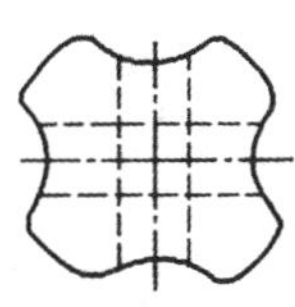

图 3-19　拉紧绝缘子

五、金具的使用

1. 连接金具

连接金具要求连接可靠、转动灵活、机械强度高、抗腐蚀性能好和施工维护方便。

连接金具包括耐张线夹、碗头挂环、直角挂板、U 形挂环等，如图 3-20 所示。

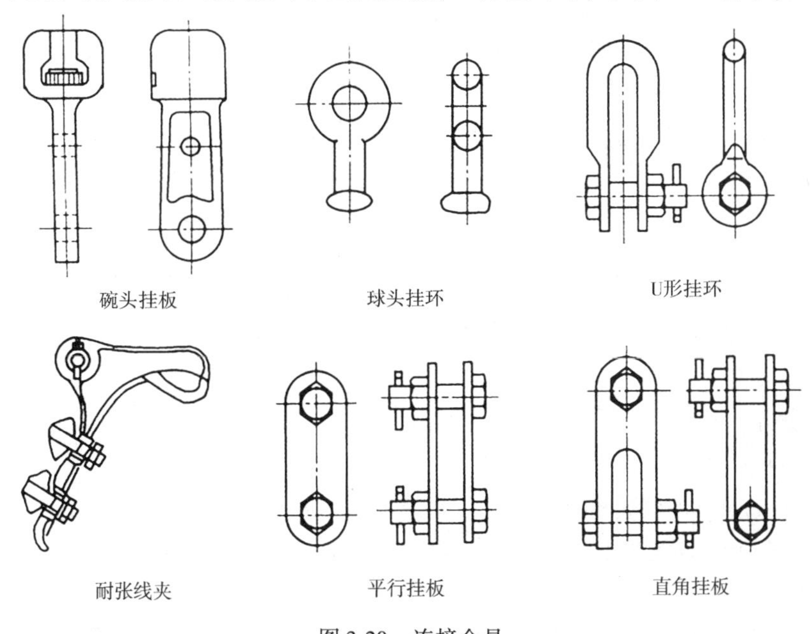

图 3-20　连接金具

2. 接续金具

接续金具用于接续断头导线之用。

要求接续金具能承受一定的工作拉力，有可靠的接触面，有足够的机械强度等。接续金具包括接续导线用的各种铝压接管、在耐张杆上连通导线的并沟线夹等。

3. 拉线金具

拉线金具用于拉线的连接和承受拉力之用。常用的拉线金具包括楔形线夹、花篮螺栓、UT 形线夹、钢线卡子等，如图 3-21 所示。

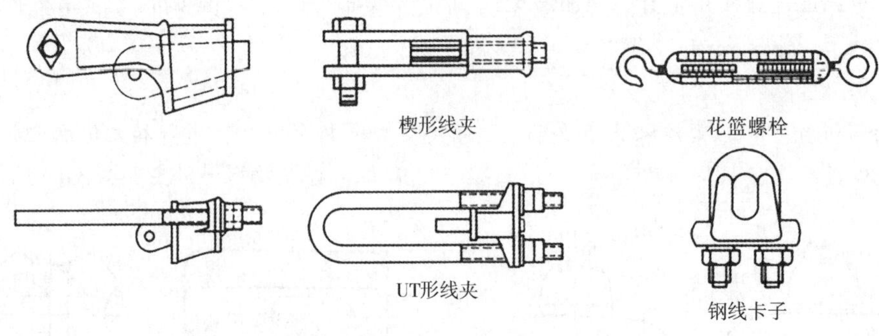

图 3-21　拉线金具

六、电杆基础的施工

1. 电杆基础的组成

电杆基础是对电杆地下部分的总称，由底盘、卡盘和拉线盘组成。

电杆基础的作用主要是防止电杆因承受垂直荷重、水平荷重及事故荷重等所产生的上拔、下压甚至倾斜。

底盘、卡盘和拉线盘的外形如图 3-22 所示。

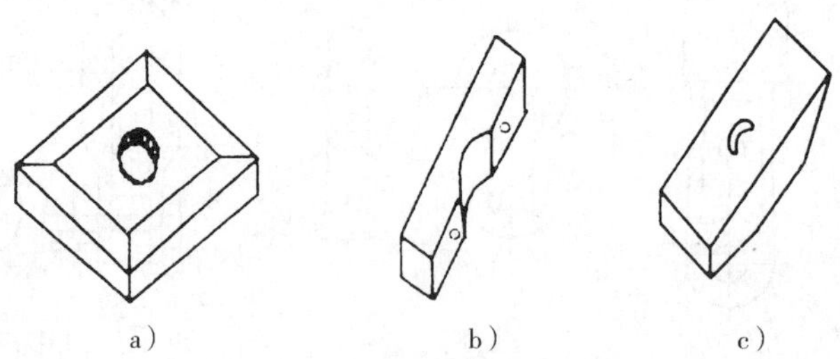

图 3-22　底盘、卡盘和拉线盘的外形

a）底盘　b）卡盘　c）拉线盘

2. 线路测量定位和分坑

（1）直线单杆杆坑

1）杆位标桩检查。在需要检查的标桩及其前后相邻的标桩中心点上各立一根测杆，从一侧看过去，要求三根测杆都在线路中心线上。此时，在标桩前后沿线路中心线各钉一辅助标桩，以确定其他杆坑位置。

2）用大直角尺找出线路中心线的垂直线，将直角尺放在标桩上，使直角尺中心 A 与标桩中心点重合，并使其垂边中心线 *AB* 与线路中心线重合，此时直角尺底边 *CD* 即为路线中心线垂直线（图 3-23），在此垂直线上于标桩的左右侧各钉一辅助标桩。

3）根据表 3-7 中的公式，计算出坑口宽度和周长（坑口四个边的总长度）。用皮尺在标桩左右两侧沿线路中心线的垂直线各量出坑口宽度的一半（即为坑口宽度），钉上 2 个小木桩。再用皮尺量取坑口周长的一半，折成半个坑口形状，将皮尺的两个端头放在坑宽的小木桩上，拉紧 2 个折点，使两折点与小木桩的连线平行于线路中心线，此时 2 个折点与小木桩和两折点间的连接即为半个坑口尺寸。依此画线后，将尺翻过来按上述方法画出另半个坑口尺寸，这样即完成了坑口画线工作。

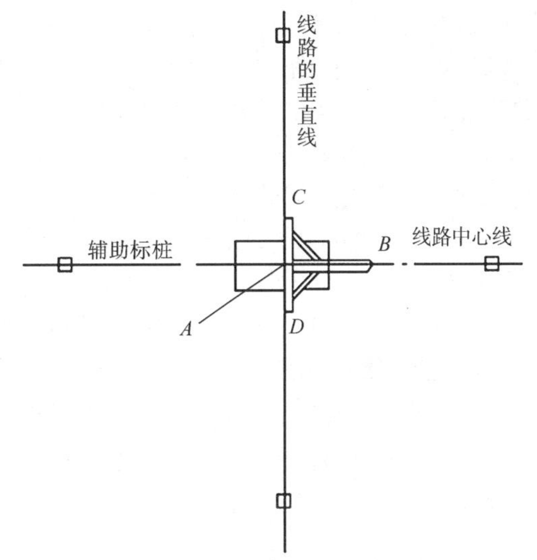

图 3-23　直线单杆杆坑定位

表 3-7　坑口尺寸加大的计算公式　（单位：m）

土质情况	坑壁坡度（%）	坑口尺寸
一般黏土、砂质黏土	10	$B=b+0.4+0.1h\times2$
砂砾、松土	30	$B=b+0.4+0.3h\times2$
需用挡土板的松土	—	$B=b+0.4+0.6$
松石	15	$B=b+0.4+0.15h\times2$
坚石	—	$B=b+0.4$

注：*h* 为坑的深度（m）。
b 为杆根宽度（不带地中横木、卡盘或底盘者）（m）；或地中横木或卡盘长度（带地中横木或卡盘者）（m）；或底盘宽度（带底盘者）（m）。

（2）直线Ⅱ型杆杆坑

1）检查杆位标桩，其方法同上所述。

2）找出线路中心线的垂直线，其方法同前所述。

3）用皮尺在标桩的左右侧沿线路中心线的垂直线各量出根开距离（两根杆中心线间的距离）的一半，各钉一杆中心桩。

4）根据表 3-7 中的公式计算出坑口宽度和周长后，将皮尺放在两杆坑中心桩上，量出每个坑口的宽度，然后按前述方法画出两坑口尺寸，如图 3-24 所示。

5）如为接腿杆时，根开距离应加上主杆与腿杆中心线间的距离，以使主杆中心对正杆坑中心。

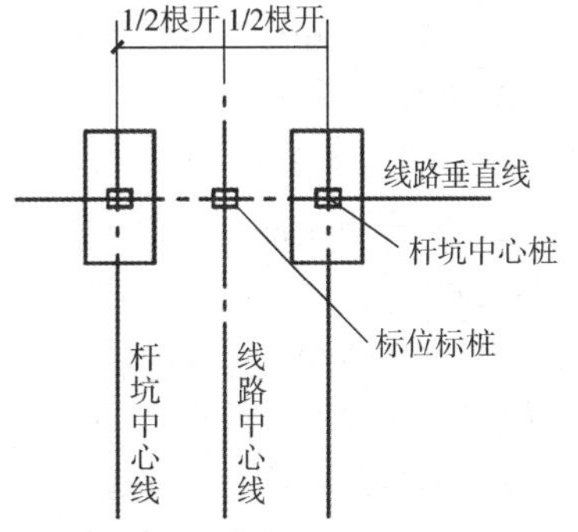

图 3-24　直线Ⅱ型杆杆坑定位

（3）转角单杆杆坑

1）检查转角杆的标桩时，在被检查的标桩前、后邻近的 4 个标桩中心点上各立直一根测杆，从两侧各看三根测杆（被检查标桩上的测杆从两侧看都包括），若转角杆标桩上的测杆正好位于所看两直线的交叉点上，则表示该标桩位置正确。然后沿所看两直线上的标桩前后侧的相等距离处各钉一辅助标桩，以备电杆及拉线坑画线和校验杆坑挖掘位置是否正确之用。

2）将大直角尺底边中点 A 与标桩中心点重合，并使直角尺底边与两辅助标桩连线平行，画出转角二等分线 CD 和转角二等分线的垂直线（即直角尺垂边中心线 AB，此线与横担方向一致），然后在标桩前后左右与转角等分线的垂直线和转角等分角线各钉一辅助标桩，以备校验杆坑挖掘位置是否正确和电杆是否立直之用，如图 3-25 所示。

3）根据表 3-7 中的公式计算出坑口宽度和周长，用皮尺在转角等分角线的垂直线上量出坑宽并画出坑口尺寸，其方法与直线单杆相同。

4）如为接腿杆时，则使杆坑中心线向转角内侧移出主杆与腿杆中心线间的距离。

（4）转角Ⅱ型杆杆坑

1）检查杆位标桩，其方法与转角单杆相同。

2）找出转角等分角线和转角等分角线的垂直线，其方法与转角单杆相同。

3）画出坑口尺寸，其方法与直线Ⅱ型杆相同，如图 3-26 所示。

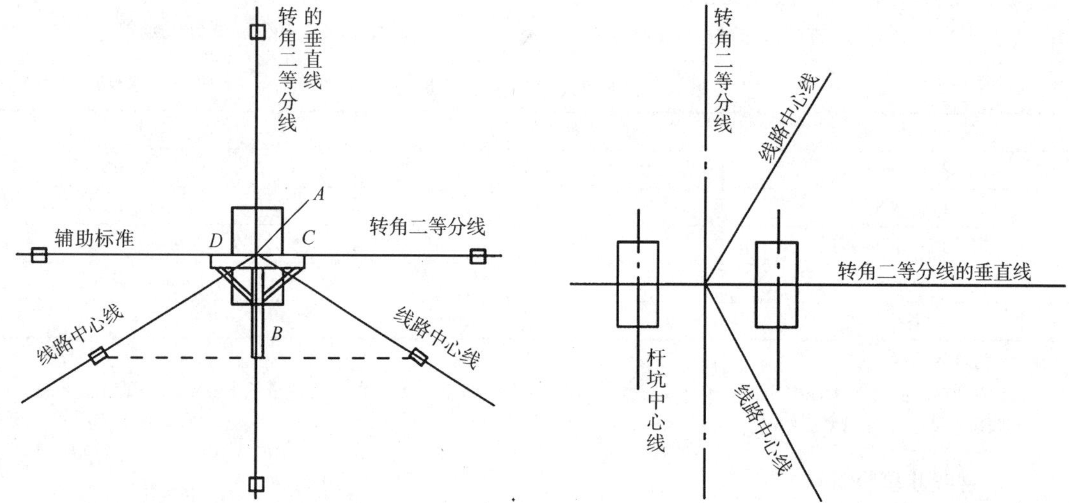

图 3-25　转角杆杆坑的定位与画线　　　图 3-26　转角Ⅱ型杆杆坑的定位与画线

4）如为接腿杆时，根开距离应加上主杆与腿杆中心线间的距离。

3. 挖坑

（1）圆形坑开挖

1）对于不带底、卡盘的电杆，以挖圆形坑为宜，因圆形坑挖土量少、不易坍土，立杆时进坑后不易发生倒杆。

2）当坑深小于 1.8m 时，一次即可挖成圆坑；当坑深大于 1.8m 时，可采用阶梯形，上部先挖较大的方形或长方形，以便于立足，再继续深挖中央圆坑。

3）对用固定抱杆起吊电杆的圆坑可不开马道，采用倒落式抱杆起立电杆的则需开马道。为便于矫正，杆坑底部直径必须大于电杆根径 200mm 以上。

4）挖坑的对中方法是：将长标杆立于杆坑中心，与前后辅桩或前后坑中心应成一条直线，即符合线路中心位置。

（2）方形坑开挖

1）方形坑和长方形坑的开挖，一般使用短铲、短锹施工。

2）一般黏土以取1:0.2的坡度下挖为宜，若遇坍土，则需加大坡度或挖成阶梯形坑。

3）对于地下水位较高或容易坍土层，一般可当天挖坑，挖好后随即立杆；若挖坑当天不能在坑挖好后及时立杆，则可在挖坑前一天先挖上部泥土（约一半深度），第二天再继续挖到要求的深度，随即立杆埋土。杆坑底面应保持水平。拉线坑可采用同样方法挖掘，其底面应与拉线方向基本垂直或挖成斜坡形。

（3）坑深检查

1）坑底均应基本保持平整，便于进行坑深检查。带坡度的拉线坑的检查应以坑中心为准。

2）坑深检查一般以坑边四周平均高度为基准，可用直尺直接量出坑深，也可用水准仪测量。坑深允许误差为 -50 ~ +100mm。

3）当杆坑超深值在100 ~ 300mm时，可采用填土夯实的方法进行处理，当杆坑超深值超过300mm以上时，其超深部分用铺石灌浆方法处理，拉线坑超深后如对拉线盘安装位置和方向有影响时，可以做填土夯实处理；若无影响，可不做处理，但应做好记录。

4）电杆的埋设深度在设计未做规定时，可按表3-8所列数值选择，或按电杆长度的1/10 + 0.7计算。

表3-8 电杆埋设深度 （单位：m）

杆长	8.0	9.0	10.0	11.0	12.0	13.0	15.0
埋深	1.5	1.6	1.7	1.8	1.9	2.0	2.3

注：遇有土质松软、流砂、地下水较高等情况时，应做特殊处理。

4. 底盘和拉线的安装与找正

（1）吊装底盘

1）当底盘质量小于300kg时，可用图3-27所示的简便方法进行安装。用撬棍将底盘撬入坑内，同时，前后木桩上的棕绳应配合逐步放松，使底盘平稳地落入地坑。若地面上土质松软，可在地面上铺木板或用两根平行木棍。

2）当底盘质量超过300kg时，可用人字抱杆吊装，如图3-28所示。

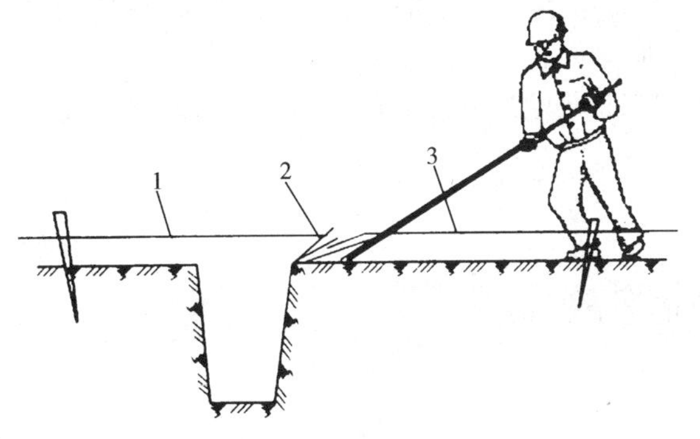

图3-27 底盘简便安装方法示意图

1—向前拉棕绳 2—短头钢丝绳 3—向后拉棕绳

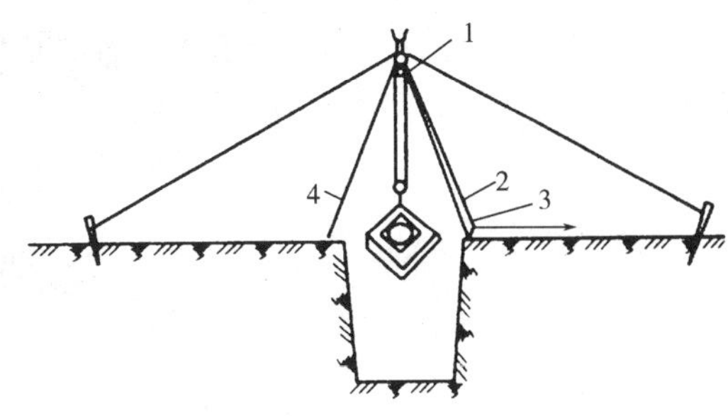

图3-28 底盘吊装示意图

1—滑轮组 2—钢钎 3—导向滑轮 4—木抱杆

（2）底盘和拉线盘的找正

1）底盘的找正。单杆底盘中心找正方法如图3-29所示。将底盘放入坑底之后，用细钢丝将前、后辅助桩上的圆钉连成一线；在钢丝上量出中心点 C，从 C 点放下线锤时，线锤尖端对准底盘中心。若中心有偏差，可用钢钎拨动底盘，直至中心对准为止。最后用泥土将底盘四周填实，使底盘固定。

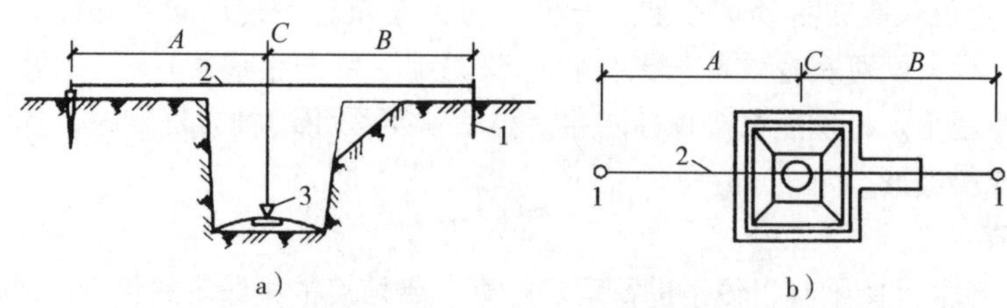

图 3-29　单杆底盘中心找正方法

a）断面图　b）平面图

1—辅助桩　2—细钢丝　3—线锤

2）拉线盘的找正。

①拉线盘的找正如图 3-30 所示。拉线盘安装后，将拉线棒方向对准杆坑中心的标杆或已立好的电杆，此时拉线棒应与拉线盘垂直；若不垂直，应向左或右移正拉线盘，直至拉线棒与拉线盘垂直为止。

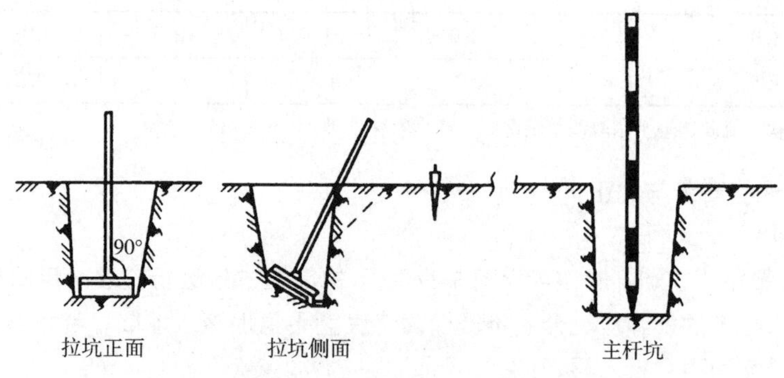

图 3-30　拉线盘的找正示意图

②若是人字拉线或四方拉线，应检查隔电杆坑相对应的两拉线坑的位置。此时两个相对应拉线坑的中心与电杆坑中心三点应位于一条直线，否则应纠正。

③拉线盘移正后，应立即在拉线棒靠坑边处依照设计规定角度挖槽，将拉线棒埋入槽内。待调整角度符合要求后，即可填土夯实。

第三节　电缆线路施工

一、电缆的种类

1. 电力电缆

电力电缆是用来输送和分配大功率电能的，按其所采用的绝缘材料可分为纸绝缘电力电缆、橡胶绝缘电力电缆和聚氯乙烯绝缘电力电缆等，如图 3-31 所示。

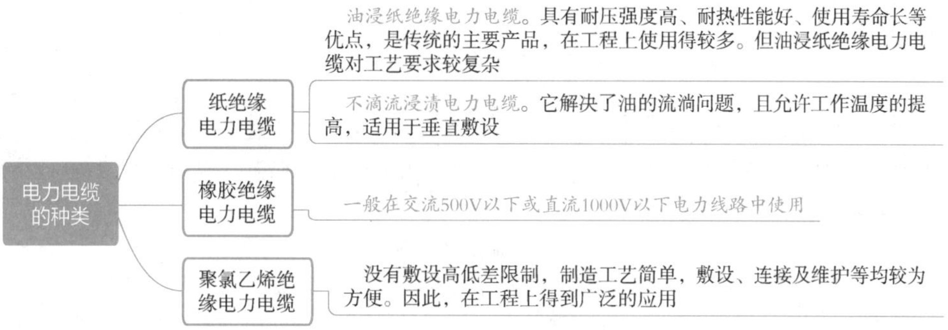

电力电缆的种类

- 纸绝缘电力电缆
  - 油浸纸绝缘电力电缆。具有耐压强度高、耐热性能好、使用寿命长等优点，是传统的主要产品，在工程上使用得较多。但油浸纸绝缘电力电缆对工艺要求较复杂
  - 不滴流浸渍电力电缆。它解决了油的流淌问题，且允许工作温度的提高，适用于垂直敷设
- 橡胶绝缘电力电缆
  - 一般在交流500V以下或直流1000V以下电力线路中使用
- 聚氯乙烯绝缘电力电缆
  - 没有敷设高低差限制，制造工艺简单，敷设、连接及维护等均较为方便。因此，在工程上得到广泛的应用

图 3-31　电力电缆的种类

2. 控制电缆

控制电缆是在变电所二次回路中使用的低压电缆。运行电压一般在交流 500V 或直流 1000V 以下，芯数从 4 芯到 48 芯。控制电缆的绝缘层材料及规格型号的表示与电力电缆相同。

二、电缆的基本结构

电缆是由导电线芯、绝缘层及保护层三个部分组成。图 3-32 和图 3-33 分别是电力电缆和控制电缆剖面示意图。

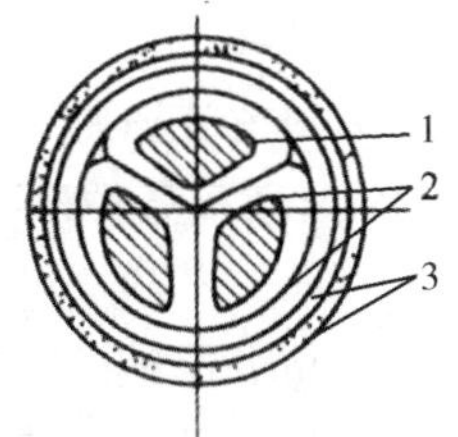

图 3-32　电力电缆剖面示意图
1—缆芯　2—绝缘层　3—保护层

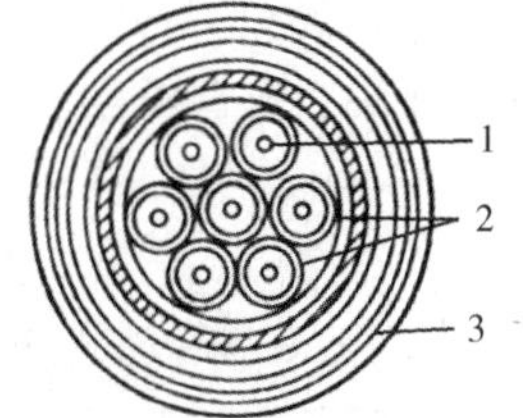

图 3-33　控制电缆剖面示意图
1—缆芯　2—绝缘层　3—保护层

电缆的组成如图 3-34 所示。

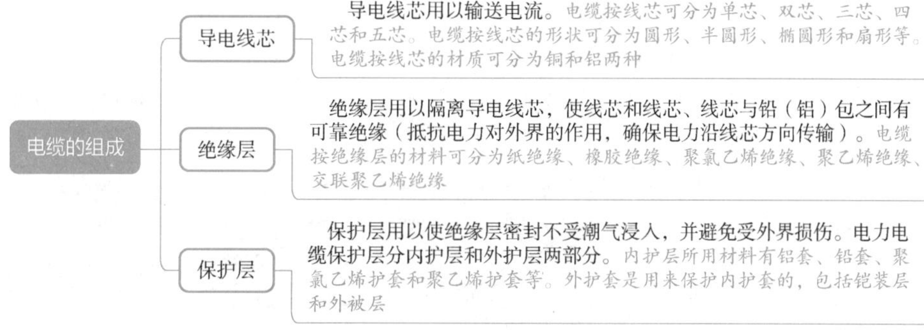

图 3-34　电缆的组成

三、电缆的型号

电缆的型号是识别电缆性能的标志，由汉语拼音字母和阿拉伯数字组成，其字母含义见表3-9。

如ZLQ2型电缆，为铝芯纸绝缘铅包钢带铠装电力电缆；ZLQF20型电缆，为铝芯纸绝缘分相铅包裸钢带铠装电力电缆。

表3-9　电缆型号字母含义

用途	导线材料	绝缘	内护层	特性	外护层
K—控制电缆 Y—移动电缆	L—铝芯 T—铜芯 （省略）	Z—纸绝缘 X—橡胶绝缘 V—聚氯乙烯绝缘	H—橡套 Q—铅包 L—铝包 V—聚氯乙烯套	P—贫油式 D—不滴流 F—分相铅包 C—重型	1—麻皮 2—钢带铠装 20—裸钢带铠装 3—细钢丝铠装 30—裸细钢丝铠装 5—单层粗钢丝铠装 11—防腐护层 12—钢带铠装有防腐层 120—裸钢带铠装有防腐层

四、电缆的敷设

电缆敷设的方法有多种，有直埋敷设、排管内敷设、电缆沟内或隧道内敷设和室外的明敷设等。具体的敷设方法应根据电缆线路的长短、电缆的数量、周围环境等条件来决定。

1. 电缆直埋敷设

1）直埋电缆敷设前，应在铺平夯实的电缆沟内先铺一层100mm厚的细砂或软土，作为电缆的垫层。直埋电缆周围是铺砂好还是铺软土好，应根据各地区的情况而定。软土或砂子中不应含有石块或其他硬质杂物。若土壤中含有酸或碱等腐蚀性物质，则不能做电缆垫层。

2）在电缆沟内放置滚柱，其间距与电缆单位长度的重量有关，一般每隔3～5m放置一个（在电缆转弯处应加放一个），以不使电缆下垂碰地为原则。

3）电缆放在沟底时，边敷设边检查电缆是否受伤。放电缆的长度不要控制过紧，应按全长预留1.0%～1.5%的余量，并做波浪状摆放。在电缆接头处也要留出余量。

4）直埋电缆敷设时，严禁将电缆平行敷设在其他管道的上方或下方，并应符合下列要求：

①电缆与热力管线交叉或接近时，如不能满足要求时，应在接近段或交叉点前后1m范围内做隔热处理，如图3-35所示。

②电缆与热力管线平行敷设时距离不应小于2m。若有一段不能满足要求时，可以减少但不得小于500mm。此时，应在与电缆接近的一段热力管道上加装隔热装置，使电缆周围土壤的温升不得超过10℃。

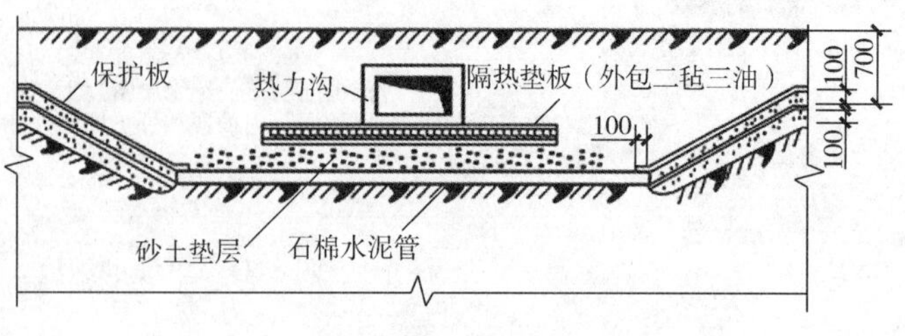

图3-35　电缆与热力管线交叉隔热处理

③电缆与热力管道交叉敷设时，

其净距虽能满足不小于500mm的要求，但检修管路时可能伤及电缆，应在交叉点前后1m的范围内采取保护措施。如将电缆穿入石棉水泥管中加以保护，其净距可减为250mm。

5）10kV及以下电力电缆之间，及10kV以下电力电缆与控制电缆之间平行敷设时，最小净距为100mm。10kV以上电力电缆之间及10kV以上电力电缆和10kV及以下电力电缆或与控制电缆之间平行敷设时，最小净距为250mm。特殊情况下，10kV以上电缆之间及与相邻电缆间的距离可降低为100mm，但应选用加间隔板电缆并列方案；如果电缆均穿在保护管内，并列间距也可降至为100mm。

6）电缆沿坡度敷设的允许高差及弯曲半径应符合要求，电缆中间接头应保持水平。多根电缆并列敷设时，中间接头的位置宜相互错开，其净距不宜小于500mm。

7）电缆铺设完后，在电缆上面覆盖100mm的砂或软土，然后盖上保护板（或砖），覆盖宽度应超出电缆两侧各50mm。板与板连接处应紧靠。

8）覆土前，沟内如有积水应抽干。覆盖土要分层夯实，做好电缆走向记录，并应在电缆引出端、终端、中间接头、直线段每隔100m处和走向有变化的部位挂标志牌。标志牌可采用C15钢筋混凝土预制，安装方法如图3-36所示。标志牌上应注明线路编号、电压等级、电缆型号、截面、起止地点、线路长度等内容，以便维修。

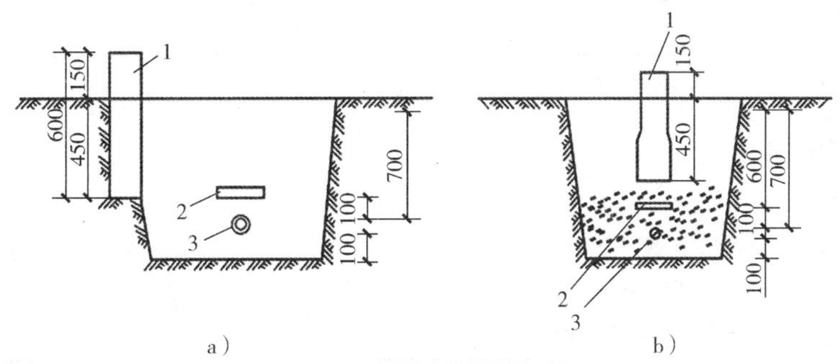

图3-36　直埋电缆标志牌的装设

a）埋设于送电方向右侧　b）埋设于电缆沟中心

1—电缆标志牌　2—保护板　3—电缆

9）在含有酸碱、矿渣、石灰等场所，电缆不应直埋。如必须采用直埋时，则应采用缸瓦管、水泥管等防腐保护措施。

10）电缆之间，电缆与管道、道路、建筑物等之间的平行和交叉时的最小允许净距，应符合表3-10的规定。

表3-10　电缆之间，电缆与管道、道路、建筑物之间平行和交叉时的最小允许净距

序号	项目	最小允许净距/m		备注
		平行	交叉	
1	电力电缆间及其与控制电缆间			①控制电缆间平行敷设的间距不做规定；序号第1、3项，当电缆穿管或用隔板隔开时，平行净距可降低为0.1m ②在交叉点前后1m范围内，如电缆穿入管中或用隔板隔开，交叉净距可降低为0.25m
	（1）10kV及以下	0.10	0.50	
	（2）10kV以上	0.25	0.50	
2	控制电缆间	—	0.50	
3	不同使用部门的电缆间	0.50	0.50	

（续）

序号	项目		最小允许净距/m		备注
			平行	交叉	
4	热管道（管沟）及热力设备		2.00	0.50	①虽净距能满足要求，但检修管路可能伤及电缆时，在交叉点前后1m范围内，尚应采取保护措施 ②当交叉净距不能满足要求时，应将电缆穿入管中，则其净距可减为0.25m ③对序号第4项，应采取隔热措施，使电缆周围的温升不超过10℃
5	油管道（管沟）		1.00	0.50	
6	可燃气体及易燃液体管道（管沟）		1.00	0.50	
7	其他管道（管沟）		0.50	0.50	
8	铁路路轨		3.00	1.00	
9	电气化铁路路轨	交流	3.00	1.00	
		直流	10.00	1.00	如不能满足要求，应采取适当防蚀措施
10	公路		1.50	1.00	
11	城市街道路面		1.00	0.70	特殊情况，平行净距可酌减
12	电杆基础（边线）		1.00	—	
13	建筑物基础（边线）		0.60	—	
14	排水沟		1.00	0.50	

注：当电缆穿管或者其他管道有防护设施（如管道的保温层等）时，表中净距应从管壁或防护设施的外壁算起。

2. 电缆在排管内敷设

电缆穿入预制拼接的管块形成线路。管块以一定的形式排列，再用水泥浇成一个整体。使用时按需要的孔数选用不同的管块，每个孔中可以穿一根电力电缆，所以这种方法敷设电缆根数不受限制，适用于敷设塑料护套或裸铅包的电缆。

电缆在排管内的敷设程序如图3-37所示。

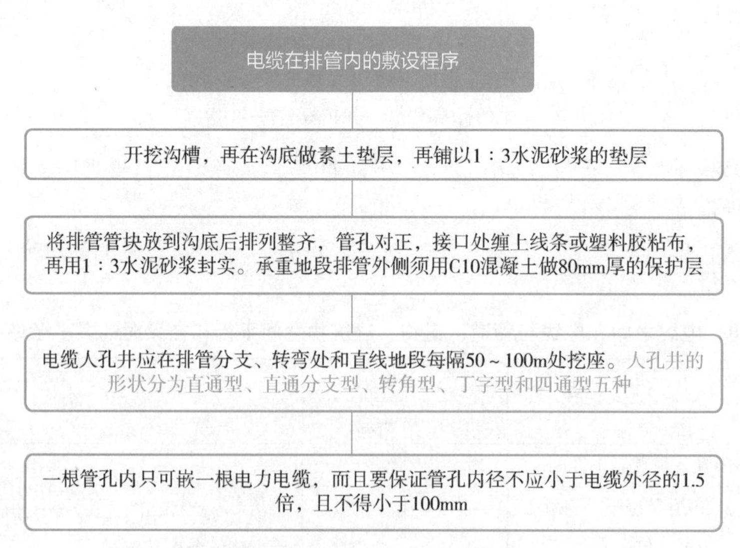

图3-37　电缆在排管内的敷设程序

3. 电缆在电缆沟内敷设

（1）电缆敷设　电缆在电缆沟内敷设，就是首先挖好一条电缆沟（图3-38、图3-39），电缆沟壁要用防水水泥砂浆抹面，然后把电缆敷设在沟壁的角钢支架上，最后盖上水泥板。电缆沟的尺寸根据电缆多少（一般不宜超过12根）而定。

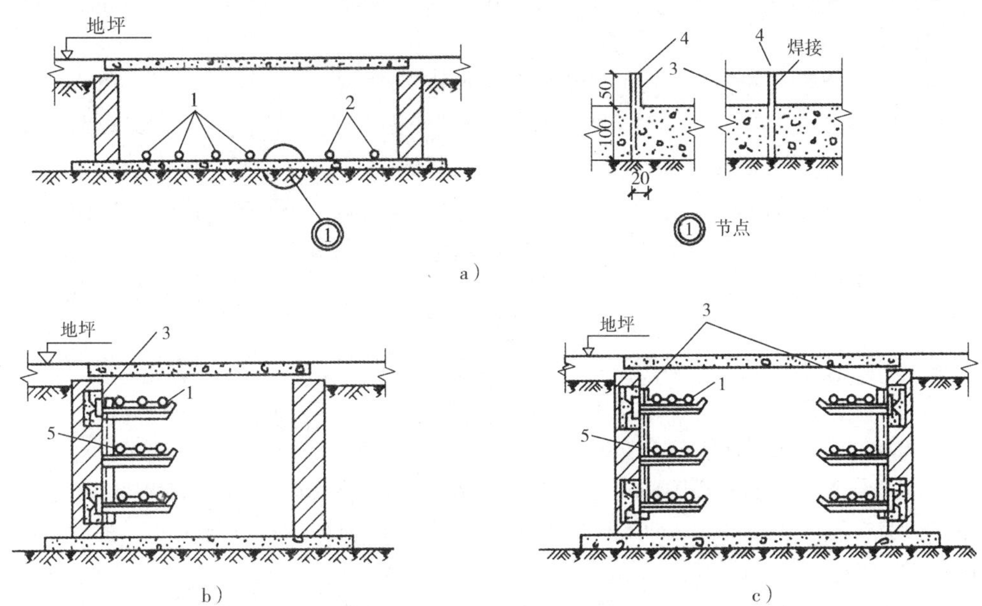

图3-38 室内电缆沟

a）无支架 b）单侧支架 c）双侧支架

1—电力电缆 2—控制电缆 3—接地线 4—接地线支持件 5—支架

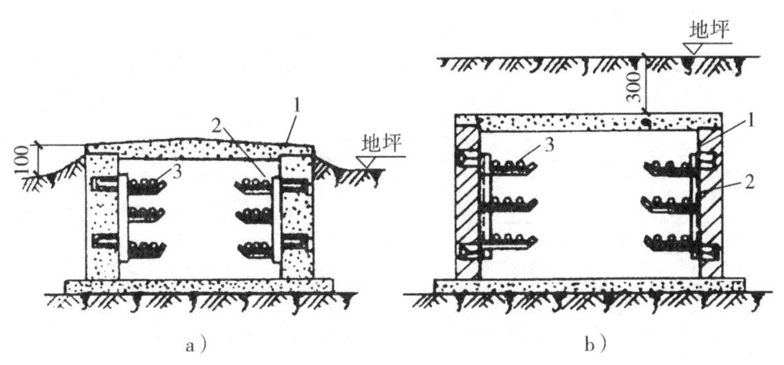

图3-39 室外电缆沟（单位：mm）

a）无覆盖层 b）有覆盖层

1—接地线 2—支架 3—电缆

这种敷设方式较直埋式投资高，但检修方便，能容纳较多的电缆，在厂区的变、配电所中应用很广。在容易积水的地方，应考虑开挖排水沟。

1）电缆敷设前，应先检验电缆沟及电缆竖井，电缆沟的尺寸及电缆支架间距应满足设计要求。

2）电缆沟纵向排水坡度不得小于0.5%。沟内要保持干燥，并能防止地下水浸入。沟内应设置适当数量的积水坑，及时将沟内积水排出，一般每隔50m设一个，积水坑的尺寸以400mm×400mm×400mm为宜。

3）敷设在支架上的电缆，按电压等级排列，高压在上面，低压在下面，控制与通信电缆在最下面。如两侧装设电缆支架，则电力电缆与控制电缆、低压电缆应分别安装在沟的两边。

4）电缆支架横撑间的垂直净距，无设计规定时，一般对电力电缆不小于150mm；对控制电缆不小于100mm。

5）在电缆沟内敷设电缆时，其水平间距不得小于下列数值：

①电缆敷设在沟底时，电力电缆间为35mm，但不小于电缆外径尺寸。不同级电力电缆与控制电缆间为100mm；控制电缆间距不做规定。

②电缆支架间的距离应按设计规定施工，当设计无规定时，则不应大于表3-11的规定值。

表3-11　电缆支架层间最小允许距离　（单位：mm）

电缆种类	固定点的间距
控制电缆	120
10kV及以下电力电缆	150～200

6）电缆在支架上敷设时，拐弯处的最小弯曲半径应符合电缆最小允许弯曲半径。

7）电缆表面距地面的距离不应小于0.7m，穿越农田时不应小于1m；66kV及以上电缆不应小于1m。只有在引入建筑物、与地下建筑物交叉及绕过地下建筑物处，可埋设浅些，但应采取保护措施。

8）电缆应埋设于冻土层以下；当无法深埋时，应采取保护措施，以防止电缆受到损坏。

（2）电缆固定

1）垂直敷设的电缆或大于45°倾斜敷设的电缆在每个支架上均应固定。

2）交流单芯电缆或分相后的每相电缆固定用的夹具和支架，不形成闭合铁磁回路。

3）电缆排列应整齐，尽量减少交叉。

4）当设计无要求时，电缆与管道的最小净距应符合表3-12的规定，且应敷设在易燃易爆气体管道下方。

表3-12　电缆与管道的最小净距　（单位：mm）

管道类别		平行净距	交叉净距
一般工艺管道		400	300
易燃易爆气体管道		500	500
热力管道	有保温层	500	300
	无保温层	1000	500

4. 电缆沿桥架敷设

（1）支、吊架安装

1）电缆桥架水平敷设时，支撑跨距一般为1.5～3m；垂直敷设时，固定点间距不宜大于2m。当支撑跨距不大于6m时，需要选用大跨距电缆桥架；当跨距大于6m时，必须进行特殊加工订货。

2）在非直线段，支、吊架的位置如图3-40所示。当桥架弯曲半径在300mm以内时，应在距弯曲段与直线段接合处300～600mm的直线段侧设置一个支、吊架。当弯曲半径大于300mm时，还应在弯通中部增设一个支、吊架。

3）电缆桥架沿墙垂直安装时，其安装方法有两种，即直接埋设法和预埋螺栓固定法，单层

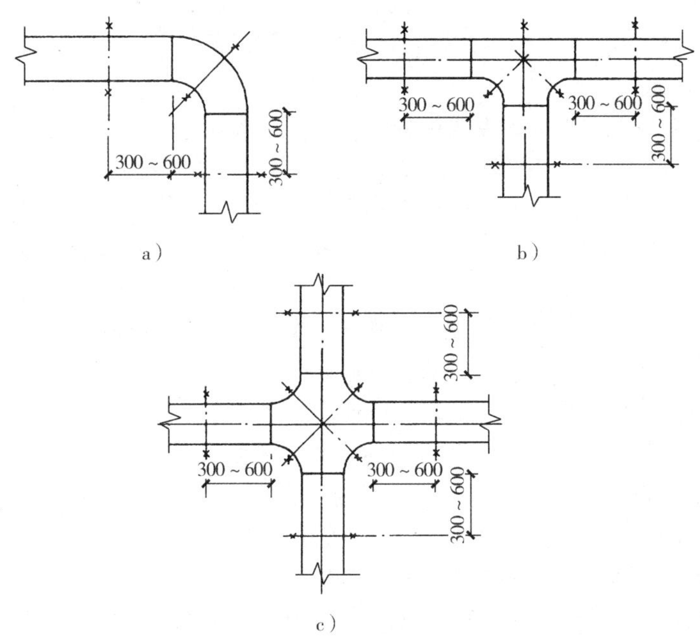

图 3-40　桥架支、吊架位置图

a）直角二通　b）直角三通　c）直角四通

桥架埋深及预埋螺栓长度均为 150mm。

（2）电缆桥架安装

1）根据电缆桥架布置安装图，对预埋件或固定点进行定位，沿建筑物敷设吊架或支架。

2）直线段电缆桥架安装，在直线端的桥架相互接槎处，可用专用的连接板进行连接，接槎处要求缝隙平密平齐，在电缆桥架两边外侧面用螺母固定。

3）电缆桥架在十字交叉、丁字交叉处施工时，可采用定型产品水平四通、水平三通、垂直四通、垂直三通，进行连接，应以接槎边为中心向两端各大于 300mm 处，增加吊架或支架进行加固处理。

4）电缆桥架在上、下、左、右转弯处，应使用定型的水平弯通、转动弯通、垂直凹（凸）弯通。上、下弯通进行连接时，其接槎边为中心两边各大于 300mm 处，连接时须增加吊架或支架进行加固。

5）对于表面有坡度的建筑物，桥架敷设应随其坡度变化。可采用倾斜底座，或调角片进行倾斜调节。

6）电缆桥架与盒、箱、柜、设备接口，应采用定型产品的引下装置进行连接，要求接口处平齐，缝隙均匀严密。

7）电缆桥架的始端与终端应封堵牢固。

8）电缆桥架安装时必须待整体电缆桥架调整符合设计图和规范规定后，再进行固定。

9）电缆桥架整体与吊（支）架的垂直度与横档的水平度，应符合规范要求；待垂直度与水平度合格，电缆桥架上、下各层都对齐后，最后将吊（支）架固定牢固。

10）电缆桥架敷设安装完毕后，经检查确认合格，将电缆桥架内外清扫后，进行电缆线路敷设。

11）在竖井中敷设合格电缆时，应安装防坠落卡，用来保护线路下坠。

12）敷设在电缆桥架内的电缆不应有接头，接头应设置在接线箱内。

（3）桥架内电缆敷设

1）电缆沿桥架敷设前，应防止电缆排列不整齐，出现严重交叉现象，必须事先将电缆敷设位置排列好，规划出排列图表，按图表进行施工。

2）施放电缆时，对于单端固定的托臂可以在地面上设置滑轮施放，放好后拿到托盘或梯架内；双吊杆固定的托盘或梯架内敷设电缆，应将电缆直接在托盘或梯架内安放滑轮施放，电缆不得直接在托盘或梯架内拖拉。

3）电缆沿桥架敷设时，应单层敷设，电缆与电缆之间可以无间距敷设，电缆在桥架内应排列整齐，不应交叉，并敷设一根，整理一根，卡固一根。

4）垂直敷设的电缆每隔1.5～2m处应加以固定；水平敷设的电缆，在电缆的首尾两端、转弯及每隔5～10m处进行固定，对电缆在不同标高的端部也应进行固定。大于45°倾斜敷设的电缆，每隔2m设一固定点。

5）电缆固定可以用尼龙卡带、绑线或电缆卡子进行固定。为了运行中巡视、维护和检修的方便，在桥架内电缆的首端、末端和分支处应设置标志牌。

6）电缆出入电缆沟、竖井、建筑物、柜（盘）、台处及导管管口处做密封处理。出入口、导管管口的封堵目的是防火、防小动物入侵、防异物跌入的需要，均是为安全供电而设置的技术防范措施。

7）在桥架内敷设电缆，每层电缆敷设完成后应进行检查；全部敷设完成后，经检验合格，才能盖上桥架的盖板。

5. 电缆的其他敷设

1）当电缆较多或土质具有较强腐蚀性时，常采用明敷设。即在室内外的地面上建造构件，在构件上直接敷设电缆。电缆在构件上排列间距与在电缆沟支架上相同，在室外应尽量避免太阳直接照射。

2）电缆还可通过支架沿墙、柱、梁、楼板等安装好电缆挂架或挑架，即按水平敷设时为1m、垂直敷设时为2m的间距沿墙、柱、梁、楼板等安装好电缆挂架或挑架，再用电缆卡子将电缆固定在支架上。只是固定时，应在卡子处垫以软衬垫保护。

3）对单根电缆也可以采用简易方便的钢索敷设方法，即把电缆通过钢索挂钩吊在钢索上，沿钢索敷设。

第四节　电气照明装置安装施工

一、电气照明的分类

建筑电气工程中，电气照明可分为正常照明、事故照明、值班照明、警卫照明和障碍照明，具体内容见表3-13。

表 3-13 电气照明的分类

项目	内容
正常照明	正常照明是指在正常工作时间使用的室内、外照明。它一般可单独使用，也可与事故照明、值班照明同时使用，但控制线路必须分开
事故照明	事故照明是指在正常照明因故障熄灭后，可供事故情况下继续工作或安全通行、安全疏散的照明。在由于工作中断或误操作容易引起爆炸、火灾和人身事故或将造成严重政治后果和经济损失的场所，应设置事故照明。事故照明宜布置在可能引起事故的设备、材料周围及主要通道和出入口 事故照明必须采用能瞬时点燃的可靠光源，一般采用白炽灯或卤钨灯。当事故照明经常点燃，且正常照明一部分发生故障不需要切换时，也可用气体放电灯 暂时继续工作用的事故照明，其工作面上的照度不低于一般照明照度的 10%；疏散人员用的事故照明，主要通道上的照度不应低于 0.5lx
值班照明	值班照明是指在非工作时间内供值班人员用的照明。在非三班制生产的重要车间、仓库或非营业时间的大型商店、银行等处，通常宜设置值班照明。值班照明可利用正常照明中能单独控制的一部分或利用事故照明的一部分或全部
警卫照明	警卫照明是指用于警卫地区周围的照明。可根据警戒任务的需要，在厂区或仓库区等警卫范围内装设
障碍照明	障碍照明是指装设在飞机场四周的高建筑上或有船舶航行的河流两岸建筑上表示障碍标志用的照明 障碍照明可按民航和交通部门的有关规定装设

二、常用灯具的使用

1. 白炽灯

白炽灯主要由灯丝、灯头和玻璃灯泡等组成，如图 3-41 所示。灯丝是由高熔点的钨丝绕制而成，并被封入抽成真空状的玻璃泡内，主要依靠钨丝白炽体的高热辐射发光，其构造简单，使用方便。

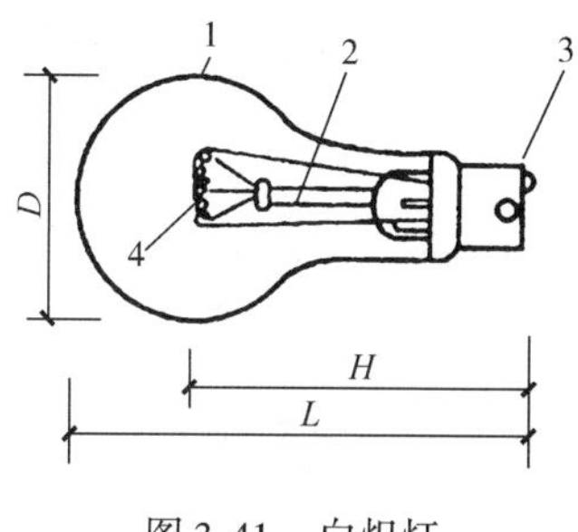

图 3-41 白炽灯
1—玻璃壳 2—玻璃支柱
3—灯头 4—灯丝

当电流通过白炽灯的灯丝时，由于电流的热效应，使灯丝达到白炽状（钨丝的温度可达 2400～2500℃）而发光。但热辐射中只有 2%～3% 为可见光，发光效率低，平均寿命为 1000h，经不起振动。电源电压变化对灯泡的寿命和光效有严重影响，故电源电压的偏移不宜大于 ±2.5%。

使用白炽灯时应注意的问题如图 3-42 所示。

- 使用白炽灯时应注意的问题
  - 白炽灯表面温度较高，严禁在易燃场所使用
  - 白炽灯吸收的电能只有 20%被转换成了光能，其余的均被转换为红外线辐射能和热能，玻璃壳内的温度很高，故在使用中应防止水溅到灯泡上，以免玻璃壳炸裂
  - 装卸灯泡时，应先断开电源，不能用潮湿的手去装卸灯泡

图 3-42 使用白炽灯时应注意的问题

2. 卤钨灯

卤钨灯是一种热辐射光源，是在白炽灯的基础上进行改进的。与白炽灯相比，其有体积小、光效好、寿命长等特点。

卤钨灯是由具有钨丝的石英灯管内充入微量的卤化物（碘化物或溴化物）和电极组成，如图3-43所示。其发光原理与白炽灯相同，钨丝通电后产生热效应至白炽状态而发光，但卤钨灯是利用卤钨的循环作用。

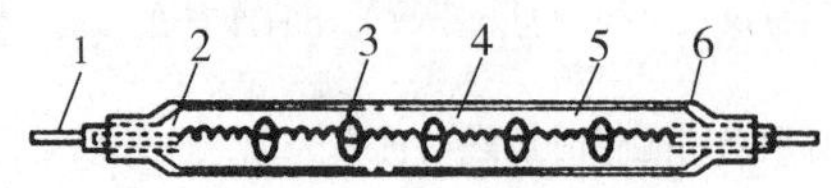

图3-43　卤钨灯

1—电极　2—封套　3—支架　4—灯丝　5—石英管　6—碘蒸气

使用卤钨灯时应注意的事项如图3-44所示。

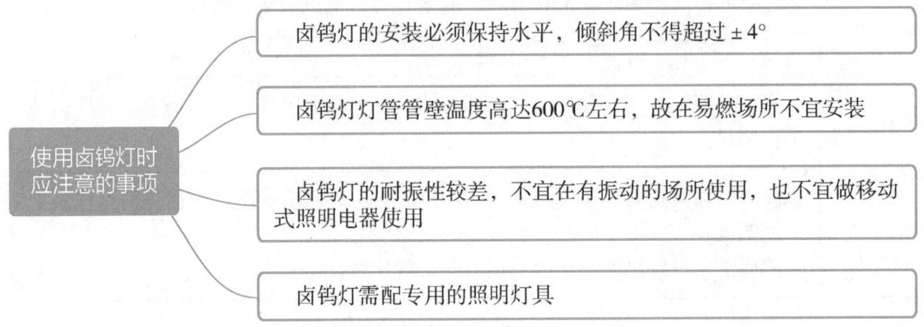

图3-44　使用卤钨灯时应注意的事项

3. 荧光灯

荧光灯又称日光灯，主要由灯管、辉光启动器和镇流器等组成，如图3-45所示。荧光灯具有光色好，发光效率高，在不频繁启辉工作状态下，其寿命较长，可达3000h以上等优点。

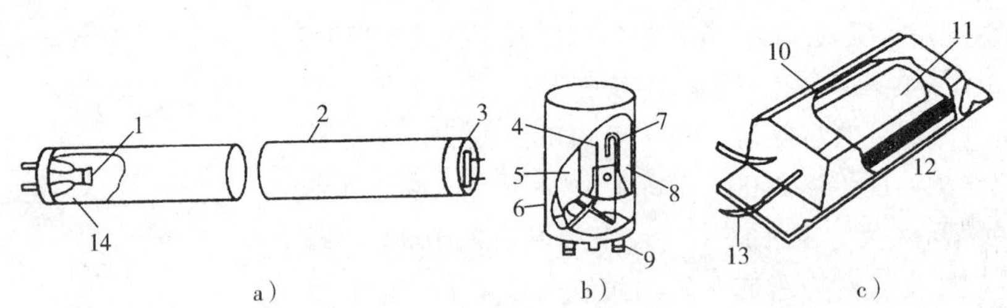

图3-45　荧光灯的组成

a）灯管　b）辉光启动器　c）镇流器

1—阴极　2—玻璃管　3—灯头　4—静触头　5—电容器　6—外壳　7—双金属片

8—玻璃壳内充惰性气体　9—电极　10—外壳　11—线圈　12—铁芯　13—引线　14—水银

荧光灯是低气压放电灯，工作在弧光放电区，当外电压变化时工作不稳定，所以必须与镇流器一起使用，将灯管的工作电流限制在额定数值。

使用荧光灯时应注意的问题如图3-46所示。

4. 高压汞灯

高压汞灯如图3-47所示，又称高压水银灯，是一种较新型的电光源，分为荧光高压汞灯、反

使用荧光灯时应注意的问题

不同规格的镇流器与不同规格的荧光灯不能混用。因为不同规格的镇流器的电气参数是根据灯管要求设计的。在额定电压、额定功率的情况下，相同功率的灯管和镇流器配套使用，才能达到最理想的效果。如果不注意配套，就会出现各种问题，甚至造成不必要的损失

荧光灯带有镇流器，所以是感性负载，功率因数较低，且频闪效应显著；它对环境的适应性较差，如温度过高或过低会造成启辉困难；电压偏低，会造成荧光灯启辉困难甚至不能启辉；因普通荧光灯点燃需一定的时间，所以不适用于要求不间断电源的场所

破碎的灯管要及时妥善处理，防止汞污染

图 3-46　使用荧光灯时应注意的问题

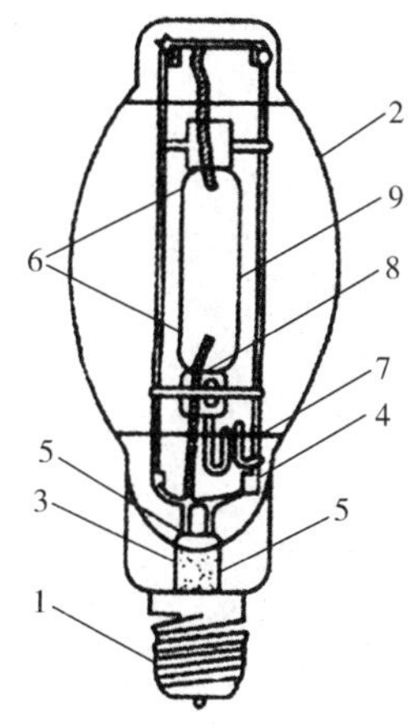

图 3-47　高压汞灯

1—灯头　2—玻璃壳　3—抽气管　4—支架　5—导线　6—主电极　7—启动电阻　8—辅助电极　9—石英放电管

射型荧光高压汞灯和自镇流荧光高压汞灯三种，主要由涂有荧光粉的玻璃泡和装有主、辅电极的放电管组成。高压汞灯有发光效率高，寿命长、省电，耐振等优点，且对安装无特殊要求。

常用高压汞灯和自镇流高压汞灯的技术数据见表 3-14、表 3-15。

表 3-14　常用高压汞灯的技术数据

灯泡型号	光电参数							
	电源电压/V	灯泡功率/W	灯泡电压/V	工作电流/A	启动时间/min	再启动时间/min	配用镇流器阻抗/Ω	寿命/h
GGY125	220	125	115 ± 15	1. 25	4 ~ 8	5 ~ 10	134	2500
GGY250		250	130 ± 15	2. 15			70	5000
GGY400		400	135 ± 15	3. 25			45	
GGY1000		1000	145 ± 15	7. 5			18. 5	

表 3-15　常用自镇流高压汞灯的技术数据

<table>
<tr><th>灯泡型号</th><th>电源电压/V</th><th>灯泡功率/W</th><th>工作电流/A</th><th>启动电压/A</th><th>再启动时间/min</th><th>寿命/h</th></tr>
<tr><td>GLY—250</td><td rowspan="3">220</td><td>250</td><td>1. 2</td><td rowspan="3">180</td><td rowspan="3">3 ~ 6</td><td>2500</td></tr>
<tr><td>GLY—450</td><td>450</td><td>2. 25</td><td rowspan="2">3000</td></tr>
<tr><td>GLY—750</td><td>750</td><td>3. 56</td></tr>
</table>

5. 高压钠灯

高压钠灯是一种气体放电的光源，其外形和结构如图 3-48 所示。高压钠灯的特点是：光效比高压汞灯高，寿命长达 2500 ~ 5000h；紫外线辐射少；光线透过雾和水蒸气的能力强。缺点是显色性差，光源的色表和显色指数比较低。

高压钠灯是利用高压钠蒸气放电的原理进行工作的。高压钠灯的启动原理如图 3-49 所示。接通电源后，电流通过双金属片 b 和加热线圈 H，b 受热后发生变形使触头打开，镇流器 L 产生脉冲高压使灯泡点燃。

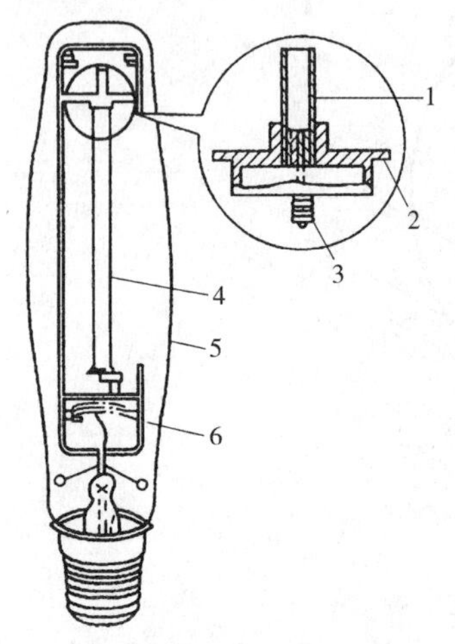

图 3-48　高压钠灯的外形和结构

1—金属排气管　2—铌帽　3—电极　4—放电管
5—玻璃泡体　6—双金属片

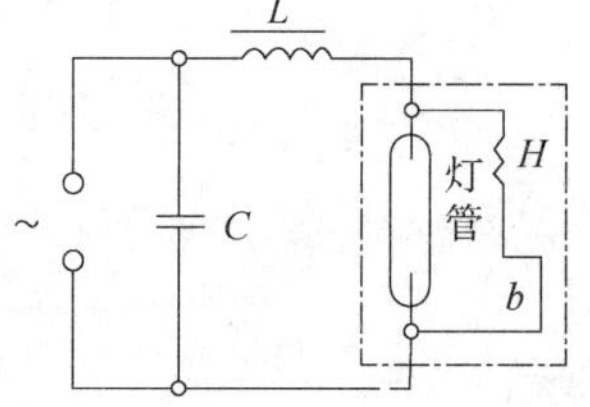

图 3-49　高压钠灯的启动原理

6. 管形氙灯

管形氙灯又称长弧氙灯，放电时能产生很强的白光，接近连续光谱，和太阳光十分相似，适用于大面积场所的照明。

管形氙灯的特点是：点燃瞬间能达到 80% 光输出，光电参数一致性好，工作稳定，受环境温度影响小。电源电压波动时容易自熄。使用管形氙灯时应注意的事项如图 3-50 所示。

使用管形氙灯时应注意的事项

- 灯管工作温度很高，灯座及灯头的引入线应采用耐高温材料
- 灯管需保持清洁，以防止高温下形成污点，降低灯管透明度
- 注意触发器的使用，触发器为瞬时工作设备，每次触发时间不宜超过10s，更不允许用任何开关代替触发按钮，以免导致设备连续运行从而烧坏触发器

图 3-50　使用管形氙灯时应注意的事项

7. 金属卤化物灯

金属卤化物灯是在高压汞灯的基础上为改善光色而发展的一种电光源。金属卤化物灯不仅光色好，而且发光效率高。

金属卤化物灯是在高压汞灯内添加某些金属卤化物，依靠金属卤化物的不断循环，向电弧提供相应的金属蒸气，于是高压汞灯发出表征该金属特征的光谱线。常用的金属卤化物灯有钠铊铟灯和管形镝灯。

安装金属卤化物灯时应注意的问题如图 3-51 所示。

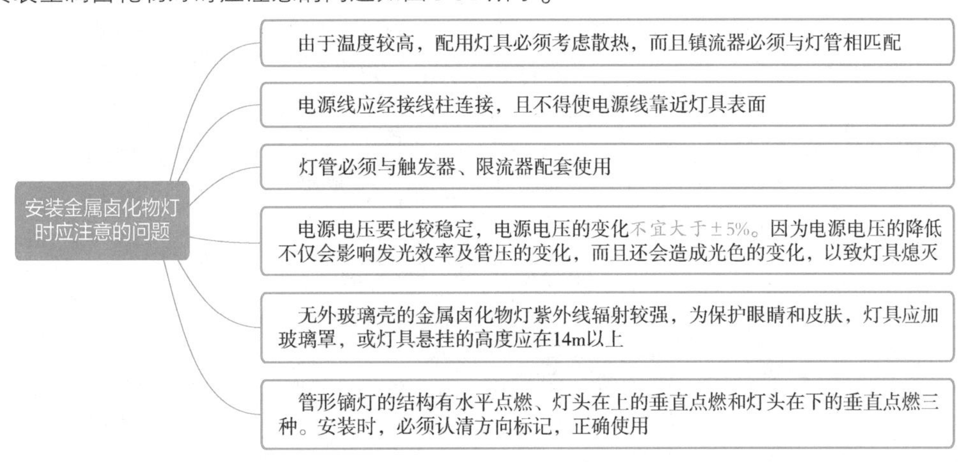

图 3-51　安装金属卤化物灯时应注意的问题

三、电气照明的基本线路

电气照明的基本线路见表 3-16。电气照明基本线路一般由电源、导线、开关及负载（电灯）四部分组成。

表 3-16　电气照明的基本线路

线路名称	基本线路	备注
一只开关控制一盏灯	~220V	开关应装在相线，使开关断开后，灯头上没有电，以利安全，如改为节能开关就可进行时间控制
一只开关控制多盏灯（两盏以上）	~220V	
两只开关在两个地方控制一盏灯	~220V	用于楼梯灯，楼上、楼下均可控制 用于走廊中的电灯，在走廊两端控制
三只开关在三个地方控制一盏灯	~220V	

（续）

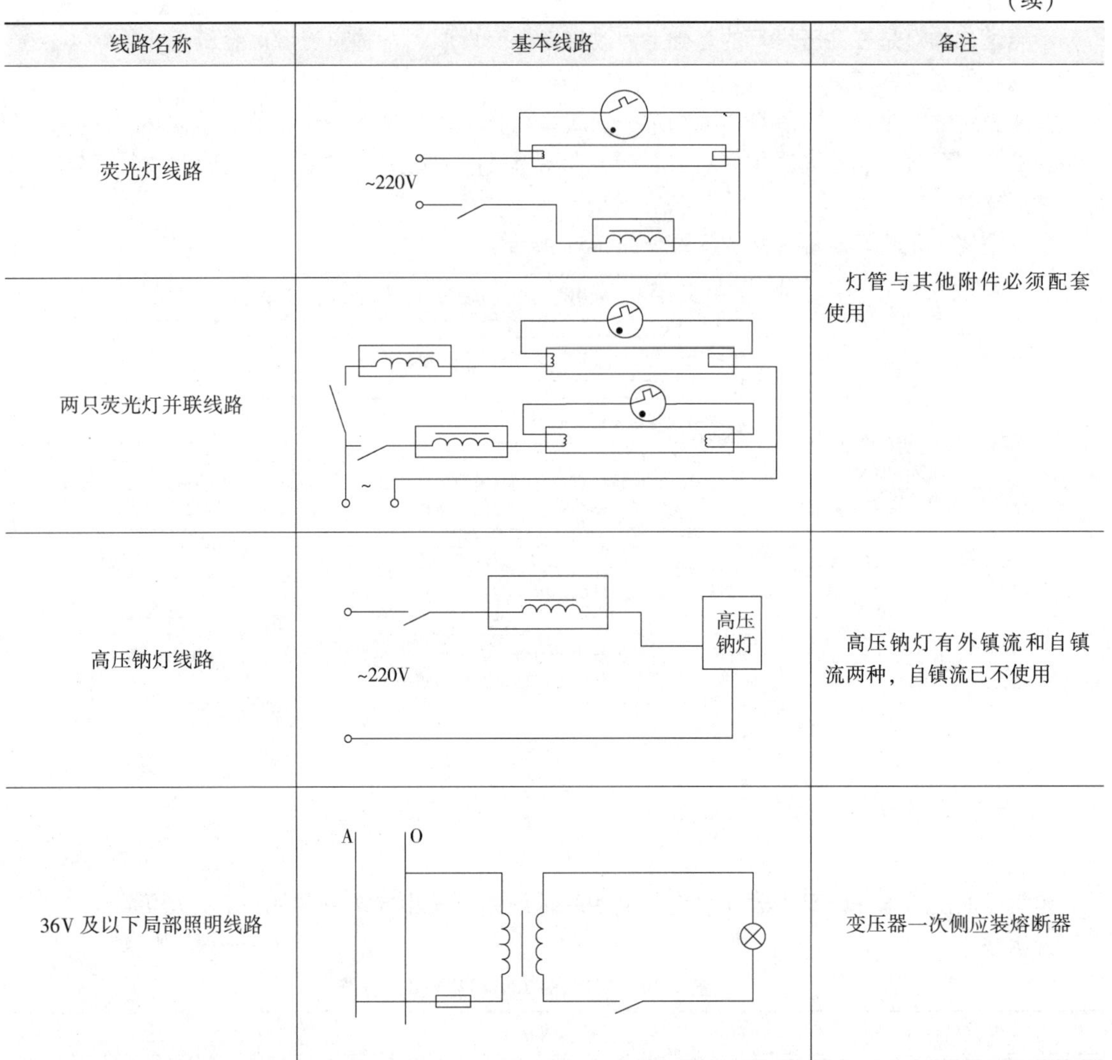

线路名称	基本线路	备注
荧光灯线路	~220V	灯管与其他附件必须配套使用
两只荧光灯并联线路	~	
高压钠灯线路	~220V 高压钠灯	高压钠灯有外镇流和自镇流两种，自镇流已不使用
36V 及以下局部照明线路	A O	变压器一次侧应装熔断器

从电气照明基本线路（表 3-16）中可以看出，开关是控制相线的。螺口灯头接线时，相线应接在中心触点的端子上，中性线应接在螺纹端子上。引向每个灯具的导线线芯最小截面面积应符合表 3-17 的要求，根据灯具的安装场所及用途决定。

表 3-17　导线线芯最小截面面积

安装场所及用途		线芯最小截面面积/mm^2		
		铜芯敷线	铜线	铝线
照明用灯头线	（1）居民建筑室内	0.5	0.5	2.5
	（2）工业建筑室内	0.5	0.8	2.5
	（3）室外	1.0	1.0	2.5
移动式用电设备	（1）生活用	0.4	—	—
	（2）生产用	1.0		

第五节　变配电设备安装

一、盘、柜的组立

1）按要求用人力将盘或柜搬放在安装位置上，当柜较少时，应先从一端开始调整第一个柜，以第一个柜为标准依次调整其他各柜，使柜面一致、排列整齐、间隙均匀。

2）当柜较多时，应先安装中间一台，再调整其两侧其他各柜。调整时可在柜的下面加垫铁（同一处不宜超过3块），直至达到表3-18的要求后，即可进行固定。

表3-18　盘、柜安装的允许偏差

项次	项目		允许偏差/mm
1	垂直度（每m）		<1.5
2	水平偏差	相邻两盘顶部	<2
		成列盘顶部	<5
3	盘面偏差	相邻两盘边	<1
		成列盘面	<5
4	盘间接缝		<2

3）配电柜常用螺栓固定或焊接固定。若采用焊接固定，每台柜的焊缝不应少于4处，每处焊缝长度约100mm。焊接时，应把垫在配电柜下的垫铁焊接在基础型钢上。为保持柜面美观，焊缝宜放在柜体的内侧。主控制盘、自动装置盘、继电保护盘不宜与基础型钢焊死，以便迁移。

4）盘、柜的找平可用水平尺测量，垂直找正可用磁力线锤吊线法或用水平尺的立面进行测量。如果盘、柜不平或不正，可加以垫铁进行调整。调整时，应考虑单块盘柜的误差和整排盘柜的误差。

5）基础型钢应做接地。一般是在基础型钢两端各焊一扁钢与接地网相连，且接地不应少于2处。基础型钢露出地面的部分应刷一层防锈漆。

二、盘、柜内配线的步骤

配线的步骤见表3-19。

表3-19　配线的步骤

步骤	内容
放线	以屏背面接线图为依据，对照实物测量出导线的实际长度，导线长度应按具体走向量取并留有适当的余量 为避免剪下的导线不会拧劲或出现死弯，成盘的导线应套放在可自由转动的放线架上 将量好的线夹在台钳上，另一头用钳子夹住，用力抻拉，即可将导线拉直。注意不可用力过大，否则会拉断导线 为防止弄错，应在线头的两端先套上标线箍

（续）

步骤	内容
排线	排线时应从端子排处排起，去远处的导线排在下层，去近处的导线排在上层，去靠近端子排设备的导线应排在外侧，并接于端子排的上部，由上而下排列 按照上述方法配出的线排列整齐，无交叉现象 为防止多次拆装后线头折断、连接长度不够，应将导线向外弯成圈后再与设备接线柱连接
接线	1）导线与端子排连接，应按规定进行分列和连接。当位置比较狭窄且有大量导线需要接向端子时，宜采用多层分列法；当接线端子不多，而且位置较宽时，可采用单层分列法，如图 3-52 所示。除单层和多层分列外，在不复杂的单层或双层配线的线束中，也可采用扇形分列法，如图 3-53 所示 2）导线与端子排连接，应根据导线到端子排的距离将多余的导线剪掉，用电工刀或剥线钳剥切导线，用刀背刮掉线芯的氧化层。导线直接插入端子排孔内，用螺栓顶紧。若导线直接与端子排上的螺栓连接，应根据螺栓的直径将导线的末端弯成一个顺时针的圆圈，保证接触严密可靠。备用的导线应用螺钉旋具刀柄将其绕成螺旋状，并将其放于端子排线把的后面

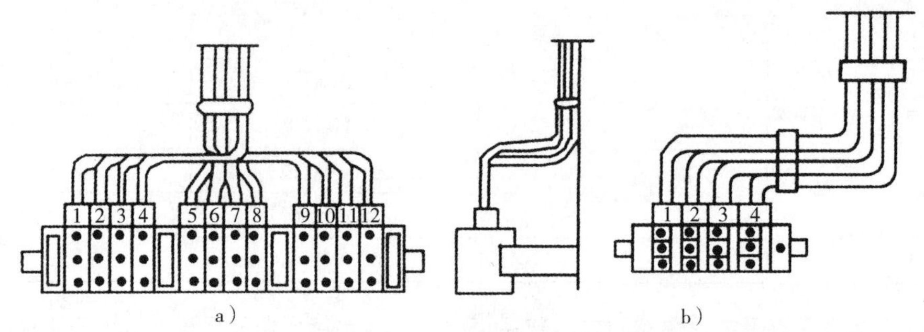

图 3-52　导线多层、单层分列法

a）导线多层分列法　b）导线单层分列法

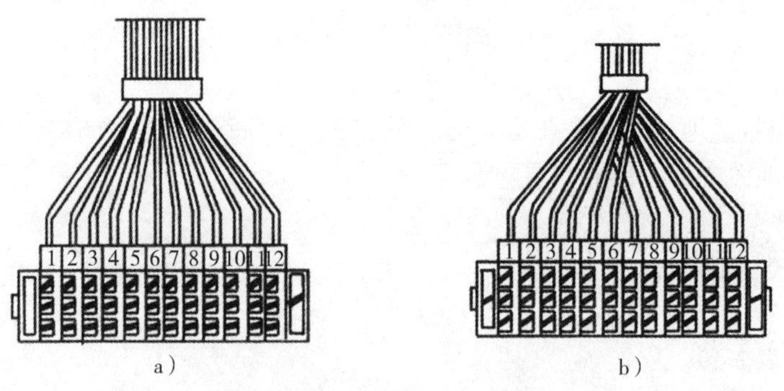

图 3-53　导线扇形分列法

a）单层　b）双层

三、配电柜（盘）的安装

1. 柜间隔板和柜侧挡板安装

高低压配电柜的柜间隔板和柜侧挡板安装前必须准备齐全，若不齐全应现场配制完善，并向建设单位办理“技术变更核定（洽商）单”。隔板和挡板的材料一般采用2mm厚的钢板，但GG-IA高压柜柜顶母线分段隔板最好采用10mm厚的酚醛层压板。

高压配电柜侧面或背面出线时，应装设保护网，如图3-54所示。保护网应全部采用金属结构，当低压柜的侧面靠墙安装时，挡板可以取消。

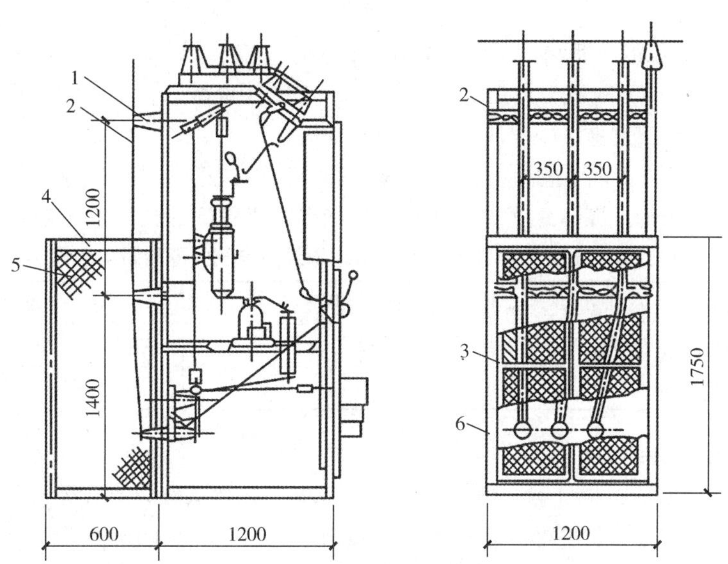

图3-54　高压配电柜后架空出线及保护网安装图

1—支柱绝缘子　2—母线　3—保护网门　4—角钢横挡　5—钢丝网　6—角钢立柱

2. 普通配电柜（盘）安装

1）柜（盘）在室内的位置按图施工。如图样无明确标注时，对于后面或侧面有出线的高压柜，距离墙面不得小于600mm；如果后面或侧面无出线的高压柜，距离墙面也不得小于200mm；靠墙安装的低压柜，距墙不小于25mm；巡视通道宽不小于1m。

2）在距离配电柜顶和底各200mm高处，按一定的位置绷两根尼龙线作为基准线，将柜（盘）按规定的顺序比照基准线安装就位，其四角可采用开口钢垫板找平找正。

3）找平找正完成后，即可将柜体与基础槽钢、柜体与柜体、柜体与两侧挡板固定牢固。柜体与柜体，柜体与两侧挡板采用螺栓连接。柜体与基础槽钢最好是采用螺栓连接，如果图样说明是采用点焊时，按图样制作。

3. 抽屉式配电柜安装

抽屉式配电柜的安装除应满足上述规定外，还应符合下列要求：

1）抽屉推拉应灵活轻便，无卡阻、碰撞现象。

2）动触头与静触头的中心线应一致，触头接触应紧密。

3）抽屉的机械联锁或电气联锁装置应动作正确可靠，断路器分闸后，隔离触头才能分开。

4）抽屉与柜体间的接地触头应接触紧密；当抽屉推入时，抽屉的接地触头应比主触头先接触，拉出时程序应相反。

4. 配电柜（盘）上电器安装

1）规格、型号应符合设计要求，外观应完整，且附件完全、排列整齐，固定可靠，密封良好。

2）各电器应能单独拆装更换而不影响其他电器及导线束的固定。

3）发热元件宜安装于柜顶。

4）熔断器的熔体规格应符合设计要求。

5）电流试验柱及切换压板装置应接触良好；相邻压板间应有足够距离，切换时不应碰及相邻的压板。

6）信号装置回路应显示准确，工作可靠。

7）柜（盘）上的小母线应采用直径不小于6mm的铜棒或铜管，小母线两侧应有标明其代号或名称的标志牌，字迹应清晰且不易脱色。

8）柜（盘）上1kV及以下的交、直流母线及其分支线，其不同极的裸露载流部分之间及裸露载流部分与未经绝缘的金属体之间的电气间隙和漏电距离应符合表3-20的规定。

表3-20　1kV及以下柜（盘）裸露母线的电气间隙和漏电距离　（单位：mm）

类别	电气间隙	漏电距离
交直流低压盘、电容屏、动力箱	12	20
照明箱	10	15

5. 配电柜（盘）面装饰

配电柜（盘）装好后，柜（盘、屏）面油漆应完好，如漆层破坏或成列的屏（柜）面颜色不一致，应重新喷漆，使成列配电柜（盘）整齐。漆面不能出现反光现象。

柜（盘）的正面及背面各电器应标明名称和编号。主控制柜面应有模拟母线，模拟母线的标志漆色应按表3-21的规定。

表3-21　模拟母线的标志漆色的规定

序号	电压/kV	颜色	备注
1	直流	褐	1）模拟母线的宽度一般为6～12mm 2）设备模拟的涂色应与相同电压等级的母线颜色一致 3）不适用于弱电屏以及流程模拟的屏面
2	交流0.23	深灰	
3	交流0.4	黄褐	
4	交流3	深绿	
5	交流6	深蓝	
6	交流10	绛红	

第六节　建筑防雷与接地装置安装

一、电气接地的类型

1. 工作接地

工作接地是指正常或事故情况下，为保证电气设备可靠地运行，在电力系统中一点直接或经特殊装置与地做金属连接，如图3-55所示。

2. 重复接地

重复接地是指将零线上的一点或多点与地再次做金属的连接，如图 3-55 所示。

3. 保护接零

保护接零是指为防止因电气设备绝缘损坏而使人体有遭受触电危险，将电气设备的金属外壳与变压器的中性线相连接，如图 3-55 所示。

4. 保护接地

保护接地是指电气设备的金属外壳，由于绝缘损坏有可能带电，为防止这种电压危及人身安全的接地，如图 3-56 所示。

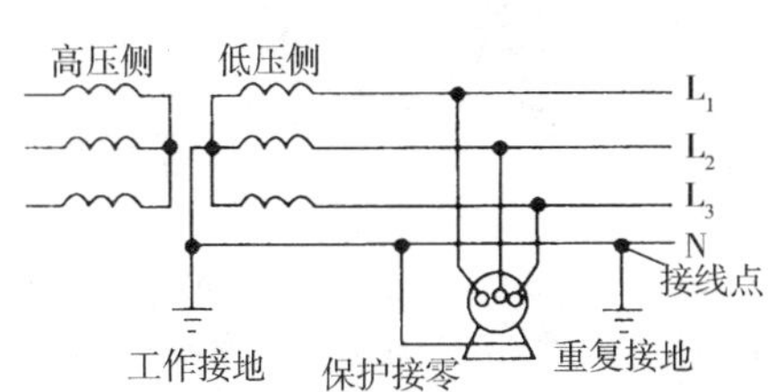

图 3-55　工作接地、重复接地和保护接零

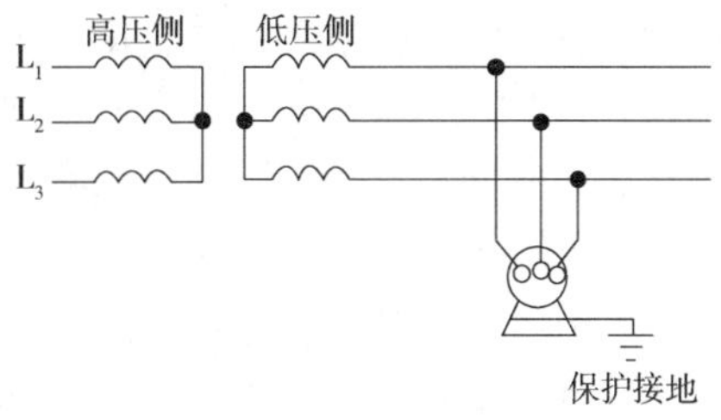

图 3-56　保护接地

5. 过电压保护接地

过电压保护接地是指过电压保护装置或设备的金属结构为消除过电压危险影响的接地。

6. 静电接地

静电接地是指为防止可能产生或聚集电荷，对设备、管道和容器等所进行的接地。

二、避雷针的安装

1. 在屋面上安装

（1）保护范围的确定

1）对于单支避雷针，其保护角 α 可按 45°或 60°考虑。

2）两支避雷针外侧的保护范围按单支避雷针确定；两针之间的保护范围，对民用建筑可简化两针间的距离不小于避雷针的有效高度（避雷针凸出建筑物的高度）的 15 倍，且不宜大于 30m，如图 3-57 所示。

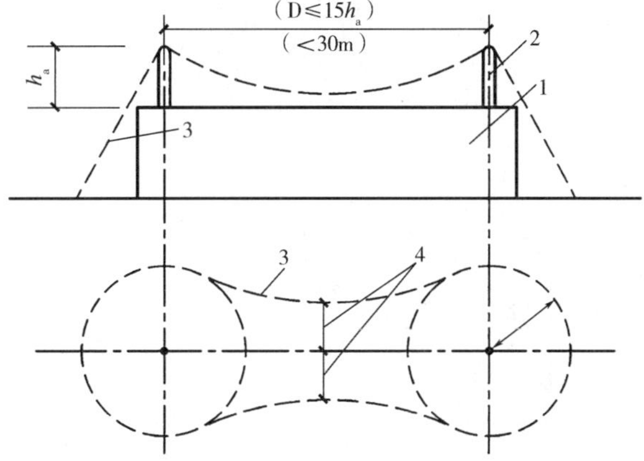

图 3-57　双支避雷针简化保护范围示意图

1—建筑物　2—避雷针　3—保护范围　4—保护宽度

（2）安装施工

1）在屋面安装避雷针，混凝土支座应与屋面同时浇筑。支座应设在墙或梁上，否则应进行校验。地脚螺栓应预埋在支座内，并至少要有 2 根与屋面、墙体或梁内钢筋焊接。在屋面施工时，可由土建人员预先浇筑好混凝土。待混凝土强度满足施工要求后，再安装避雷针，连接引下线。

2）施工前，先组装好避雷针，在避雷针支座底板上相应的位置，焊上 1 块肋板，再将避雷针立起，找直、找正后进行点焊，并加以校正，焊上其他 3 块肋板。

3）避雷针安装牢固，并与引下线焊接牢固，屋面上有避雷带（网）的还要与其焊成一个整体，如图 3-58 所示。

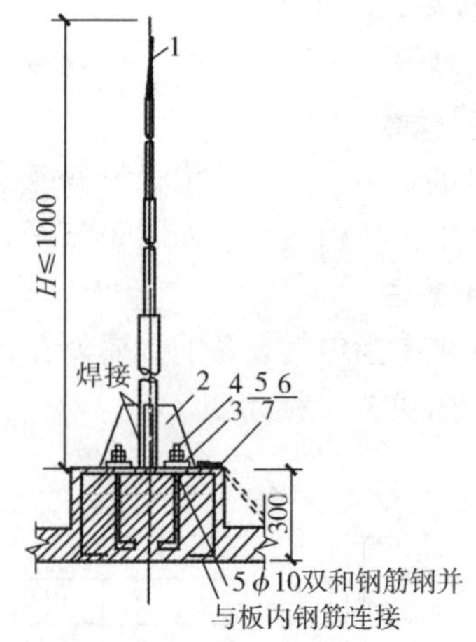

图 3-58　避雷针在屋面上安装

1—避雷针　2—肋板　3—底板　4—地脚螺栓（$\phi16$，$l=380$mm）　5、6—螺母、垫圈（M16）　7—引下线

2. 在墙上安装

1）避雷针在建筑物墙上的安装方法如图 3-59 所示。避雷针下覆盖的一定空间范围内的建筑物都可受到防雷保护。图中的避雷针，即为接闪器，是受雷装置，其制作方法如图 3-60 所示，针尖采用圆钢制作而成，针管采用焊接钢管，均应热镀锌。镀锌有困难时，可刷红丹一度，防腐漆两度，以防锈蚀；针管连接处应将管钉安好，再行焊接，针体的各节尺寸见表 3-22。

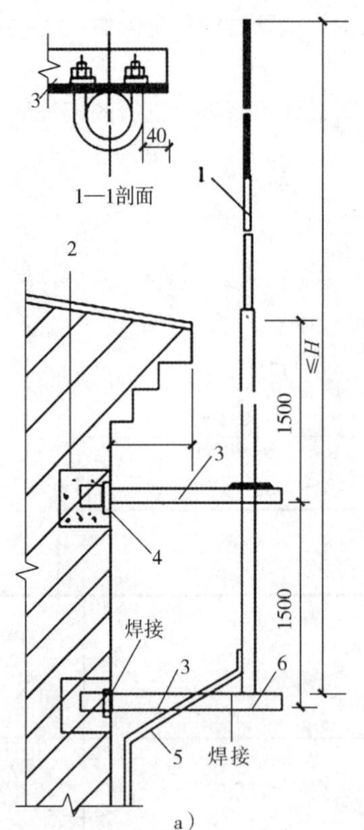

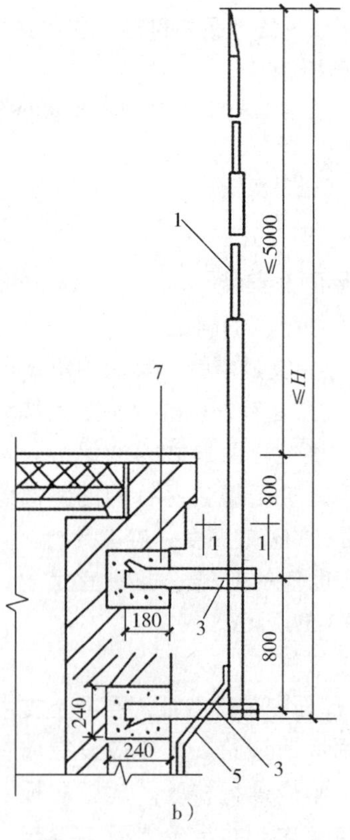

图 3-59　避雷针在建筑物墙上的安装方法

a）在侧墙　b）在山墙

1—接闪器　2—钢筋混凝土梁 240mm×240mm×2500mm，当避雷针高＜1m 时，改为 240mm×240mm×370mm 预制混凝土块　3—支架（∠63×6）　4—预埋钢板（100 mm×100 mm×4 mm）　5—接地引下线　6—支持板（$\delta=6$ mm）　7—预制混凝土块（240 mm×240 mm×37 mm）

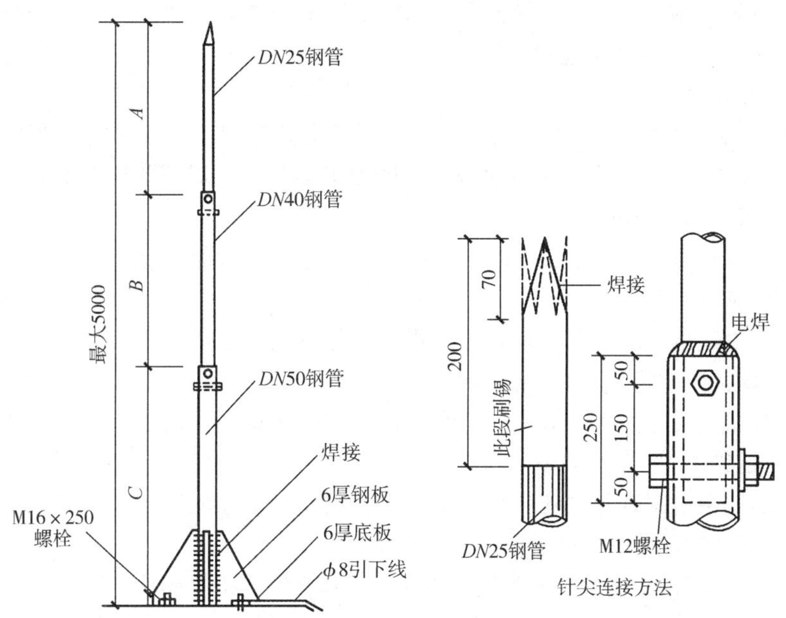

图 3-60　避雷针制作方法

表 3-22　针体的各节尺寸　　（单位：mm）

针全高		1.0	2.0	3.0	4.0	5.0
各节尺寸	*A*	1.0	2.0	1.5	1.0	1.5
	B	—	—	1.5	1.5	1.5
	C	—	—	—	1.5	2.0

2）避雷针安装应位置正确，焊接固定的焊缝饱满无遗漏，螺栓固定的应备帽等防松零件齐全，焊接部分补刷的防腐油漆完整。

三、接闪器的安装

1. 明装避雷网安装

（1）避雷网安装

1）避雷线采用截面面积不小于 48mm^2 的扁钢或直径不小于 8mm 的圆钢。

2）避雷线弯曲处不得小于 90°角，弯曲半径不得小于圆钢直径的 10 倍，并不得弯成死角。

3）所选的材料如为扁钢，可放在平板上用手锤调直；如为圆钢可将圆钢放开，一端固定在牢固地锚的机具上，另一端固定在铰磨（或倒链）的夹具上进行冷拉直。

4）将调直的避雷线运到安装地点。

5）将避雷线用大绳提升到顶部，顺直沿支架的路径进行敷设，卡固、焊接连成一体，并同引下线焊好。其引下线的上端与避雷带（网）的交接处，应弯曲成弧形再与避雷带（网）并齐进行搭接焊接。

6）建筑屋顶上的凸出物，如透气管、金属天沟、铁栏杆、爬梯、冷却水塔各类天线等，这些部位的金属导体都必须与避雷网焊接成一体。顶层的烟囱、透气口应做避雷带或避雷针。

7）焊接药皮应敲掉，进行局部调直后刷防锈漆或银粉。

8）避雷带（网）应位置正确，焊接固定的焊缝饱满无遗漏，螺栓固定的应备帽等防松零件齐全，焊接部分补刷的防腐油漆完整。

（2）用钢管做明装避雷带

1）利用建筑物金属栏杆和另外敷设镀锌钢管做明装避雷带时，用做支持支架的钢管管径不应大于避雷带钢管的直径，其埋入混凝土或砌体内的下端应横向焊短圆钢做加强筋，埋设深度应小于150mm，支架应固定牢固。

2）支架间距在转角处距转弯点为0.25～0.5m，且相同弯曲处应距离一致。中间支架距离不应大于1m，间距应均匀相等。

3）明装钢管做避雷带时，在转角处应与建筑造型协调，拐弯处应弯成圆弧活弯，严禁使用暖卫专业的冲压弯头进行管与管的连接。

4）钢管避雷带相互连接处，管内应设置管外径与连接管内径相吻合的钢管做衬管，衬管长度不应小于管外径的4倍。

5）避雷带与支架的固定方式应采用焊接连接。钢管避雷带的焊接处，应打磨光滑，无凸起高度，焊接连接处经处理后应涂刷红丹防锈漆和银粉防腐。

（3）避雷带通过变形缝做法　避雷带通过伸缩沉降缝处，将避雷带向侧面弯成半径100mm的弧形，且支持卡子中心距建筑物边缘距离减至400mm。避雷带通过伸缩沉降缝处也可以将避雷带向下部弯曲，如图3-61所示。

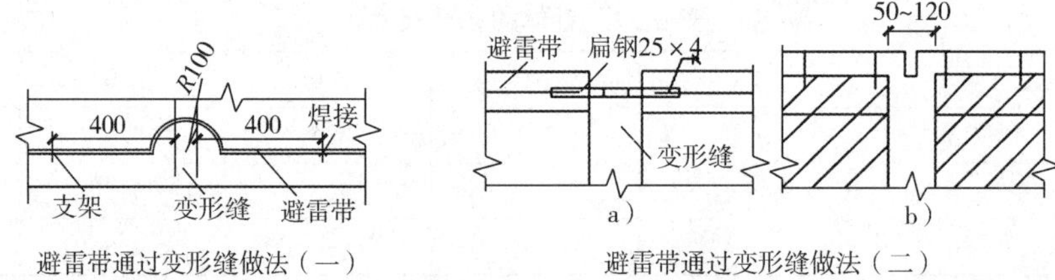

图3-61　避雷带通过变形缝做法

2. 暗装避雷网

（1）用建筑物V形折板内钢筋做避雷网　当建筑物有防雷要求时，可利用建筑物V形折板内钢筋做避雷网。施工时，折板插筋与吊环和网筋绑扎，通长筋和插筋、吊环绑扎。

为便于与引下线连接，折板接头部位的通长筋在端部预留钢筋头，长度不小于100mm。引下线的位置由工程设计决定。

等高多跨搭接处通长筋与通长筋应绑扎。不等高多跨交接处，通长筋之间应用$\phi 8$圆钢连接焊牢，绑扎或连接的间距为6m。

（2）用女儿墙压顶钢筋做暗装避雷网

1）女儿墙压顶为现浇混凝土时，可利用压顶板内的通长钢筋作为暗装防雷接闪器；女儿墙压顶为预制混凝土板时，可在顶板上预埋支架设接闪带。用女儿墙现浇混凝土压顶钢筋做暗装接闪器时，防雷引下线可采用不小于$\phi 10$圆钢，如图3-62a所示，引下线与接闪器（即压顶内钢筋）的焊接连接，如图3-62b所示。

2）在女儿墙预制混凝土板上预埋支架设接闪带时，或在女儿墙上有铁栏杆时，防雷引下线应由板缝引出顶板与接闪带连接，如图3-62a所示的虚线部分，引下线在压顶处同时应与女儿墙顶设计通长钢筋之间，用$\phi 10$圆钢做连接线进行连接，如图3-62c所示。

3）女儿墙一般设有圈梁，圈梁与压顶之间有立筋时，防雷引下线可以利用在女儿墙中相距

500mm 的 2 根 ϕ8 或 1 根 ϕ10 立筋，把立筋与圈梁内通长钢筋全部绑扎为一体，则女儿墙不需再另设引下线，如图 3-62d 所示。

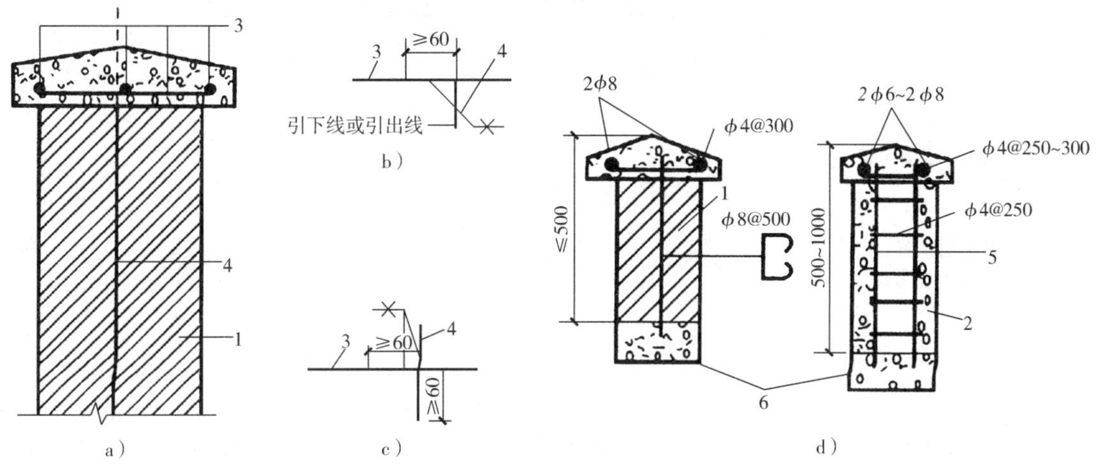

图 3-62　女儿墙暗装避雷带的做法

a）压顶内暗装避雷带做法　b）压顶内钢筋引下线（或引出线）连接做法

c）压顶上有明装接闪带时引下线与压顶内钢筋连接做法　d）女儿墙结构图

1—砖砌体女儿墙　2—现浇混凝土女儿墙　3—女儿墙压顶内钢筋　4—防雷引下线　5—4ϕ10 圆钢连接线　6—圈梁

四、接地装置的连接

1）当建筑物用金属柱子、桁架、梁等建造时，对防雷和电气装置需要建立连续电气通路，可采用螺栓、铆钉和焊接等方法连接：

在金属结构单元彼此不用螺栓、铆钉或焊接法连接的地方，对电气装置应采用截面面积不小于 $100mm^2$ 的钢材跨接焊接；而对防雷装置应采用不小于 ϕ8 圆钢或 4mm×12mm 扁钢跨接焊接。

2）当利用钢筋混凝土构件内的钢筋网作为防雷装置时，连续电气通路应满足以下条件：

①构件内主钢筋在长度方向上的连接采用焊接或用钢丝绑扎法搭接。

②在水平构件与垂直构件的交叉处，有一根主钢筋彼此焊接或用跨接线焊接，或有不少于两根主筋彼此用通常采用的钢丝绑扎法连接。

③构架内的钢筋网用钢丝绑扎或点焊。

④预制构件之间的连接或者按上述①、②款要求处理，或者从钢筋焊接出预埋板再做焊接连接。

⑤构件钢筋网与其他的连接（如防雷装置、电气装置等的连接）是从主筋焊接出预埋板或预留圆钢或扁钢再做连接。

3）当利用钢筋混凝土构件的钢筋网做电气装置的保护接地线（PE 线）时，从供接地用的预埋连接板起，沿钢筋直到与接地体连接止的这一串联线上的所有连接点均采用焊接，如图 3-63 所示。

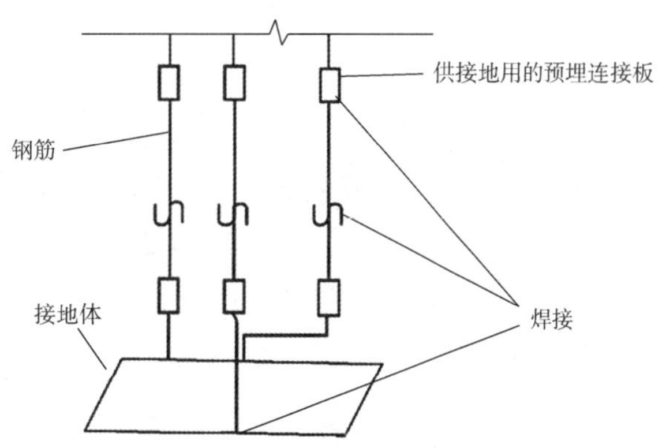

图 3-63　利用钢筋混凝土构件的钢筋网做电气装置的保护接地

第七节 建筑弱电工程安装

一、线路配接的类型

1. 前端配接

前端配接是指传声器、激光唱机、影碟机、录放音机等信号源与前级增音机或扩音机之间的配接。

为保证频率响应及满足失真度指标的要求，使传输获得高效率，所以信号源的输出阻抗应与前级增音机或扩音机的输入阻抗相匹配，信号源的输出阻抗应接近其负载阻抗，但不得高于负载阻抗。传声器宜采用低阻抗型，线路的高频损失和电噪声干扰较小，传输线路的允许长度可较长。高阻抗传声器价格便宜，但感应电噪声较大，传输线路的允许长度较短，宜用于要求较低的场合。

信号源输入时应按其输出电平等级接入前级增音机或扩音机的相应输入插孔，如输入电压过低则音量不足或过高、严重过载失真。

2. 末级配接

（1）定阻抗式配接

1）定阻抗输出的扩音机要求负载阻抗接近其输出阻抗，以实现阻抗匹配，提高传输效率。一般情况下，阻抗相差不大于10%时，未产生明显的不良影响，可视为配接正常。若扬声设备的阻抗难以实现配接正常，可选用一定阻值的假负载电阻，以使总负载阻抗实现匹配。

①负载阻抗偏低，会出现重载失配，失真明显，严重者可能会损坏器件。

②负载阻抗偏高，将出现轻载失配，扩音机的输出电压增高，失真加大，扩音机的实际输出功率降低。

2）定阻抗扩音机的输出端一般设有多个接头，以连接不同的扬声器及其组合使用。

3）在剧院、会场和多功能厅等场合，考虑到声场均匀度、声反馈及指向特性等因素的要求，安装所选用的声柱和扬声器的标称功率总和通常会远远超过扩音机的额定输出功率。但只要扩音机与扬声设备间的阻抗关系适合，也是完全允许的。声场内的各声柱或扬声器，应根据相应的供声区域分配不同的功率比例。

（2）定电压式配接

1）定电压式扩音机均标明输出电压和输出功率。小功率扩音机输出电压较低，一般可直接与扬声器连接。大功率扩音机输出电压较高，与扬声器连接时应加输送变压器。

2）扬声器与定电压式扩音机配接时，扬声器输入电压（即扩音机或输送变压器的输出电压）不得大于扬声器的额定工作电压。因扬声器一般只标明其阻抗和功率，故必须经过换算求得扬声器的额定工作电压。其换算公式为

$$U_y = \sqrt{P_y Z_y}$$

式中 U_y——扬声器的换算额定工作电压（V）；

P_y——扬声器的标称功率（W）；

Z_y——扬声器的标称阻抗（Ω）。

二、分线箱（盒）在墙上的安装

1. 明装

分线箱（盒）在墙上明装，应安装牢固、端正，底部距地面一般不应低于 1.5m。分线箱（盒）安装好后，应写上配线区编号、分线箱（盒）编号及其线序。编号应和图样中编号一致。

2. 暗装

暗装的分线箱（盒）、接头箱等统称为壁龛，是设置在墙内的木质或钢质的长方体形的箱子，以使电话电缆在上升管路及楼层管路内分支、接续、安装分线端子板用。

安装位置和高度以工程设计为准，且应便于检查、维修。接入壁龛内的管子，主线管和进出线管应敷设在箱的两对角线的位置上。

各分支回路的出线管应布置在壁龛底部和顶部的中间位置上。

三、电话通信系统的调试

电话通信系统的调试如图 3-64 所示。

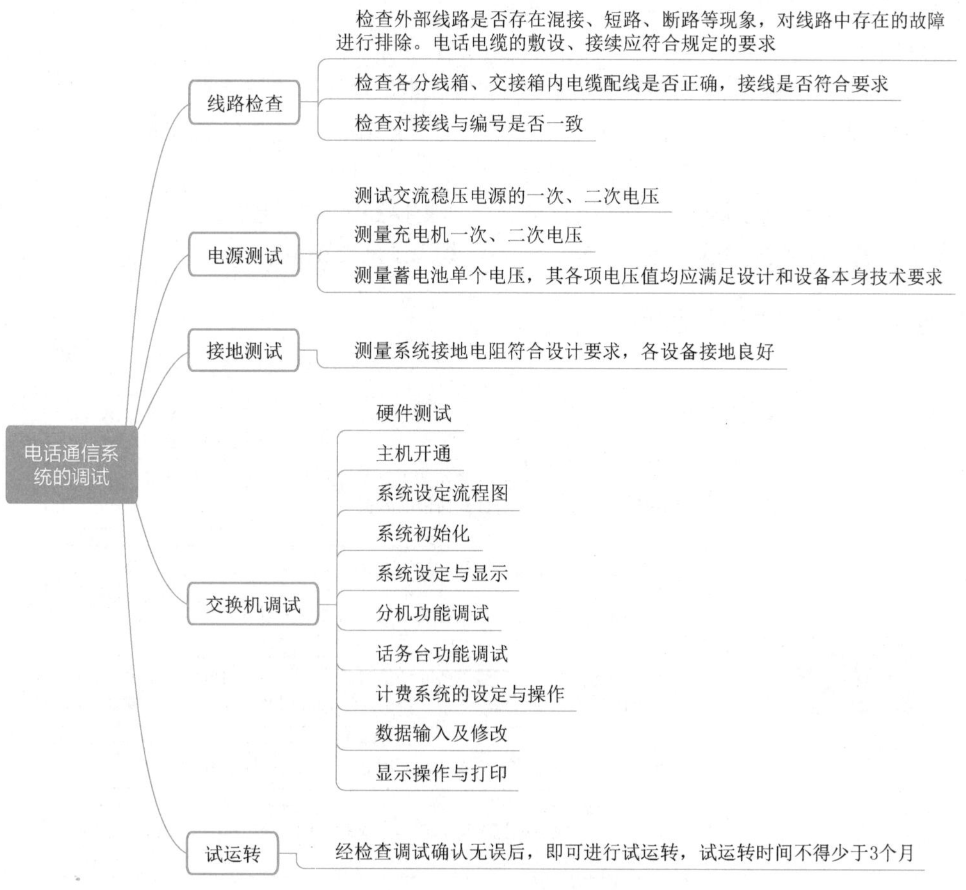

图 3-64 电话通信系统的调试

四、智能楼宇设备监控系统测试

1）现场完工测试试验阶段的划分，如图 3-65 所示。

2）系统测试在设备全部安装完成后进行，线路敷设和接线应符合设计图样要求。

3）各设备按系统文件进行检查，单机运行必须正常，满足设计要求。

4）各系统的联动、信息传输和线路敷设满足设计要求。

5）链路的验证测试使用单端测试仪，边施工边测试（随装随测电缆）。检查电缆的开路、短路、反接、串绕等故障；认证测试参数，接线图测试、长度测试、衰减、近端串扰等。

现场完工测试试验阶段的划分
系统设备单体测试
系统静态测试
子系统动态测试
智能化系统工程联合调试
大系统联合调试
试运行
原始记录
整理竣工资料，经竣工交验合格后，交付使用

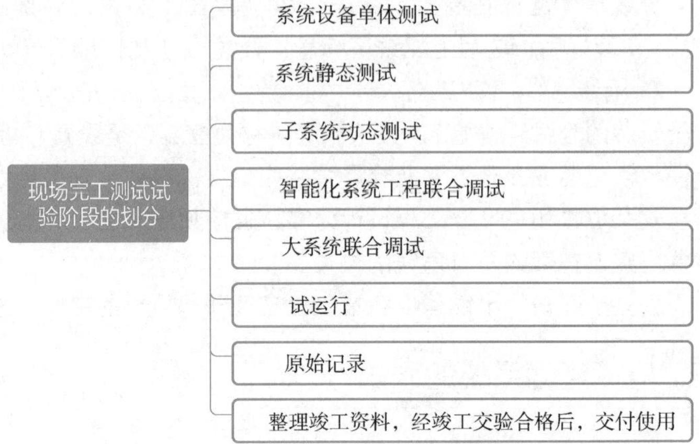

图 3-65　现场完工测试试验阶段的划分

6）通电测试前的检查。检查机房的温度、湿度和电源电压是否符合要求。

7）检查标志是否齐全，安装选择开关的位置是否正确，各开关的限流指标是否符合要求，设备各种熔丝规格是否符合要求，机架接地是否良好。

8）硬件测试，设备按操作程序逐级加电。检查变换器的输出电压是否符合要求，外围终端自测量是否正常，设备内部运行是否正常，报警装置工作是否正常。

五、综合布线系统遵循的原则

综合布线系统遵循的原则如图 3-66 所示。

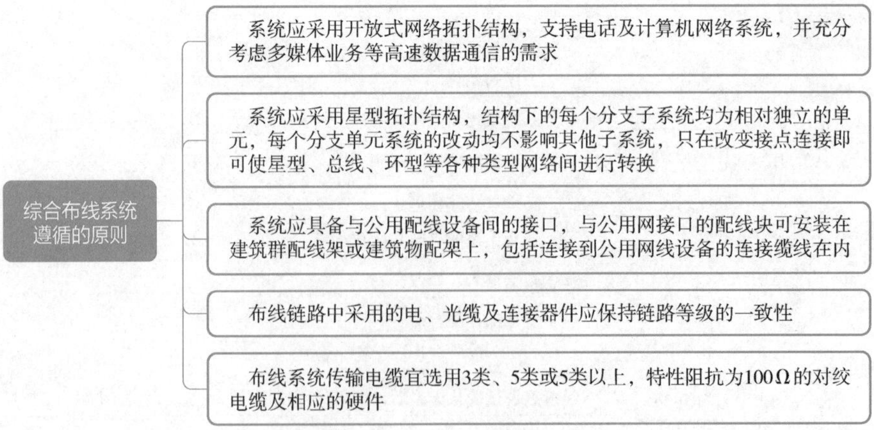

综合布线系统遵循的原则
系统应采用开放式网络拓扑结构，支持电话及计算机网络系统，并充分考虑多媒体业务等高速数据通信的需求
系统应采用星型拓扑结构，结构下的每个分支子系统均为相对独立的单元，每个分支单元系统的改动均不影响其他子系统，只在改变接点连接即可使星型、总线、环型等各种类型网络间进行转换
系统应具备与公用配线设备间的接口，与公用网接口的配线块可安装在建筑群配线架或建筑物配架上，包括连接到公用网线设备的连接缆线在内
布线链路中采用的电、光缆及连接器件应保持链路等级的一致性
布线系统传输电缆宜选用3类、5类或5类以上，特性阻抗为100Ω的对绞电缆及相应的硬件

图 3-66　综合布线系统遵循的原则

第四章 建筑电气工程识图

第一节 建筑电气工程识图基础知识

一、建筑电气工程施工图的组成

建筑电气工程施工图是由电气总平面图、电气系统图、电气设备平面图、控制原理图、接线图、大样图、电缆清册、图例及设备材料表等组成，具体说明见表 4-1。

表 4-1 电气工程施工图的组成

组成类型	说明
电气总平面图	电气总平面图是在建筑总平面图上表示电源及电力负荷分布的图样，主要表示各建筑物的名称或用途、电力负荷的装机容量、电气线路的走向及变配电装置的位置、容量和电源进户的方向等。通过电气总平面图可了解该项工程的概况，掌握电气负荷的分布及电源装置等。一般大型工程都有电气总平面图，中小型工程则由动力平面图或照明平面图代替
电气系统图	电气系统图是用单线图表示电能或电信号接回路分配出去的图样，主要表示各个回路的名称、用途、容量以及主要电气设备、开关元件及导线电缆的规格型号等。通过电气系统图可以知道该系统的回路个数及主要用电设备的容量、控制方式等。建筑电气工程中系统图用得很多，动力、照明、变配电装置、通信广播、电缆电视、火灾报警、防盗保安、计算机监控、自动化仪表灯都要用到系统图
电气设备平面图	电气设备平面图是在建筑物的平面图上标出电气设备、元件、管线实际布置的图样，主要表示其安装位置、安装方式、规格型号数量及接地网等。通过平面图可以知道每幢建筑物及其各个不同的标高上装设的电气设备、元件及其管线等。建筑电气平面图用得很多，动力、照明、变配电装置、各种机房、通信广播、电缆电视、火灾报警、防盗保安、计算机监控、自动化仪表、架空线路、电缆线路及防雷接地等都要用到平面图
控制原理图	控制原理图是单独用来表示电气设备及元件控制方式及其控制线路的图样，主要表示电气设备及元件的启动、保护、信号、联锁、自动控制及测量等。通过控制原理图可以知道各设备元件的工作原理、控制方式，掌握建筑物的功能实现的方法等。控制原理图用得很多，动力、变配电装置、火灾报警、防盗保安、计算机监控、自动化仪表、电梯等都要用到控制原理图，较复杂的照明及声光系统也要用到控制原理图
二次接线图（接线图）	二次接线图是与控制原理图配套的图样，用来表示设备元件外部接线以及设备元件之间的接线。通过接线图可以知道系统控制的接线及控制电缆、控制线的走向及布置等。动力、变配电装置、火灾报警、防盗保安、计算机监控、自动化仪表、电梯等都要用到接线图。一些简单的控制系统一般没有接线图

（续）

组成类型	说明
大样图	大样图一般是用来表示某具体部位或某一设备元件的结构或具体安装方法的，通过大样图可以了解该项工程的复杂程度。一般非标准的控制柜、箱，检测元件和架空线路的安装等都要用到大样图，大样图通常采用标准通用图集。剖面图也是大样图的一种
电缆清册	电缆清册是用表格的形式表示该系统中电缆的规格、型号、数量、走向、敷设方法、头尾接线部位等内容，一般使用电缆较多的工程均有电缆清册，简单的工程通常没有电缆清册
图例	图例是用表格的形式列出该系统中使用的图形符号或文字符号，目的是使读图者容易读懂图样
设备材料表	设备材料表一般都要列出系统主要设备及主要材料的规格、型号、数量、具体要求或产地。但是表中的数量一般只作为概算估计数，不作为设备和材料的供货依据
设计说明	设计说明主要标注图中交待不清或没有必要用图表示的要求、标准、规范等

二、读图的程序、要点和方法

1. 读图程序

通常的读图顺序是按照设计说明、电气总平面图、电气系统图、电气设备平面图、控制原理图、二次接线图和电缆清册、大样图、设备材料表和图例并进，如图4-1所示。

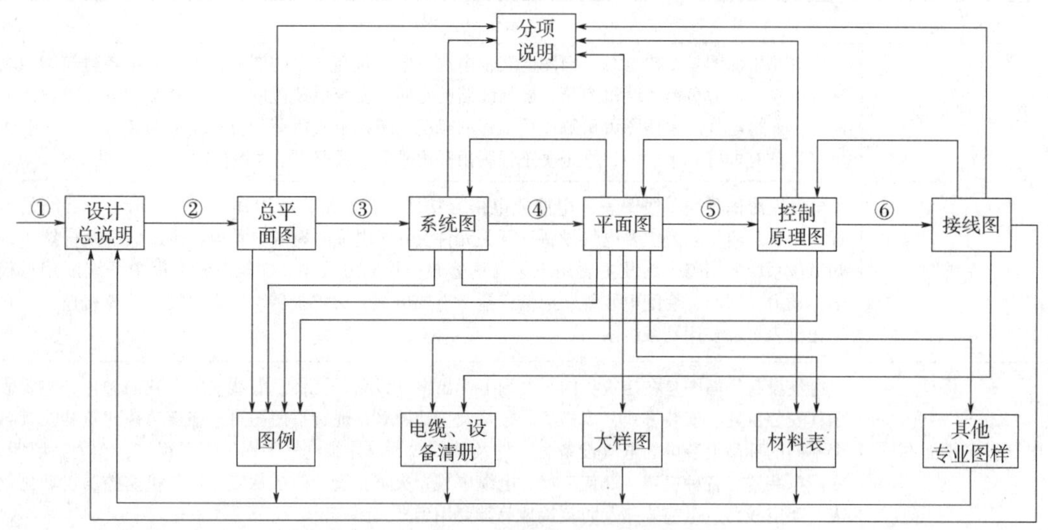

图4-1　读图程序

2. 读图要点

（1）设计说明　设计说明主要阐述电气工程设计的依据、基本指导思想和原则，以及图样未能清楚表明的工程特点、安装方法、工艺要求、特殊设备的安装使用说明和有关注意事项的补充说明等。阅读设计说明时要注意并掌握的内容如图4-2所示。

（2）总电气平面图　阅读总电气平面图时要注意并掌握的内容如图4-3所示。

阅读设计说明时要注意并掌握的内容

工程规模概况、总体要求、采用的标准规范、标准图册及图号、负荷级别、供电要求、电压等级、供电线路及杆号、电源进户要求和方式、电压质量、弱电信号分贝要求等

系统保护方式及接地电阻要求、系统防雷等级、防雷技术措施及要求、系统安全用电技术措施及要求、系统对过电压和跨步电压及漏电采取的技术措施

工作电源与备用电源的切换程序及要求、供电系统短路参数、计算电流、有功负荷、无功负荷、功率因数及要求、电容补偿及切换程序要求、调整参数、试验要求及参数、大容量电动启动方式及要求、继电保护装置的参数及要求、母线联络方式、信号装置、操作电源、报警方式

高低压配电线路形式及敷设方法要求、厂区线路及户外照明装置的形式、控制方式。某些具体部位或特殊环境（爆炸及火灾危险、高温、潮湿、多尘、腐蚀、静电、电磁等）安装要求及方法，系统对设备、材料、元件的要求及选择原则，动力及照明线路的敷设方法及要求

供电及配电采用的控制方式、工艺装置采用的控制方法及联锁信号、检测和调节系统的技术方法及调整参数、自动化仪表的配置及调整参数、安装要求及其管线敷设要求、系统联动或自动的要求及参数、工艺系统的参数及要求

弱电系统的机房安装要求、供电电源的要求、管线敷设方式、防雷接地要求及具体安装方法，探测器、终端及控制报警系统安装要求，信号传输分贝要求、调整及试验要求

钢构件加工制作和控制盘柜制作要求、防腐要求、密封要求、焊接工艺要求，大型部件吊装要求，混凝土基础工程施工要求，标号、设备冷却管路试验要求、蒸馏水机电解液配制要求，化学法降低接地电阻剂配制要求等非电气的有关要求

所有图中交待不清、不能表达或没有必要用图表示的要求、标准、规范、方法等

除设计说明外，其他每张图上的文字说明或注明的个别、局部的一些要求等，如相同或同一类别元件的安装标高及要求

土建、暖通、设备、管道、装饰、空调制冷等专业对电气系统的要求或相互配合的有关说明、图样，如电气竖井、管道交叉、抹灰厚度、基准线等

图 4-2　阅读设计说明时要注意并掌握的内容

阅读总电气平面图时要注意并掌握的内容

建筑物名称、编号、用途、层数、标离、等高线、用电设备容量及大型电动机容量台数、弱电装置类别、电源及信号进户位置

变配电所位置、变压器台数及容量、电压等级、电源进户位置及方式、系统架空线路及电缆走向、杆型及路灯、拉线布置、电缆沟及电缆井的位置、回路编号、主要负荷导线截面及根数、电缆根数、弱电线路的走向及敷设方式、大型电动机及主要用电负荷位置以及电压等级、特殊或直流电负荷位置、容量及其电压等级等

系统周围环境、河道、公路、铁路、工业设施、电网方位及电压等级、居民区、自然条件、地理位置、海拔等

设备材料表中的主要设备材料的规格、型号、数量、进货要求、特殊要求等

文字标注、符号意义以及其他有关说明、要求等

图 4-3　阅读总电气平面图时要注意并掌握的内容

（3）电气系统图 阅读变配电装置系统图时要注意并掌握的内容如图 4-4 所示。

阅读变配电装置系统图时要注意并掌握的内容

- 进线回路个数及编号、电压等级、进线方式（架空、电缆）、导线电缆规格型号、计量方式、电流、电压互感器及仪表规格型号数量、防雷方式及避雷器规格型号数量
- 进线开关规格型号及数量、进线柜的规格型号及台数、高压侧联络开关规格型号
- 变压器规格型号及台数、母线规格型号及低压侧联络开关（柜）规格型号
- 低压出线开关（柜）的规格型号及台数、回路个数用途及编号、计量方式及表计、有无直控电动机或设备及其规格型号台数启动方法、导线电缆规格型号，同时对照单元系统图和平面图查阅送出回路是否一致
- 有无自备发电设备或连续不间断供电电源（UPS），其规格型号容量与系统连接方式及切换方式、切换开关及线路的规格型号、计量方式及仪表
- 电容补偿装置的规格型号及容量、切换方式及切换装置的规格型号

图 4-4 阅读变配电装置系统图时要注意并掌握的内容

（4）动力系统图 阅读动力系统图时要注意并掌握的内容如图 4-5 所示。

阅读动力系统图时要注意并掌握的内容

- 进线回路编号、电压等级、进线方式、导线电缆及穿管的规格型号
- 进线盘、柜、箱、开关、熔断器及导线的规格型号、计量方式及表计
- 出线盘、柜、箱、开关、熔断器及导线的规格型号、回路个数、用途、编号及容量、穿管规格、启动柜或箱的规格型号、电动机及设备的规格型号容量、启动方式，同时核对该系统动力平面图回路标号与系统图是否一致
- 自备发电设备或UPS情况
- 电容补偿装置情况

图 4-5 阅读动力系统图时要注意并掌握的内容

（5）照明系统图 阅读照明系统图时要注意并掌握的内容如图 4-6 所示。

阅读照明系统图时要注意并掌握的内容

- 进线回路编号、进线线制（三相五线、三相四线、单向两线制）、进线方式、导线电缆及穿管的规格型号
- 照明箱、盘、柜的规格型号、各回路开关熔断器及总开关熔断器的规格型号、回路编号及相序分配、各回路容量及导线穿管规格、计量方式及表计、电流互感器规格型号，同时核对系统照明平面图回路标号与系统图是否一致
- 直控回路编号、容量及导线穿管规格、控制开关型号规格
- 箱、柜、盘有无漏电保护装置，其规格型号、保护级别及范围
- 应急照明装置的规格型号台数

图 4-6 阅读照明系统图时要注意并掌握的内容

（6）弱电系统图　弱电系统图通常包括通信系统图、广播音响系统图、电缆电视系统图、火灾自动报警及消防系统图、保安防盗系统图等，阅读时要注意并掌握的内容如图 4-7 所示。

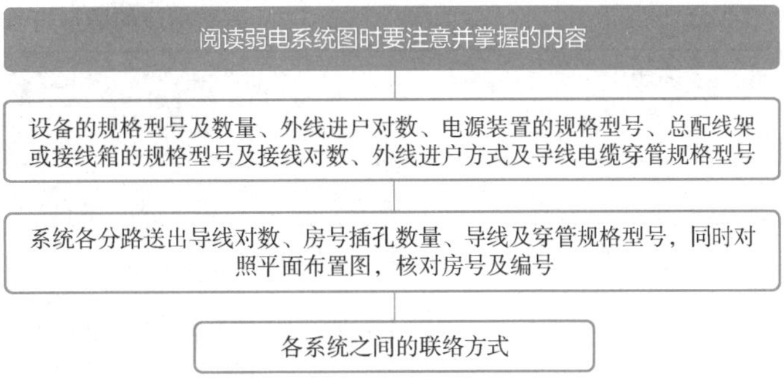

阅读弱电系统图时要注意并掌握的内容
设备的规格型号及数量、外线进户对数、电源装置的规格型号、总配线架或接线箱的规格型号及接线对数、外线进户方式及导线电缆穿管规格型号
系统各分路送出导线对数、房号插孔数量、导线及穿管规格型号，同时对照平面布置图，核对房号及编号
各系统之间的联络方式

图 4-7　阅读弱电系统图时要注意并掌握的内容

3. 读图步骤及方法

阅读电气工程施工图时，一般可分三个步骤：

（1）粗读　就是将施工图从头到尾大概浏览一遍，主要了解工程的概况，做到心中有数。此外，主要是阅读电气总平面图、电气系统图、设备材料表和设计说明。

（2）细读　就是按前面介绍的读图程序和读图要点，仔细阅读每一张施工图，达到读图要点中的要求，并对如图 4-8 所示内容做到了如指掌。

细读施工图时做到了如指掌的内容
每台设备和元件安装位置及要求
每条管线电缆走向、布置及敷设要求
所有线缆连接部位及接线要求
所有控制、调节、信号、报警工作原理及参数
系统图、平面图及关联图样标注一致，无差错
系统层次清楚、关联部位或复杂部位清楚
土建、设备、采暖、通风等其他专业分工协作明确

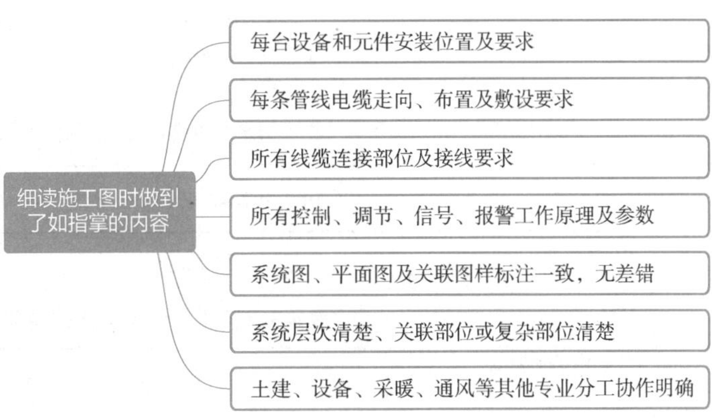

图 4-8　细读施工图时做到了如指掌的内容

（3）精读　就是将施工图中的关键部位及设备、贵重设备及元件、电力变压器、大型电动机及机房设施、复杂控制装置的施工图重新仔细阅读，系统掌握中心作业内容和施工图要求，不但做到了如指掌，还应做到胸有成竹、滴水不漏。

第二节　建筑电气工程施工图常用图例

一、电气图中的图形符号

1. 对图形符号的规定

1）图形符号可放大或缩小。

2）当图形符号旋转或镜像时，其中的文字宜为视图的正向。

3）当图形符号有两种表达形式时，可任选用其中一种形式，但同一工程应使用同一种表达形式。

4）当现有图形符号不能满足设计要求时，可按图形符号生成原则产生新的图形符号；新产生的图形符号宜由一般符号与一个或多个相关的补充符号组合而成。

2. 常用强电图形符号

1）线路标注的图形符号见表 4-2。

表 4-2　线路标注的图形符号

常用图形符号	说明	应用类型
	中性线	电路图、平面图、系统图
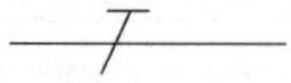	保护线	
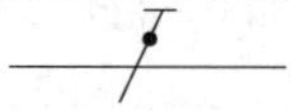	保护线和中性线共用	
	带中性线和保护线的三相线路	
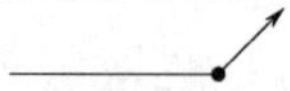	向上配线或布线	平面图
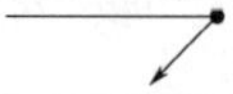	向下配线或布线	
	垂直通过配线或布线	
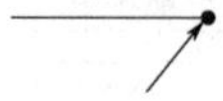	由下引来配线或布线	
	由上引来配线或布线	

2）开关、触点的图行符号见表 4-3。

表 4-3　开关、触点的图形符号

常用图形符号		说明	应用类型
形式 1	形式 2		
		单联单控开关	平面图
		双联单控开关	
		三联单控开关	
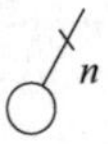 n		n 联单控开关，$n>3$	
		带指示灯的单联单控开关	
		带指示灯的双联单控开关	
		带指示灯的三联单控开关	
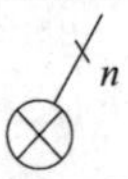 n		带指示灯的 n 联单控开关，$n>3$	
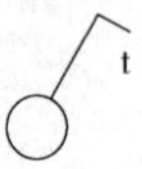 t		单极限时开关	

（续）

常用图形符号		说明	应用类型
形式 1	形式 2		
 SL		单极声光控开关	平面图
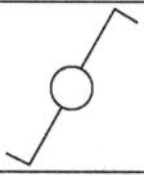		双控单极开关	
		动合（常开）触点	电路图、接线图
		动断（常闭）触点	
		先断后合的转换触点	
		中间断开的转换触点	
		先合后断的双向转换触点	
		延时闭合的动合触点	
		延时断开的动合触点	
		延时断开的动断触点	
		延时闭合的动断触点	
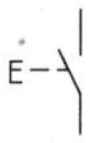 E-		自动复位的手动按钮开关	

3）电动机的图形符号见表 4-4。

表 4-4　电动机的图形符号

常用图形符号	说明	应用类型
 M 3~	三相笼式感应电动机	电路图
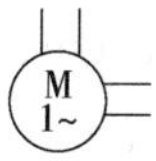 M 1~	单相笼式感应电动机	
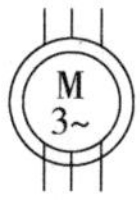 M 3~	三相绕线式转子感应电动机	

4）测量仪表的图形符号见表4-5。

表4-5　测量仪表的图形符号

常用图形符号	说明	应用类型
 V	电压表	电路图、接线图、系统图
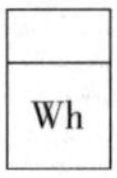 Wh	电度表（瓦时计）	
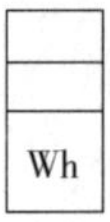 Wh	复费率电度表（示出二费率）	

5）启动器的图形符号见表4-6。

表4-6　启动器的图形符号

常用图形符号		说明	应用类型
形式1	形式2		
	MS	电动机启动器，一般符号	电路图、接线图、系统图 形式2用于平面图
	SDS	星-三角启动器	
	SAT	带自耦变压器的启动器	
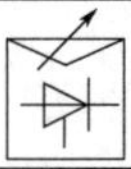	ST	带可控硅整流器的调节-启动器	

6）变压器的图形符号见表4-7。

表4-7　变压器的图形符号

常用图形符号		说明	应用类型
形式1	形式2		
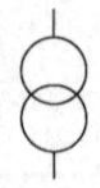	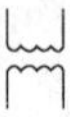	双绕组变压器（形式2可表示瞬时电压的极性）	电路图、接线图、平面图、总平面图、系统图 形式2只适用电路图
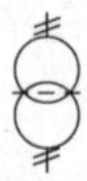	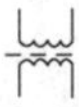	绕组间有屏蔽的双绕组变压器	
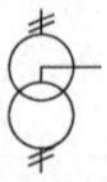		一个绕组上有中间抽头的变压器	
	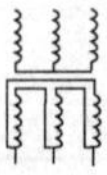	星形-三角形连接的三相变压器	

（续）

常用图形符号		说明	应用类型
形式 1	形式 2		
	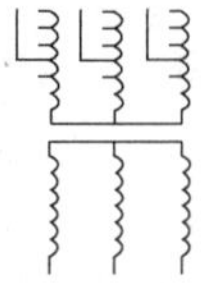	具有 4 个抽头的星形-星形连接的三相变压器	电路图、接线图、平面图、总平面图、系统图 形式 2 只适用电路图
	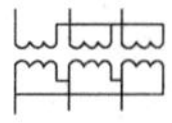	单相变压器组成的三相变压器，星形-三角形连接	
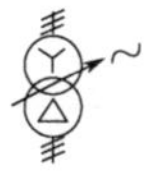	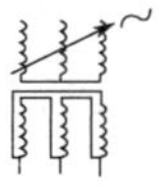	具有分接开关的三相变压器，星形-三角形连接	电路图、接线图、平面图、系统图 形式 2 只适用电路图
	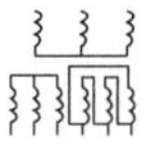	三相变压器，星形-三角形连接	电路图、接线图、系统图 形式 2 只适用电路图
	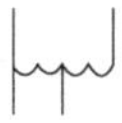	自耦变压器	电路图、接线图、平面图、总平面图、系统图 形式 2 只适用电路图
		单相自耦变压器	电路图、接线图、系统图 形式 2 只适用电路图
	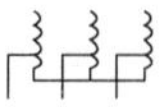	三相自耦变压器，星形连接	
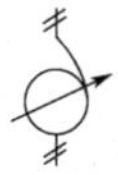		可调压的单相自耦变压器	

7）互感器的图形符号见表 4-8。

表 4-8　互感器的图形符号

常用图形符号		说明	应用类型
形式 1	形式 2		
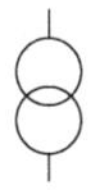		电压互感器	电路图、接线图、系统图 形式 2 只适用电路图
	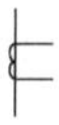	电流互感器，一般符号	电路图、接线图、平面图、总平面图、系统图 形式 2 只适用电路图
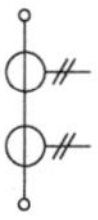	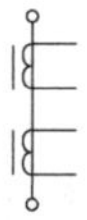	具有两个铁芯，每个铁芯有一个次级绕组的电流互感器，其中形式 2 中的铁芯符号可以略去	电路图、接线图、系统图 形式 2 只适用电路图

（续）

常用图形符号		说明	应用类型
形式1	形式2		
		在一个铁芯上具有两个次级绕组的电流互感器，形式2中的铁芯符号必须画出	电路图、接线图、系统图 形式2只适用电路图
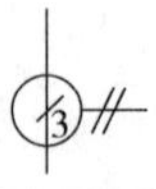	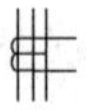	具有三条穿线一次导体的脉冲变压器或电流互感器	
	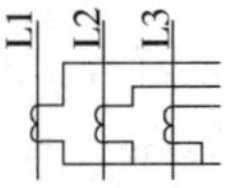	三个电流互感器	

8）插座、按钮的图形符号见表4-9。

表4-9　插座、按钮的图形符号

常用图形符号	说明	应用类型
	带保护极的电源插座	平面图
	单相二、三级电源插座	
	带保护极和单极开关的电源插座	
	带隔离变压器的电源插座（剃须插座）	
	按钮	
	带指示灯的按钮	
	防止无意操作的按钮（例如借助于打碎玻璃进行保护）	

9）灯具的图形符号见表4-10。

表4-10　灯具的图形符号

常用图形符号	说明	应用类型
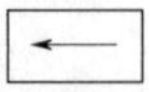	应急疏散指示标志灯（向左）	平面图
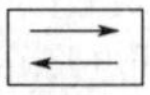	应急疏散指示标志灯（向左、向右）	
	专用电路上的应急照明灯	
	自带电源的应急照明灯	
	单管荧光灯	
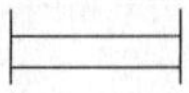	二管荧光灯	

（续）

常用图形符号	说明	应用类型
	三管荧光灯	平面图
	多管荧光灯，$n>3$	
	单管格栅灯	
	双管格栅灯	
	三管格栅灯	
	投光灯，一般符号	
	聚光灯	

3. 常见弱电图形符号

1）火灾自动报警与消防联动控制系统常用图形符号见表 4-11。

表 4-11　火灾自动报警与消防联动控制系统常用图形符号

常用图形符号		说明	应用类型
形式 1	形式 2		
		感温火灾探测器（线型）	平面图、系统图
		感烟火灾探测器（点型）	
N		感烟火灾探测器（点型、非地址码型）	
EX		感烟火灾探测器（点型、防爆型）	
		感光火灾探测器（点型）	
		红外感光火灾探测器（点型）	
		紫外感光火灾探测器（点型）	
		可燃气体探测器（点型）	
		复合式感光感烟火灾探测器（点型）	
		复合式感光感温火灾探测器（点型）	
		差定温火灾探测器（线型）	
		光束感烟火灾探测器（线型，发射部分）	
		光束感烟火灾探测器（线型，接受部分）	

（续）

常用图形符号		说明	应用类型
形式1	形式2		
		复合式感温感烟火灾探测器（点型）	平面图、系统图
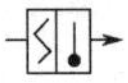		光束感烟感温火灾探测器（线型，发射部分）	
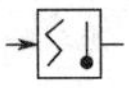		光束感烟感温火灾探测器（线型，接受部分）	
		手动火灾报警按钮	
		消火栓启泵按钮	
		火警电话	
		火警电话插孔（对讲电话插孔）	
		带火警电话插孔的手动报警按钮	
		火警电铃	
		火灾发声警报器	
		火灾光警报器	
		火灾声光警报器	
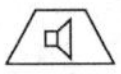		火灾应急广播扬声器	
	L	水流指示器	
P		压力开关	
70℃		70℃动作的常开防火阀	
280℃		280℃动作的常开排烟阀	
280℃		280℃动作的常闭排烟阀	
		加压送风口	
SE		排烟口	

2）安全防范系统常用图形符号见表4-12。

表4-12　安全防范系统常用图形符号

常用图形符号		说明	应用类型
形式1	形式2		
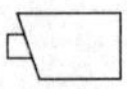		摄像机	平面图、系统图
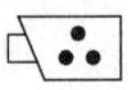		彩色摄像机	

（续）

常用图形符号		说明	应用类型
形式1	形式2		
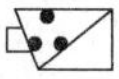		彩色转黑白摄像机	
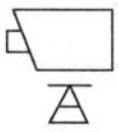		带云台的摄像机	
 OH		有室外防护罩的摄像机	
 IP		网络（数字）摄像机	
 IR		红外摄像机	
 IR		红外带照明灯摄像机	
 H		半球形摄像机	
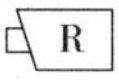 R	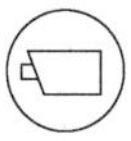	全球形摄像机	
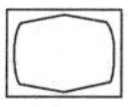		监视器	
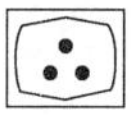		彩色监视器	
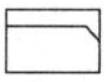		读卡器	平面图、系统图
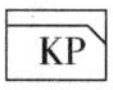 KP		键盘读卡器	
		保安巡查打卡器	
		紧急脚挑开关	
		紧急按钮开关	
		门磁开关	
 B		玻璃破碎探测器	
 A		振动探测器	
 IR		被动红外入侵探测器	
 M		微波入侵探测器	
 IRM		被动红外/微波双技术探测器	

（续）

常用图形符号		说明	应用类型
形式1	形式2		
Tx - - IR - - Rx		主动红外探测器	平面图、系统图
Tx - - M - - Rx		遮挡式微波探测器	
□ - - L - - □		埋入线电场扰动探测器	
□ - - C - - □		弯曲或振动电缆探测器	

3）通信及综合布线系统常用图形符号见表4-13。

表4-13　通信及综合布线系统常用图形符号

常用图形符号		说明	应用类型
形式1	形式2		
MDF		总配线架（柜）	系统图、平面图
ODF		光纤配线架（柜）	
IDF		中间配线架（柜）	
BD	BD	建筑物配线架（柜），有跳线连接	系统图
FD	FD	楼层配线架（柜），有跳线连接	
CD		建筑群配线架（柜）	平面图、系统图
BD		建筑物配线架（柜）	
FD		楼层配线架（柜）	
HUB		集线器	
SW		交换机	
CP		集合点	
LIU		光纤连接盘	

（续）

常用图形符号		说明	应用类型
形式 1	形式 2		
TP	TP	电话插座	平面图、系统图
TD	TD	数据插座	
TO	TO	信息插座	
*n*TO	*n*TO	*n* 孔信息插座，*n* 为信息孔数量	
○ MUTO		多用户信息插座	

4）广播系统常用的图形符号见表 4-14。

表 4-14　广播系统常用的图形符号

常用图形符号	说明	应用类型
	传声器，一般符号	系统图、平面图
 注1	扬声器，一般符号	
	嵌入式安装扬声器箱	平面图
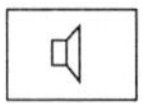 注1	扬声器箱、音箱、声柱	
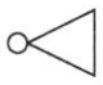	号筒式扬声器	系统图、平面图
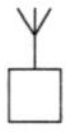	调谐器、无线电接收机	接线图、平面图、总平面图、系统图
 注2	放大器，一般符号	
M	传声器插座	平面图、总平面图、系统图

注：1. 当扬声器箱、音箱、声柱需要区分不同的安装形式时，宜在符号旁标注下列字母：C—吸顶式安装；R—嵌入式安装；W—壁挂式安装。

2. 当放大器需要区分不同的类型时，宜在符号旁标注下列字母：A—扩大机；PRA—前置放大器；AP—功率放大器。

5）有线电视及卫星电视图形符号见表 4-15。

表 4-15　有线电视及卫星电视图形符号

常用图形符号		说明	应用类型
形式 1	形式 2		
		天线，一般符号	电路图、接线图、平面图、总平面图、系统图
		带馈线的抛物面天线	
		有本地天线引入的前端（符号表示一条馈线支路）	平面图、总平面图
		无本地天线引入的前端（符号表示一条输入和一条输出通路）	
		放大器、中继器一般符号（三角形指向传输方向）	电路图、接线图、平面图、总平面图、系统图
		双向分配放大器	
		均衡器	平面图、总平面图、系统图
		可变均衡器	
A		固定衰减器	电路图、接线图、系统图
A		可变衰减器	
	DEM	解调器	接线图、系统图 形式 2 用于平面图
	MO	调制器	
	MOD	调制解调器	
		两路分配器	电路图、接线图、平面图、系统图
		三路分配器	
		四路分配器	
		分支器（表示一个信号分支）	
		分支器（表示两个信号分支）	
		分支器（表示四个信号分支）	
		混合器（表示两路混合器，信息流从左到右）	

二、电气技术中的文字符号

1. 电气设备常用文字符号

电气设备常用文字符号见表4-16。

表4-16　电气设备常用文字符号

项目种类	设备、装置和元件名称	参照代号的字母代码	
		主类代码	含子类代码
两种或两种以上的用途或任务	35kV 开关柜	A	AH
	20kV 开关柜		AJ
	10kV 开关柜		AK
	6kV 开关柜		—
	低压配电柜		AN
	并联电容器箱（柜、屏）		ACC
	直流配电箱（柜、屏）		AD
	保护箱（柜、屏）		AR
	电能计量箱（柜、屏）		AM
	信号箱（柜、屏）		AS
	电源自动切换箱（柜、屏）		AT
	动力配电箱（柜、屏）		AP
	应急动力配电箱（柜、屏）		APE
	控制箱、操作箱（柜、屏）		AC
	励磁箱（柜、屏）		AE
	照明配电箱（柜、屏）		AL
	应急照明配电箱（柜、屏）		ALE
	电度表箱（柜、屏）		AW
	弱电系统设备箱（柜、屏）		—
把某一输入变量（物理性质、条件或事件）转换为供进一步处理的信号	热过载继电器	B	BB
	保护继电器		BB
	电流互感器		BE
	电压互感器		BE
	测量继电器		BE
	测量电阻（分流）		BE
	测量变送器		BE
	气表、水表		BF
	差压传感器		BF
	流量传感器		BF
	接近开关、位置开关		BG
	接近传感器		BG

（续）

项目种类	设备、装置和元件名称	参照代号的字母代码	
		主类代码	含子类代码
把某一输入变量（物理性质、条件或事件）转换为供进一步处理的信号	时钟、计时器	B	BK
	湿度计、湿度测量传感器		BM
	压力传感器		BP
	烟雾（感烟）探测器		BR
	感光（火焰）探测器		BR
	光电池		BR
	速度计、转速计		BS
	速度变换器		BS
	温度传感器、温度计		BT
	麦克风		BX
	视频摄像机		BX
	火灾探测器		—
	气体探测器		
	测量变换器		
	位置测量传感器		BG
	液位测量传感器		BL
材料、能量或信号的存储	电容器	C	CA
	线圈		CB
	硬盘		CF
	存储器		CF
	磁带记录仪、磁带机		CF
	录像机		CF
提供辐射能或热能	白炽灯、荧光灯	E	EA
	紫外灯		EA
	电炉、电暖炉		EB
	电热、电热丝		EB
	灯、灯泡		—
	激光器		
	发光设备		
	辐射器		
直接防止（自动）能量流、信息流、人身或设备发生危险的或意外的情况，包括用于防护的系统和设备	热过载释放器	F	FD
	熔断器		FA
	安全栅		FC
	电涌保护器		FC
	接闪器		FE
	接闪杆		FE
	保护阳极（阴极）		FR

（续）

项目种类	设备、装置和元件名称	参照代号的字母代码	
		主类代码	含子类代码
启动能量流或材料流，产生用作信息载体或参考源的信号，生产一种新能量、材料或产品	发电机	G	GA
	直流发电机		GA
	电动发电机组		GA
	柴油发电机组		GA
	蓄电池、干电池		GB
	燃料电池		GB
	太阳能电池		GC
	信号发生器		GF
	不间断电源		GU
处理（接收、加工和提供）信号或信息（用于保护目的的项目除外，见F类）	继电器	K	KF
	时间继电器		KF
	控制器（电、电子）		KF
	输入、输出模块		KF
	接收机		KF
	发射机		KF
	光耦器		KF
	控制器（光、声学）		KG
	阀门控制器		KH
	瞬时接触继电器		KA
	电流继电器		KC
	电压继电器		KV
	信号继电器		KS
	瓦斯保护继电器		KB
	压力继电器		KPR
提供用于驱动的机械能量（旋转或线性机械运动）	电动机	M	MA
	直线电动机		MA
	电磁驱动		MB
	励磁线圈		MB
	执行器		ML
	弹簧储能装置		ML
信息表述	打印机	P	PF
	录音机		PF
	电压表		PV
	告警灯、信号灯		PG
	监视器、显示器		PG

（续）

项目种类	设备、装置和元件名称	参照代号的字母代码	
		主类代码	含子类代码
信息表述	LED（发光二极管）	P	PG
	铃、钟		PB
	计量表		PG
	电流表		PA
	电度表		PJ
	时钟、操作时间表		PT
	无功电度表		PJR
	最大需用量表		PM
	有功功率表		PW
	功率因数表		PPF
	无功电流表		PAR
	（脉冲）计数器		PC
	记录仪器		PS
	频率表		PF
	相位表		PPA
	转速表		PT
	同位指示器		PS
	无色信号灯		PG
	白色信号灯		PGW
	红色信号灯		PGR
	绿色信号灯		PGG
	黄色信号灯		PGY
	显示器		PC
	温度计、液位计		PG
受控切换或改变能量流、信号流或材料流（对于控制电路中的信号，见K类或S类）	断路器	Q	QA
	接触器		QAC
	晶闸管、电动机启动器		QA
	隔离器、隔离开关		QB
	熔断器式隔离器		QB
	熔断器式隔离开关		QB
	接地开关		QC
	旁路断路器		QD
	电源转换开关		QCS
	剩余电流保护断路器		QR
	软启动器		QAS

（续）

项目种类	设备、装置和元件名称	参照代号的字母代码	
		主类代码	含子类代码
受控切换或改变能量流、信号流或材料流（对于控制电路中的信号，见K类或S类）	综合启动器	Q	QCS
	星-三角启动器		QSD
	自耦降压启动器		QTS
	转子变阻式启动器		QRS
限制或稳定能量、信息或材料的运动或流动	电阻器、二极管	R	RA
	电抗线圈		RA
	滤波器、均衡器		RF
	电磁锁		RL
	限流器		RN
	电感器		—
把手动操作转变为进一步处理的特定信号	控制开关	S	SF
	按钮开关		SF
	多位开关（选择开关）		SAC
	启动按钮		SF
	停止按钮		SS
	复位按钮		SR
	试验按钮		ST
	电压表切换开关		SV
	电流表切换开关		SA
保持能量性质不变的能量变换，已建立的信号保持信息内容不变的变换，材料形态或形状的变换	变频器、频率转换器	T	TA
	电力变压器		TA
	DC/DC 转换器		TA
	整流器、AC/DC 变换器		TB
	天线、放大器		TF
	调制器、解调器		TF
	隔离变压器		TF
	控制变压器		TC
	整流变压器		TR
	照明变压器		TL
	有载调压变压器		TLC
	自耦变压器		TT
保护物体在指定位置	支柱绝缘子	U	UB
	强电梯架、托盘和槽盒		UB
	瓷瓶		UB
	弱电梯架、托盘和槽盒		UG
	绝缘子		—

（续）

项目种类	设备、装置和元件名称	参照代号的字母代码	
		主类代码	含子类代码
从一地到另一地导引或输送能量、信号、材料或产品	高压母线、母线槽	W	WA
	高压配电线缆		WB
	低压母线、母线槽		WC
	低压配电线缆		WD
	数据总线		WF
	控制电缆、测量电缆		WG
	光缆、光纤		WH
	信号线路		WS
	电力线路		WP
	照明线路		WL
	应急电力线路		WPE
	应急照明线路		WLE
	滑触线		WT
连接物	高压端子、接线盒	X	XB
	高压电缆头		XB
	低压端子、端子板		XD
	过路接线盒、接线端子箱		XD
	低压电缆头		XD
	插座、插座箱		XD
	接地端子、屏蔽接地端子		XE
	信号分配器		XG
	信号插头连接器		XG
	（光学）信号连接		XH
	连接器		—
	插头		

2. 常用辅助文字符号

1）强电设备辅助文字符号见表4-17。

表4-17　强电设备辅助文字符号

文字符号	名称	文字符号	名称
DB	配电屏（箱）	LB	照明配电箱
UPS	不间断电源装置（箱）	ELB	应急照明配电箱
EPS	应急电源装置（箱）	WB	电度表箱
MEB	总等电位端子箱	IB	仪表箱
LEB	局部等电位端子箱	MS	电动机启动器
SB	信号箱	SDS	星-三角启动器

（续）

文字符号	名称	文字符号	名称
TB	电源切换箱	SAT	自耦降压启动器
PB	动力配电箱	ST	软启动器
EPB	应急动力配电箱	HDR	烘手器
CB	控制箱、操作箱		

2）弱电设备辅助文字符号见表 4-18。

表 4-18 弱电设备辅助文字符号

文字符号	名称	文字符号	名称
DDC	直接数字控制器	KY	操作键盘
BAS	建筑设备监控系统设备箱	STB	机顶盒
BC	广播系统设备箱	VAD	音量调节器
CF	会议系统设备箱	DC	门禁控制器
SC	安防系统设备箱	VD	视频分配器
NT	网络系统设备箱	VS	视频顺序切换器
TP	电话系统设备箱	VA	视频补偿器
TV	电视系统设备箱	TG	时间信号发生器
HD	家居配线箱	CPU	计算机
HC	家居控制器	DVR	数字硬盘录像机
HE	家居配电箱	DEM	解调器
DEC	解码器	MO	调制器
VS	视频服务器	MOD	调制解调器

3. 电气设备的标注方法

电气设备的标注方法见表 4-19。

表 4-19 电气设备的标注方法

标注方式	说明
$\frac{a}{b}$	用电设备标注 a—设备编号或设备位号 b—额定功率（kW 或 kVA）
$-a+b/c$	系统图电气箱（柜、屏）标注 a—设备种类代号 b—设备安装位置的位置代号 c—设备型号
$-a$	平面图电气箱（柜、屏）标注 a—设备种类代号
$a\quad b/c\quad d$	照明、安全、控制变压器标注 a—设备种类代号 b/c—一次电压/二次电压 d—额定容量

（续）

标注方式	说明
$a-b\frac{c\times d\times L}{e}f$	照明灯具标注 a—灯数 b—型号或编号（无则省略） c—每盏照明灯具的灯泡数 d—灯泡安装容量 e—灯泡安装高度（m），“—”表示吸顶安装 f—安装方式 L—光源种类
$\frac{a\times b}{c}$	电缆桥架标注 a—电缆桥架宽度（mm） b—电缆桥架高度（mm） c—电缆桥架安装高度（m）
$a\quad b-c(d\times e+f\times g)i-jh$	线路的标注 a—线缆编号 b—型号（不需要可省略） c—线缆根数 d—电缆线芯数 e—线芯截面（mm^2） f—PE、N 线芯数 g—线芯截面（mm^2） i—线路敷设方式 j—线路敷设部位 h—线路敷设安装高度（m） 上述字母无内容则省略该部分

4. 安装方式的文字符号

安装方式的文字符号，见表 4-20。

表 4-20　安装方式的文字符号

名称	标注文字符号
线路敷设方式的标注	
穿低压流体输送用焊接钢管敷设	SC
穿电线管敷设	MT
穿硬塑料导管敷设	PC
穿阻燃半硬塑料导管敷设	FPC
电缆桥架敷设	CL
金属线槽敷设	MR
塑料线槽敷设	PR
钢索敷设	M
穿塑料波纹电线管敷设	KPC
穿可挠金属电线保护套管敷设	CP
直埋敷设	DB
电缆沟敷设	TC
电缆排管敷设	CE

（续）

名称	标注文字符号
导线敷设部位的标注	
沿或跨梁（屋架）敷设	AB
暗敷在梁内	BC
沿或跨柱敷设	AC
暗敷设在柱内	CLC
沿墙面敷设	WS
暗敷设在墙内	WC
沿顶棚或顶板面敷设	CE
暗敷设在屋面或顶板内	CC
顶棚内敷设	SCE
地板或地面下敷设	FC
灯具安装方式的标注	
线吊式	SW
链吊式	CS
管吊式	DS
壁装式	W
吸顶式	C
嵌入式	R
顶棚内安装	CR
墙壁内安装	WR
支架上安装	S
柱上安装	CL
座装	HM

第三节　建筑电气工程施工图基本规定

一、幅面

图纸本身的大小规格称为图纸的幅面，简称图幅。图纸一般有五种标准图幅：A0 号、A1 号、A2 号、A3 号和 A4 号，具体尺寸见表 4-21。图纸可以根据需要加长：A0 号图纸以长边的 1/8 为最小加长单位，最多可加长到标准图幅长度的 2 倍；A1、A2 号图纸以长边的 1/4 为最小加长单位，A1 号图纸最多可加长到标准图幅长度的 2. 5 倍，A2 号图纸最多可加长到标准图幅长度的 5. 5 倍；A3、A4 号图纸以长边的 1/2 为最小加长单位，A3 号图纸最多可加长到标准图幅长度的 4. 5

倍，A4 号图纸最多可加长到标准图幅长度的 2 倍。

表 4-21 图纸幅面尺寸 （单位：mm）

尺寸代号 \ 幅面代号	A0	A1	A2	A3	A4
$b \times l$	841×1189	594×841	420×594	297×420	210×297
c	10				5
a	25				

注：表中 b 为幅面短边尺寸，l 为幅面长边尺寸，c 为图框线与幅面线间宽度，a 为图框线与装订边间宽度。

二、幅面代号的意义

图纸以短边作为垂直边称为横式，如图 4-9a 所示；以短边作为水平边称为立式，如图 4-9b、c 所示。一般 A0～A3 图纸宜横式使用，必要时也可立式使用；而 A4 图纸只能立式使用。

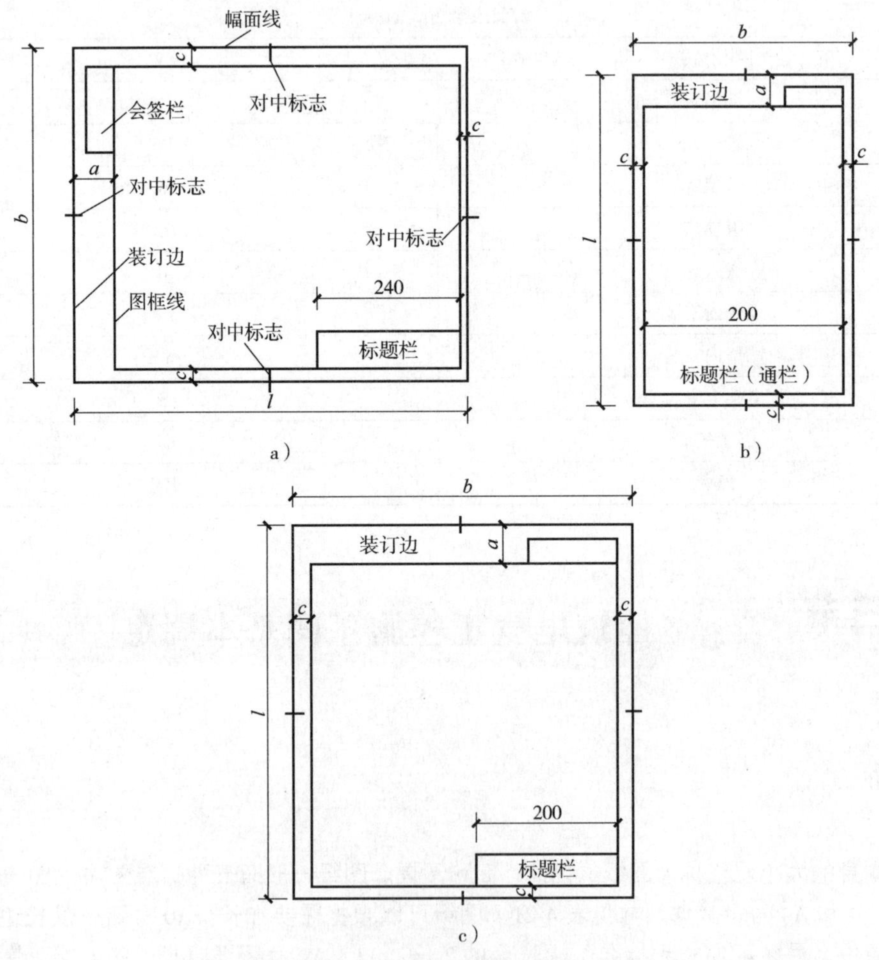

图 4-9 幅面代号的意义

a）A0～A3 横式幅面 b）A0～A3 立式幅面 c）A4 立式幅面

一个工程设计中，每个专业所使用的图纸，一般不宜多于两种幅面，不包括目录及表格所采用的 A4 幅面。

三、标题栏与会签栏

1. 标题栏

标题栏是用以标注图纸名称、图号、比例、张次、日期及有关人员签名等内容的栏目。其位置一般在图纸的右下角，有时也设在下方或右侧。标题栏中的文字方向为看图方向，即图中的说明、符号等均应与标题栏的文字方向一致。按照如图 4-10 所示，标题栏应根据工程需要选择确定其尺寸、格式及分区。

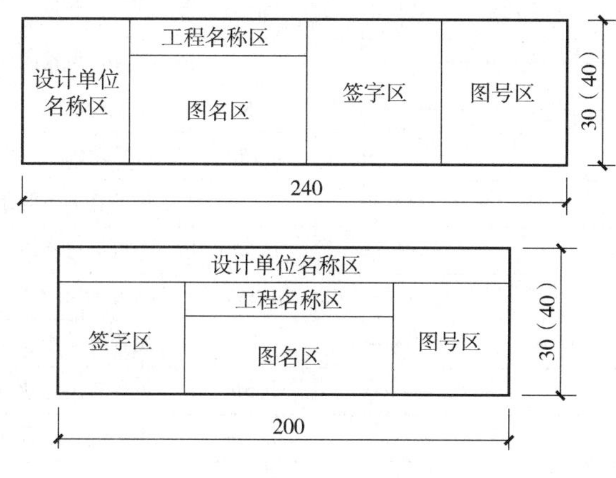

图 4-10　标题栏

2. 会签栏

会签栏应画在图纸左上角的图框线外，其尺寸应为 100mm × 20mm，如图 4-11 所示的格式绘制。栏内应填写会签人员所代表的专业、姓名、日期（年、月、日）。一个会签栏不够时，可另加一个或两个会签栏并列，不需会签的图纸可不设会签栏。

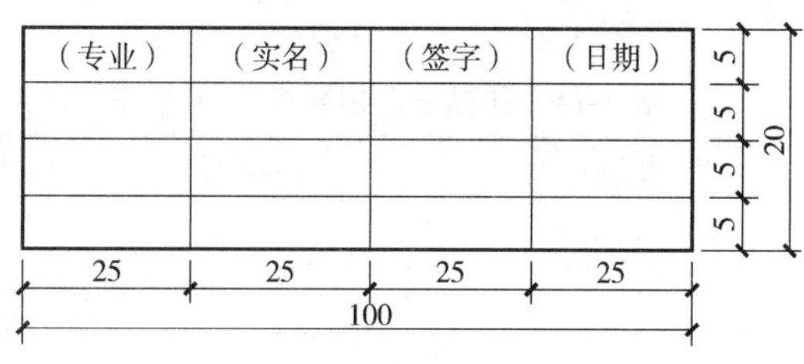

图 4-11　会签栏

四、图线及画法

1. 线宽与线型

画在图纸上的线条统称为图线。为使图纸层次清楚、主次分明，需用不同的线宽、线型来表示。国家制图标准对此做了明确规定。

1）图线的宽度 b，宜从下列线宽系列中选取：2.0mm、1.4mm、1.0mm、0.7mm、0.5mm、

0.35mm。每个图纸应根据复杂程度与比例大小，先选定基本线宽 b，再选用相应线宽组，见表 4-22。

表 4-22　线宽组　　（单位：mm）

线宽比	线宽组					
b	2.0	1.4	1.0	0.7	0.5	0.35
$0.5b$	1.0	0.7	0.5	0.35	0.25	0.18
$0.25b$	0.5	0.35	0.25	0.15	—	—

2）绘制工程图纸，各种线型、线宽的选择见表 4-23。

表 4-23　图线

名称		线型	线宽	一般用途
实线	粗		b	主要可见轮廓线
	中		$0.5b$	可见轮廓线
	细		$0.25b$	可见轮廓线、图例线
虚线	粗		b	见各有关专业制图标准
	中		$0.5b$	不可见轮廓线
	细		$0.25b$	不可见轮廓线、图例线
单点长画线	粗		b	见各有关专业制图标准
	中		$0.5b$	见各有关专业制图标准
	细		$0.25b$	中心线、对称线等
双点长画线	粗		b	见各有关专业制图标准
	中		$0.5b$	见各有关专业制图标准
	细		$0.25b$	假想轮廓线、成型前原始轮廓线
折断线			$0.25b$	断开界线
波浪线			$0.25b$	断开界线

3）框线和标题栏线，可采用见表 4-24 所示的线宽。

表 4-24　图框线、标题栏的线宽　　（单位：mm）

幅面代号	图框线	标题栏外框线	标题栏分格线、会签栏线
A0、A1	1.4	0.7	0.35
A2、A3、A4	1.0	0.7	0.35

2. 图线画法

1）相互平行的图线，其间隙不宜小于其中的粗线宽度，且不宜小于 0.7mm；虚线、单点长画线或双点长画线的线段长度和间隔，宜各自相等，如图 4-12a 所示。

2）点画线与点画线或点画线与其他图线交接时，应是线段交接，如图 4-12b 所示。

3）单点长画线或双点长画线，当在较小图形中绘制有困难时，可用实线代替；单点长画线或双点长画线的两端，不应是点，如图 4-12c 所示。

4）虚线与虚线交接或虚线与其他图线交接时，应是线段交接。虚线为实线的延长线时，不得与实线连接。其正确画法和错误画法如图 4-12d 所示。

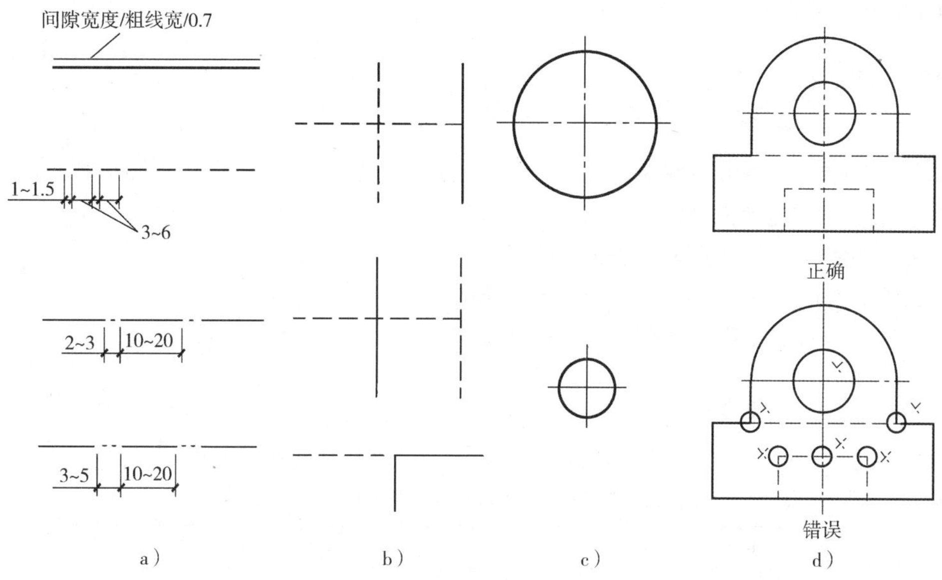

图 4-12　图线的有关画法

a）线的画法　b）交接　c）圆的中心线画法　d）虚线交接的画法

在同一张图纸内，相同比例的各个图形，应采用相同的线宽组。图线不得与文字、数字或符号重叠、混淆，不可避免时，应首先保证文字等的清晰（可断开图线）。

五、字体

1）图纸上注写的文字、数字或符号等，均应笔画清晰、字体端正、排列整齐；标点符号应清楚正确。

2）文字的字高参考表 4-25。字高大于 10mm 时宜采用 True Type 字体，当书写更大字时，其高度应按$\sqrt{2}$的倍数递增。

表 4-25　文字的字高　（单位：mm）

字体种类	中文矢量字体	True Type 字体及非中文矢量字体
字高	3.5、5、7、10、14、20	3、4、6、8、10、14、20

3）图纸及说明中的汉字宜采用仿宋体或黑体，同一图纸字体种类不应超过两种。大标题、图册封面、地形图等的汉字，也可书写成其他字体，但应易于辨认。

4）汉字的简化字注写应符合国家有关汉字简化方案的规定。

5）图纸及说明中的拉丁字母、阿拉伯数字与罗马数字宜采用单线简体或 Roman 字体，拉丁字母、阿拉伯数字与罗马数字的字高，不应小于 2. 5mm。

6）数量的数值注写，应用正体阿拉伯数字。各种计量单位，凡前面有量值的，均应用国家颁布的单位符号注写。单位符号应用正体字母书写。

7）分数、百分数和比例数应用阿拉伯数字和数学符号注写。

8）当注写的数字小于 1 时，应写出各位的“0”，小数点应采用圆点，对齐基准线注写。

9）长仿宋汉字、拉丁字母、阿拉伯数字与罗马数字示例，应符合《技术制图—字体》（GB/

T 14691—2005）的有关规定。

六、绘图比例

大部分电气图都是采用不按比例的图形符号绘制的，但施工平面图、电气构建详图一般是按比例绘制的，比例的绘制应遵循以下要求：

1）图纸的比例应为图形与实物相对应的线性尺寸之比。

2）比例的符号应为“：”，比例应以阿拉伯数字表示。

3）比例宜注写在图名的右侧，字的基准线应取平；比例的字高宜比图名的字高小一号，如图 4-13 所示。

平面图 1：100　　⑥ 1：20

图 4-13　比例的注写

4）电气总平面图、电气平面图的制图比例，宜与工程项目设计的主导专业一致，采用的比例宜从表 4-26 中选用，并应优先采用表中常用比例。

表 4-26　电气总平面图、电气平面图的制图比例

序号	图名	常用比例	可用比例
1	电气总平面图、规划图	1:500、1:1000、1:2000	1:300、1:5000
2	电气平面图	1:50、1:100、1:150	1:200
3	电气竖井、设备间、电信间、变配电室等平、剖面图	1:20、1:50、1:100	1:25、1:150
4	电气详图、电气大样图	10:1、5:1、2:1、1:1、1:2、1:5、1:10、1:20	4:1、1:25、1:50

图纸应选用一个比例，但根据专业制图需要，同一图纸可选两种比例。特殊情况下也可自选比例，这时除应注出绘图比例外，还应在适当位置绘制出相应比例尺。

七、尺寸标注及标高

图纸有形状和大小双重含义，建筑工程施工是根据图纸上的尺寸进行的，因此，尺寸标注在整个图纸绘制中占有重要的地位，必须认真仔细，准确无误。

图纸上标注的尺寸是由尺寸界线、尺寸线、尺寸起止符号和尺寸数字四部分组成的，故常称其为尺寸的四大要素，如图 4-14 所示。

1）尺寸界线。用细实线绘制，一般应与被注长度垂直，其一端应离开图纸轮廓线不小于 2mm，另一端宜超出尺寸线 2～3mm。必要时，可利用图纸轮廓线、中心线及轴线作为尺寸界线，如图 4-15 所示。

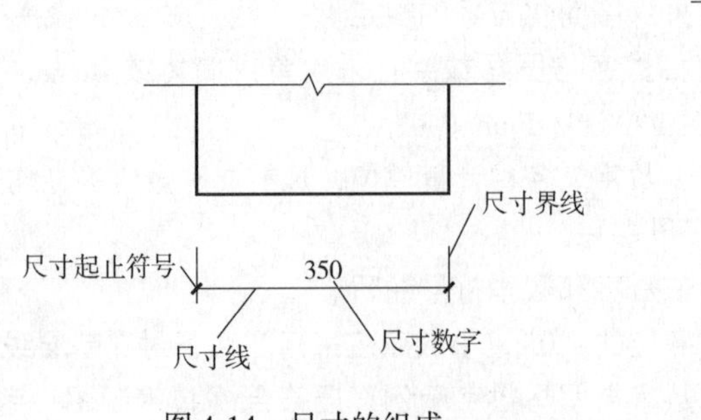

图 4-14　尺寸的组成

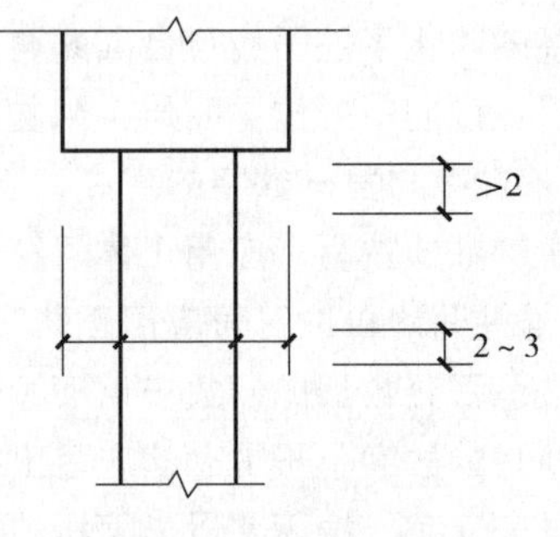

图 4-15　尺寸界线标注

总尺寸的尺寸界线，应靠近所指部位，中间分尺寸的尺寸界线可稍短，但其长度应相等，如图 4-16 所示。

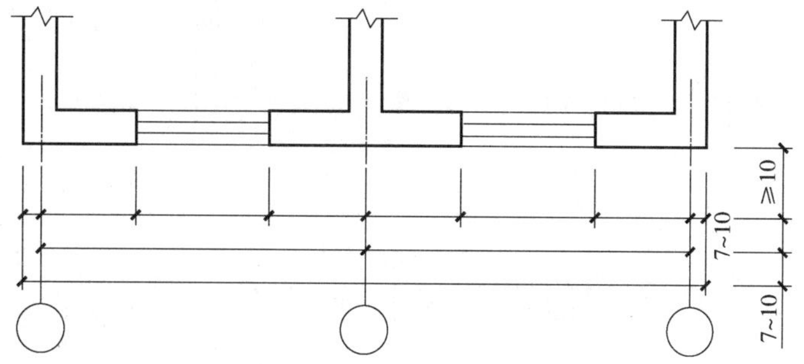

图 4-16　尺寸的排列

2）尺寸线。应用细实线绘制，应与被注长度平行且不超出尺寸界线。相互平行的尺寸线，应从被注写的图纸轮廓线外由近向远整齐排列，较小尺寸靠近图纸轮廓标注，较大尺寸标注在较小尺寸的外面。图纸轮廓线以外的尺寸线，距图纸最外轮廓之间的距离不宜小于 10mm。平行排列的尺寸线的间距，宜为 7 ~ 10mm，并应保持一致，如图 4-16 所示。

图纸本身的任何图线均不得用作尺寸线。

3）尺寸起止符号。一般用中粗斜短线绘制，其倾斜方向应与尺寸界线成顺时针 45° 角，长度宜为 2 ~ 3mm，两端伸出长度各为一半，如图 4-17a 所示。半径、直径、角度与弧长的尺寸起止符号，宜用箭头表示，如图 4-17b 所示。当相邻尺寸界线间隔很小时，尺寸起止符号用小圆点表示。

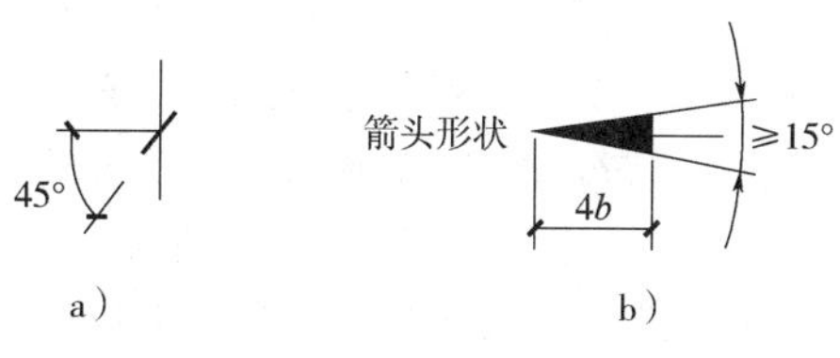

图 4-17　尺寸起止符号注写法

a）一般起止符号的标注　b）特殊起止符号的标注

4）尺寸数字。应靠近尺寸线，平行标注在尺寸线中央位置。水平尺寸要从左到右注在尺寸线上方（字头朝上），竖直尺寸要从下到上注在尺寸线左侧（字头朝左）。其他方向的尺寸数字，如图 4-18a 所示的形式注写，当尺寸数字位于斜线区内时，宜按图 4-18b 所示的形式注写。

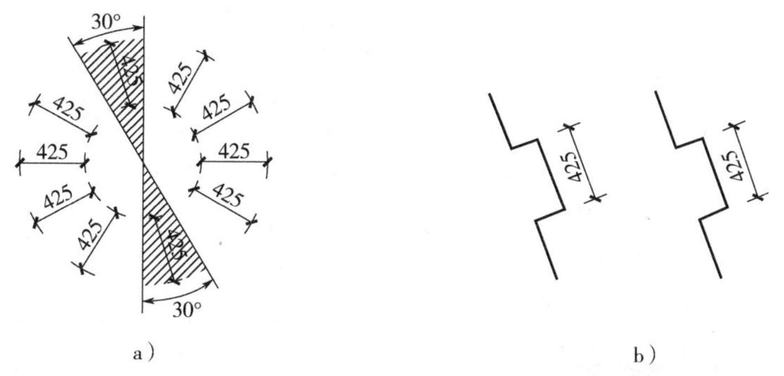

图 4-18　尺寸数字的注写方向

a）在 30° 斜线区内注写尺寸数字是严禁的　b）在 30° 斜线区内注写尺寸数字的形式

5）若没有足够的注写位置，最外边的尺寸数字可注写在尺寸界线的外侧，中间相邻的尺寸数字可错开注写，或用引出线引出后再进行标注，不能缩小数字大小，如图 4-19a 所示。尺寸宜标注在图纸轮廓以外，不宜与图线、文字及符号等相交。不可避免时，应将数字处的图线断开，如图 4-19b 所示。

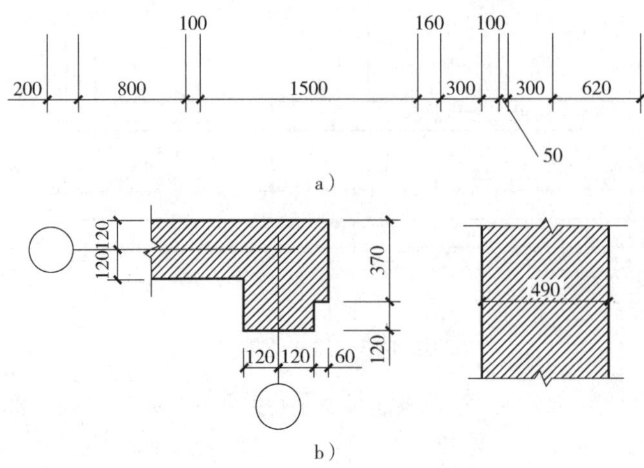

图 4-19　尺寸数字注写的位置

a）尺寸位置较小时尺寸数字的标注　b）图纸的尺寸数字标注

图纸上的尺寸一律用阿拉伯数字注写。它是以所绘形体的实际大小标注，与所选绘图比例无关，应以尺寸数字为准，不得从图上直接量取。图纸上的尺寸单位，除标高及总平面图以米（m）为单位外，其他必须以毫米（mm）为单位，图纸上的尺寸数字一般不注写单位。

6）标高。标高符号应以直角等腰三角形表示，按图 4-20a 所示形式用细实线绘制，当标注位置不够，也可按图 4-20b 所示形式绘制。标高符号的具体画法应符合图 4-20c、d 的规定。

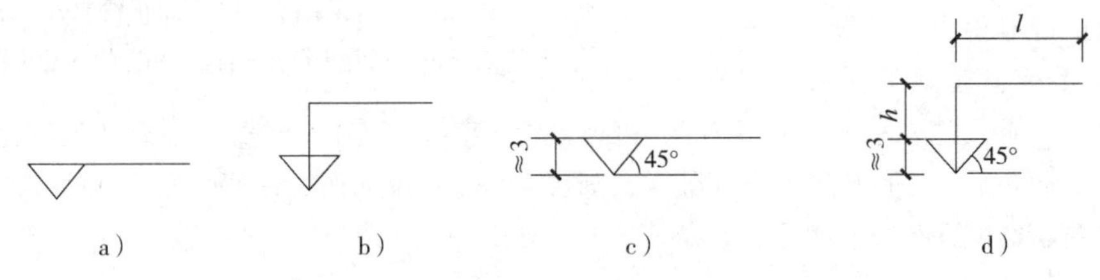

图 4-20　标高符号

a）样式一　b）样式二　c）样式三　d）样式四

总平面图室外地坪标高符号，宜用涂黑的三角形表示，具体画法应符合相关规定，如图 4-21 所示。

标高符号的尖端应指至被注高度的位置。尖端可向下，也可向上。标高数字应注写在标高符号的上侧或下侧，如图 4-22 所示。

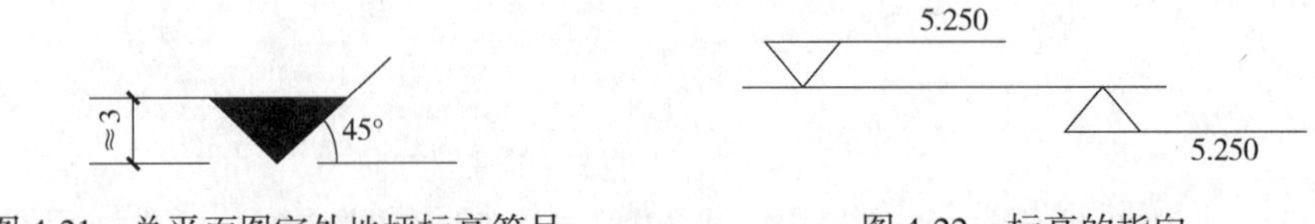

图 4-21　总平面图室外地坪标高符号　　图 4-22　标高的指向

标高数字应以“m”为单位，注写到小数点后第三位。在总平面图中，可注写到小数点后第二位。

零点标高应注写成 ±0.000，正数标高不标注“+”，负数标高应标注“-”，例如 3.000、-0.600。

在图纸的同一位置需表示几个不同标高时，标高数字可按图 4-23 所示的形式注写。

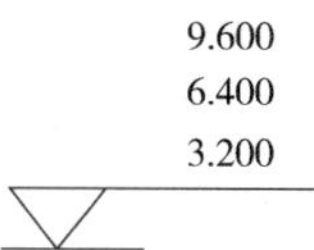

图 4-23　同一位置多个标高的标注

八、尺寸标注示例

国标规定的一些尺寸标注如下。

（1）半径、直径、球的标注　如图 4-24 所示。

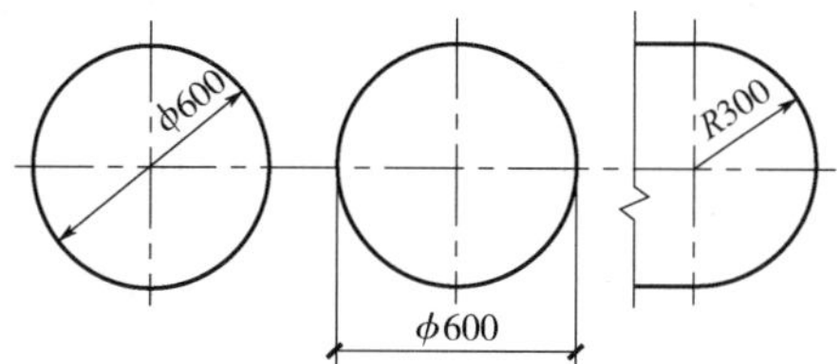

图 4-24　半径、直径、球的标注

半径的尺寸线应一端从圆心开始，另一端画箭头指向圆弧。半径数字前应加注半径符号“R”。

标注圆的直径尺寸时，直径数字前应加直径符号“ϕ”。

在圆内标注的尺寸线应通过圆心，两端画箭头指至圆弧。

（2）角度、弧度、弧长的标注　如图 4-25 所示。

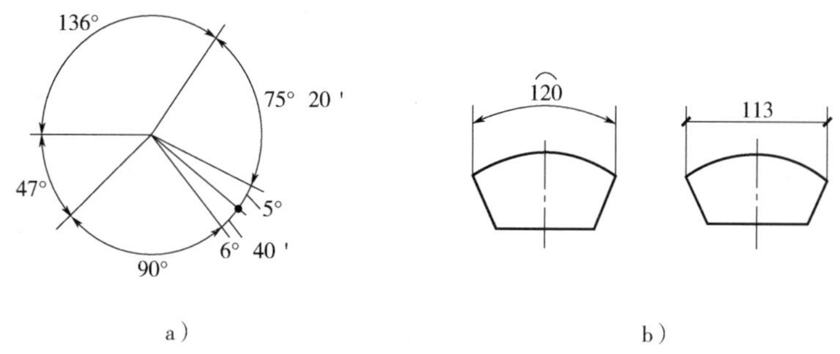

图 4-25　角度、弦长、弧长的标注

a）角度的标注　b）弧长、弦长的标注

角度的尺寸线应以圆弧表示。该圆弧的圆心应是该角的顶点，角的两条边为尺寸界线。起止符号应以箭头表示，如没有足够位置画箭头，可用圆点代替，角度数字应按水平方向注写，如图 4-25a 所示。

标注圆弧的弧长时，尺寸线应以与该圆弧同心的圆弧线表示，尺寸界线应垂直于该圆弧的弦，起止符号用箭头表示，弧长数字上方应加注圆弧符号“⌒”，如图 4-25b 所示。

标注圆弧的弦长时，尺寸线应以平行于该弦的直线表示，尺寸界线应垂直于该弦，起止符号用中粗斜短线表示，如图 4-25b 所示。

（3）薄板厚度、正方形、坡度、曲线轮廓的标注　在薄板板面标注板厚尺寸时，应在厚度数字前加厚度符号“t”，如图 4-26 所示。

标注正方形的尺寸，可用“边长 × 边长”的形式，也可在边长数字前加正方形符号“□”，如图 4-27 所示。

标注坡度时，在坡度数字下，应加注坡度符号“→”如图 4-28a、b 所示，该符号为单面箭头，箭头应指向下坡方向。坡度也可用由斜边构成的直角三角形的对边与底边之比的形式标注，如图 4-28c 所示。

外形为非圆曲线的构件，可用坐标形式标注尺寸，如图 4-29 所示。

复杂的图形，可用网格形式标注尺寸，如图 4-29 所示。

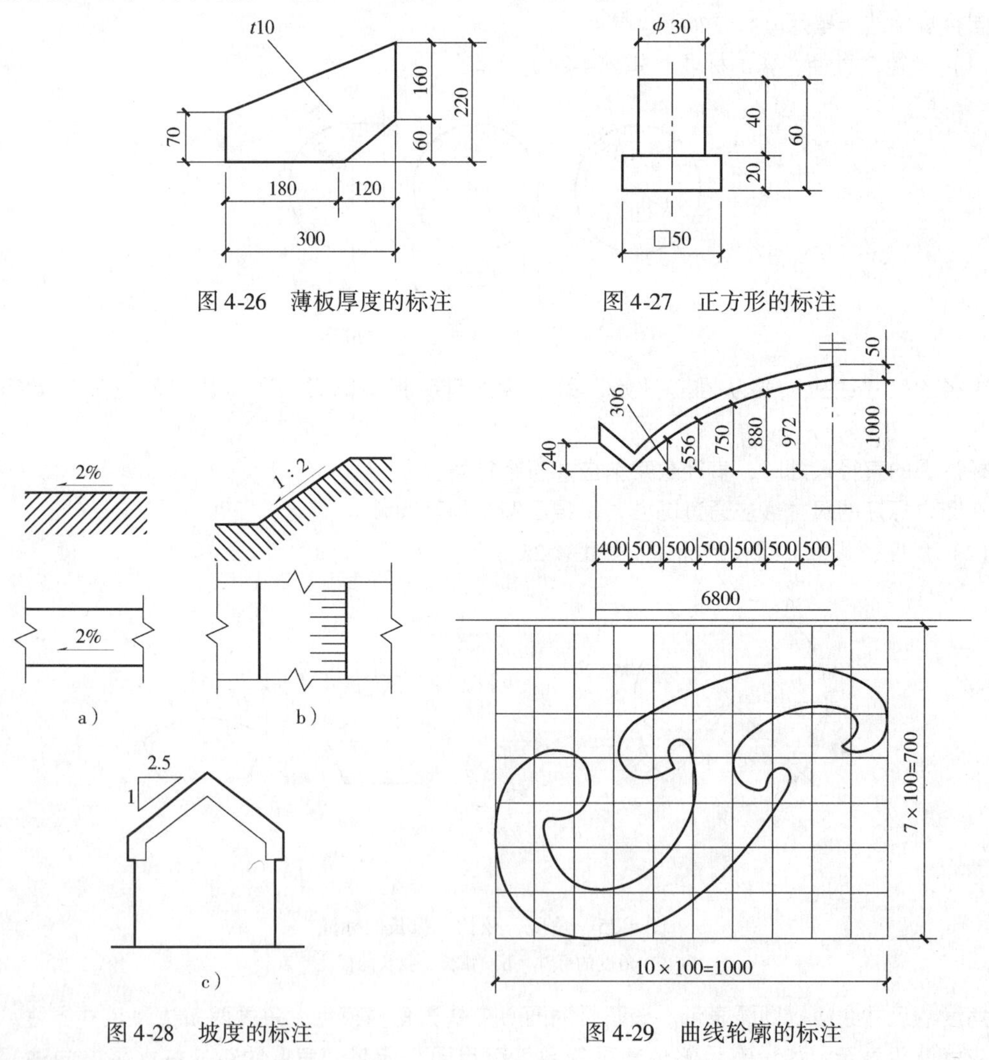

图 4-26　薄板厚度的标注

图 4-27　正方形的标注

图 4-28　坡度的标注

图 4-29　曲线轮廓的标注

九、详图及其索引

1）图纸中的某一局部构件，如需另见详图，应以索引符号索引（图 4-30a）。索引符号是由直径为 8～10mm 的圆和水平直径组成，圆及水平直径应以细实线绘制。索引符号应按下列规定编写。

索引出的详图，如与被索引的详图同在一张图纸内，应在索引符号的上半圆中用阿拉伯数字注明该详图的编号，并在下半圆中间画一段水平细实线（图 4-30b）；如与被索引的详图不在同一张图纸内，应在索引符号的上半圆中用阿拉伯数字注明该详图的编号，在索引符号的下半圆用阿拉伯数字注明该详图所在图纸的编号（图 4-30c）。数字较多时，可加文字标注。

索引出的详图，如采用标准图，应在索引符号水平直径的延长线上加注该标准图集的编号（图 4-30d）。需要标注比例时，文字在索引符号右侧或延长线下方，与符号下对齐。

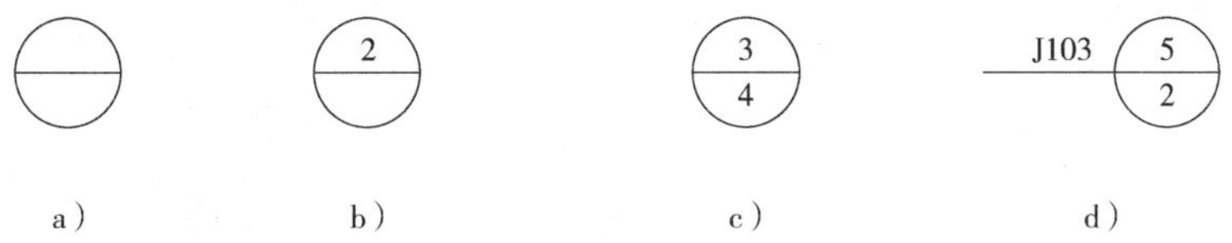

图 4-30　索引符号

a）某一局部构件另见详图表示　b）同在一张图纸上的详图表示

c）不在一张图纸上的详图表式　d）索引图采用标准图时的表示

2）索引符号当用于索引剖面详图，应在被剖切的部位绘制剖切位置线，并以引出线引出索引符号，引出线所在的一侧应为剖面方向。索引符号的编写应符合《房屋建筑制图统一标准》（GB/T 50001—2017）的规定，如图 4-31 所示。

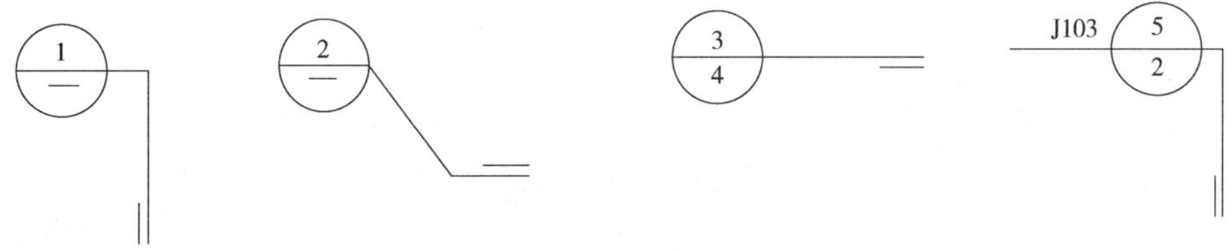

图 4-31　用于索引剖面详图的索引符号

3）零件、钢筋、杆件、设备等的编号宜采用直径为 5～6mm 的细实线圆表示，同一图纸应保持一致，编号应用阿拉伯数字按顺序编写。消火栓、配电箱、管井等的索引符号，直径宜采用 4～6mm。

十、引出线

1）引出线应以细实线绘制，宜采用水平方向的直线，与水平方向成 45°、60°和 90°的直线，或经上述角度再折为水平线。文字说明宜注写在水平线的上方，如图 4-32a 所示；也可注写在水平线的端部，如图 4-32b 所示；若索引详图出线，应与水平直径线相连接，如图 4-32c 所示。

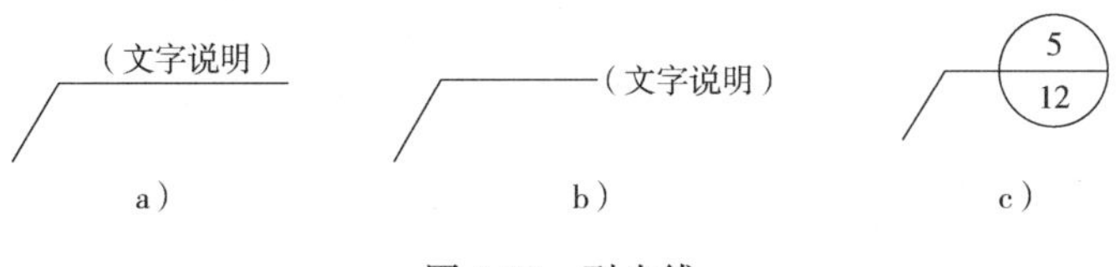

图 4-32　引出线

a）形式一　b）形式二　c）形式三

2）同时引出的几个相同部分的引出线，宜互相平行，如图 4-33a 所示，也可画成集中于一点的放射线，如图 4-33b 所示。

3）多层构造或多层管道共用引出线，应通过被引出的各层，并用圆点示意对应各层次。文字说明宜注写在水平线的上方，或注写在水平线的端部，说明的内容顺序应由上至下，并应与被说明的层次对应一致；如层次为横向排序，则由上至下的说明顺序应与由左至右的层次对应一致，如图 4-34 所示。

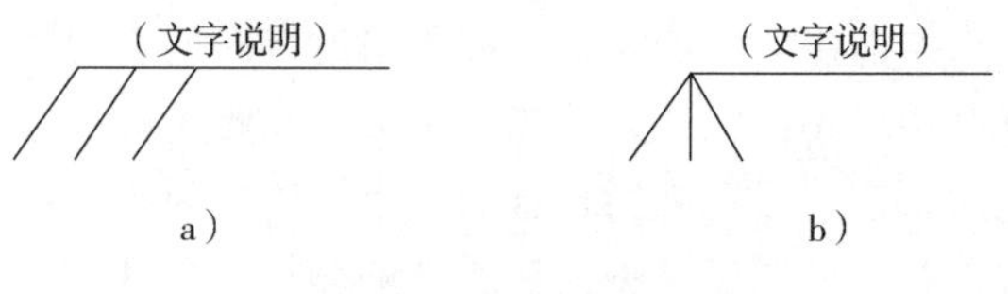

图 4-33　公用引出线

a）平行型引出线表示　b）放射型引出线表示

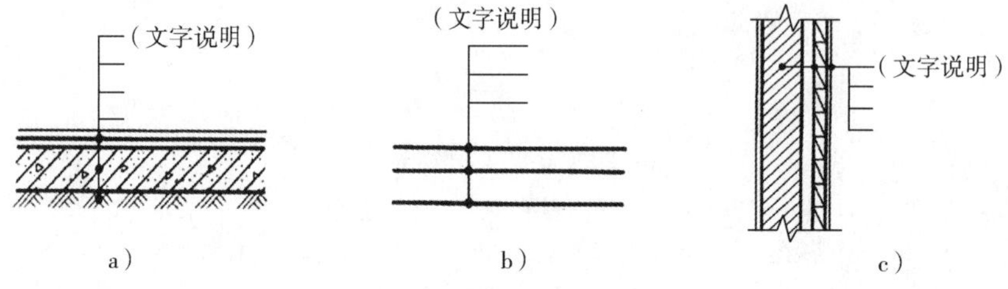

图 4-34　多层共用引出线

a）多层共用引出线类型一　b）多层共用引出线类型二　c）多层共用引出线类型三

十一、定位轴线

1）定位轴线应采用单点画线绘制。

2）定位轴线应编号，编号应注写在轴线端部的实线圆内。

3）定位轴线的编号横向为阿拉伯数字，从左至右依次按顺序编写；竖向为大写拉丁字母，从下至上依次按顺序编写，如图 4-35 所示。

4）定位轴线的编号不允许应用同一个字母的大小写来区分；拉丁字母的 I、O、Z 不得用于轴线编号。

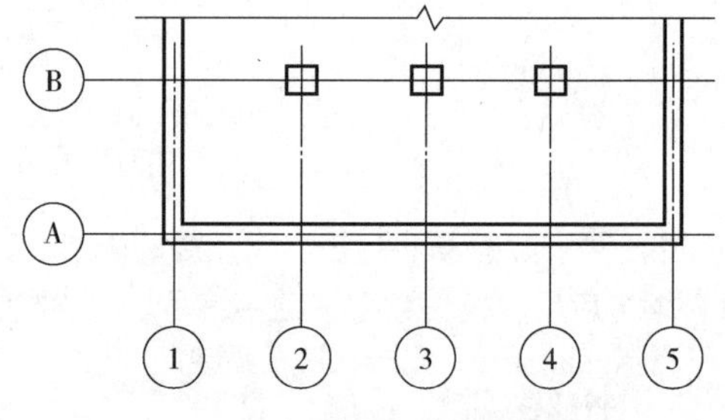

图 4-35　定位轴线的编号顺序

第四节　建筑电气施工图的识读

一、变配电施工图识读

1. 变配电所平面布置原则

对于大多数有条件的建筑物，应将变配电所设置在室内，室内配电装置的设置要符合人身安全及防火要求，电气设备载流部分应采用金属网或金属板隔离出一定的安全距离，配电装置的位置应能够保证具有所要求的最小允许通道宽度，以便于值班人员的运行、维护及检修。室内布置要经济合理，电气设备用量少，节省金属导线、电气绝缘材料，节约土地及建筑费用，工程造价低。

2. 变配电所平面布置要求

（1）高压配电室

1）高压开关柜装设在单独的高压配电室内。高压开关柜和低压配电屏单列布置时，二者的净距不得小于2m。

2）当布置高压开关柜位置时，应避免各高压出线互相交叉。经常需要操作、维护、监视或故障机会较多的回路的高压开关柜，最好布置于靠近值班桌的位置。

3）高压配电室的长度由高压开关柜的台数与宽度决定。台数较少时通常采用单列进行布置，台数较多时采用双列进行布置。

4）高压开关柜靠墙安装时，柜后距墙净距不应小于0.5m。两头端与侧墙净距不得小于0.2m。

5）架空进、出线时，进、出线套管至室外地面距离不得低于4m，进、出线悬挂点对地距离不低于4.5m。

6）室内电力电缆沟底要有一定的坡度和集水坑，以便排水；沟盖应采用花纹钢板，相邻开关柜下面的检修坑间要用砖墙隔开，电缆沟深通常为1m。

7）长度大于8m的配电装置室，应有两个出口，并应布置于配电装置室的两端。长度大于60m时，要增添一个出口；当配电装置室有楼层时，一个出口可设于通往屋外楼梯的平台处。

8）高压配电室的耐火等级不得低于二级。

（2）低压配电室

1）成排布置的配电屏，长度大于6m时，屏后通道要有两个出口，两个出口间距不得大于15m；当超过15m时，其间还要增加出口。

2）低压配电室的长度由低压配电屏的宽度数确定，双面维护时边屏一端的距离为0.8m，另一端要考虑人行通道的宽度。低压配电室的宽度由低压配电屏的深度、维护及操作通道宽度及布置形式来定，并考虑预留适当数量配电屏的位置。

3）低压配电室兼作值班室时，配电屏的正面距离不得小于3m。

4）低压配电室应尽可能靠近负荷中心，并尽量设于导电灰尘少、腐蚀介质少、干燥且无振动（或振动轻微）的地方。

5）低压配电屏下或屏后的电缆沟深度为600mm。当有户外电缆出线时，要注意电缆出口处的电缆沟深度应与室外电缆沟深度相衔接，并采取相应防水的措施。

6）低压配电室的高度应和变压器室做综合考虑，通常可参考如图4-36所示尺寸。

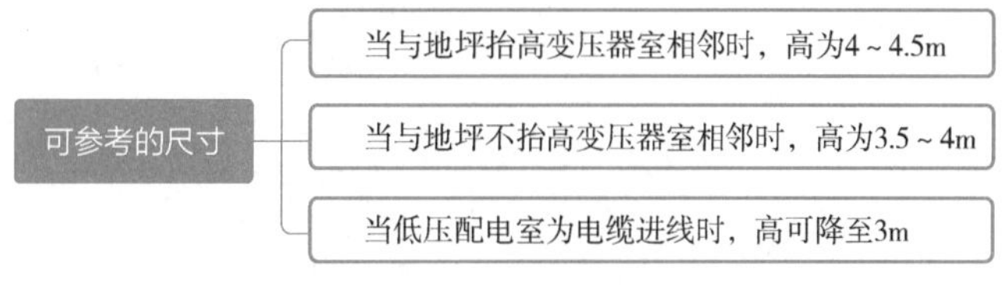

图4-36　可参考的尺寸

7）当低压配电室长度为8m以上时，应设两个出口，并尽量布置在其两端；当低压配电室只设一个出口时，此出口不得通向高压配电室。当楼上、楼下都为配电室时，位于楼上的配电室至少设一个通向走廊或楼梯间的出口。门向外开，并装有弹簧锁。相邻配电室间当装有门时，要能向两个方向开启。搬运设备的门宽最少为1m。

8）配电室内电缆沟盖板，通常采用花纹钢板盖板或钢筋混凝土盖板。

9）低压配电室的耐火等级不得低于三级。

（3）变压器室

1）宽面推进的变压器，低压侧应向外；窄面推进的变压器，油枕要向外。

2）每台油量为100kg及以上的变压器应安装于单独的变压器室内。

3）如果油浸式变压器位于建筑物的二层或更高层时，应设置能将油排到安全处所的设施。在高层民用主体建筑中，设置在底层的变压器不应选用油浸式变压器，设置在其他层的变压器禁止用油浸式变压器。

（4）电容器室

1）高压电容器组通常装设于电容器室内；当容量较小时，可装设于高压配电室内，但同高压配电装置的距离不应小于1.5m。当采用有防火及防爆措施的电容器时，也可与高压配电装置并列。

2）低压电容器组通常装设于低压配电室内或车间内。当电容器容量较大时，应装设于电容器室内。

3）高压电容器室要有良好的自然通风。当自然通风不能保证室内温度<400℃时，应增设机械通风装置。为利于通风，高压电容器室地坪可抬高0.8m。

4）进、出风处应设有网孔不大于10mm×10mm的钢丝网，以防小动物进入室内。

5）自行设计安装室内装配式高压电容器组时，电容器可分层进行安装，通常不超过三层，层间不得加隔板，层间的距离不得小于1m，下层电容器的底部高出地面0.2m以上，上层电容器的底部距离地面不应大于2.5m。对低压电容器只需要满足上、下层电容器底部距地的规定，对层数没有要求。

6）电容器外壳间（宽面）的净距不得小于0.1m。

7）电容器室（室内装设可燃性介质电容器）与高低压配电室相连时，中间应有防火隔墙将其隔开；当分开时，电容器室与建筑物的防火净距不得小于10m。高压电容器室建筑物的耐火等级不宜低于二级。低压电容器室的耐火等级不宜低于三级。

8）室内长度超过8m的要开设两个门，并应布置在两端。门要向外开启。

3. 变配电所平面布置形式

表4-27是常用6~10kV室内变电所高压配电室、低压配电室、变压器室的基本布置形式。

表4-27 常用6~10kV室内变电所基本布置形式

类型		有值班室	无值班室
独立式	一台变压器	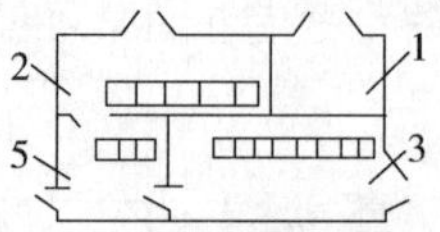	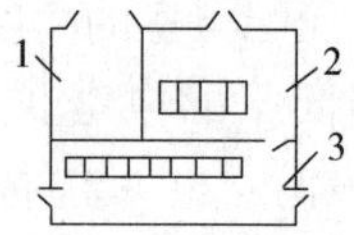
		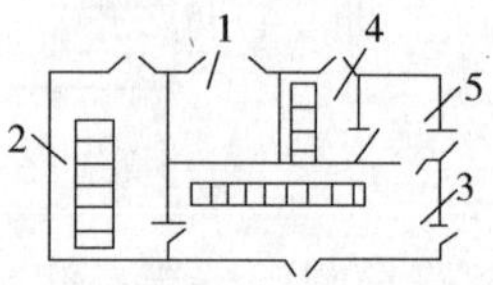	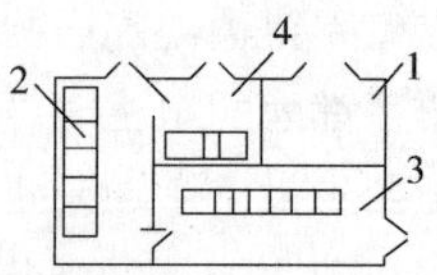

（续）

类型		有值班室	无值班室
独立式	两台变压器	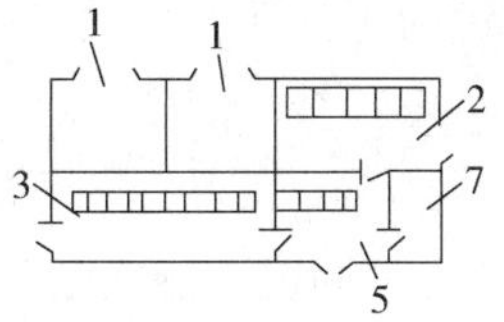	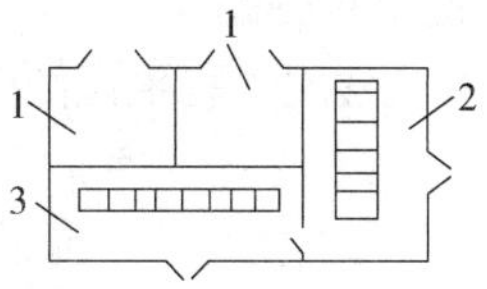
		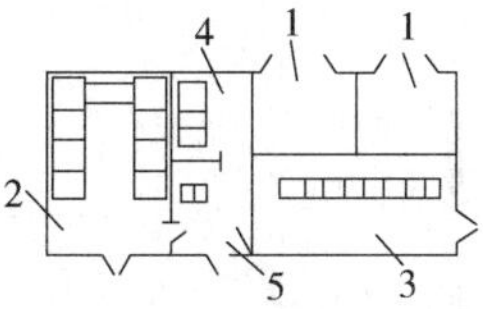	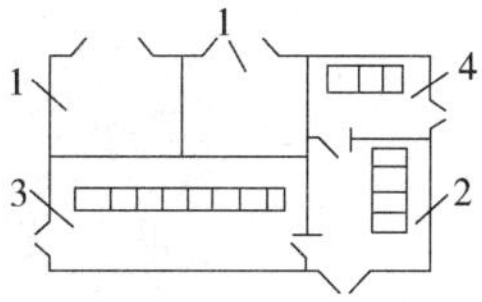
	高压配电所	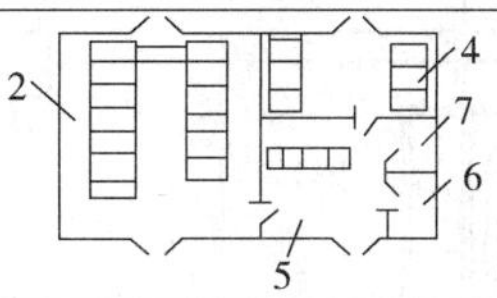	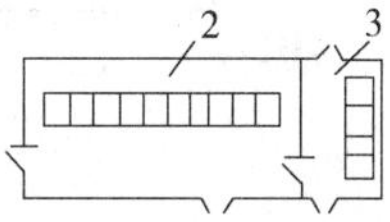
		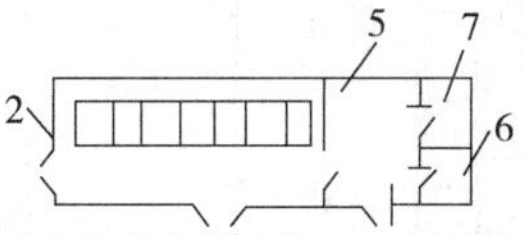	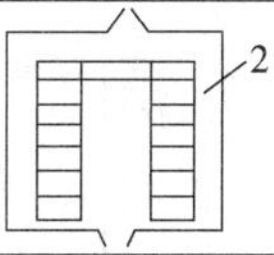
附设式	内附式	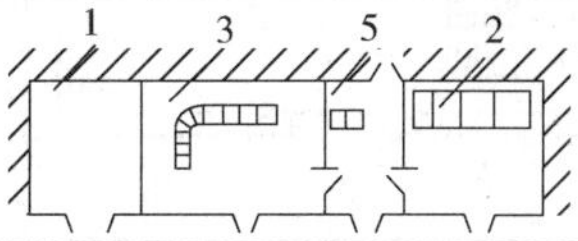	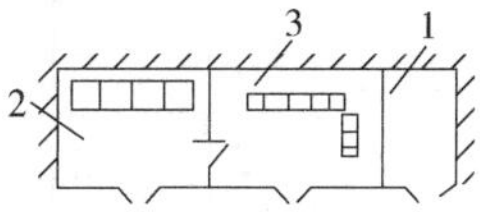
		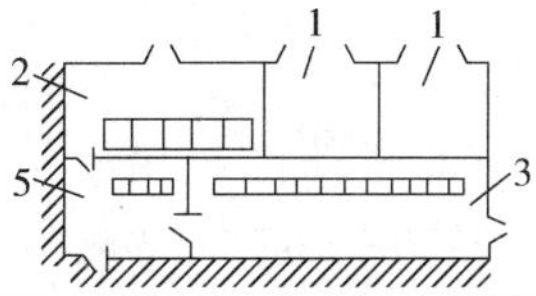	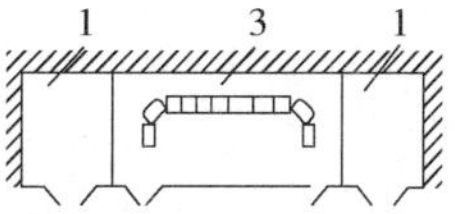
	外附式	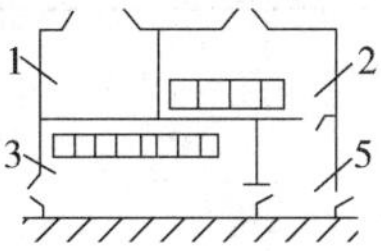	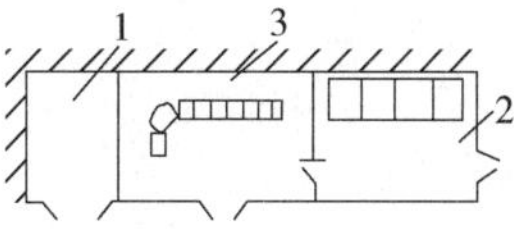
		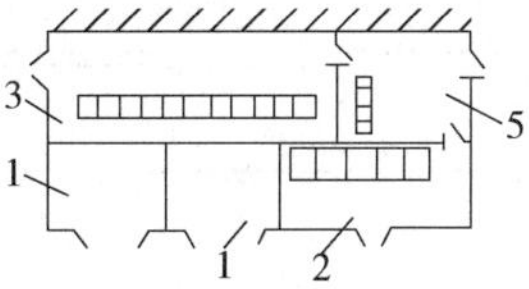	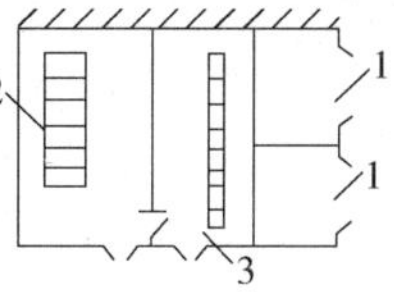
	外附露天式	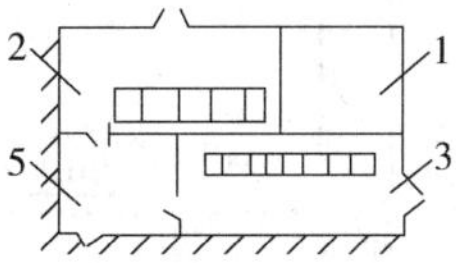	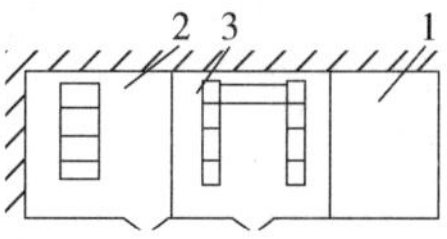
		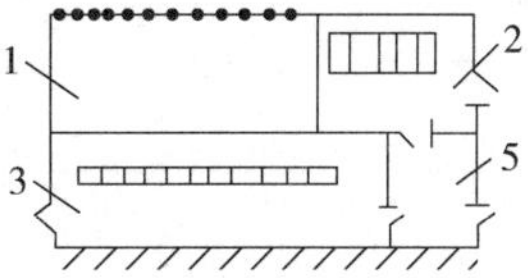	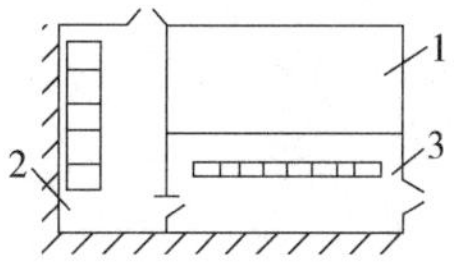

注：1—变压器室；2—高压配电室；3—低压配电室；4—电容器室；5—控制室或值班室；6—辅助房间；7—厕所。

二、动力及照明施工图识读

1. 配电平面图

某办公楼配电室平面如图 4-37 所示。

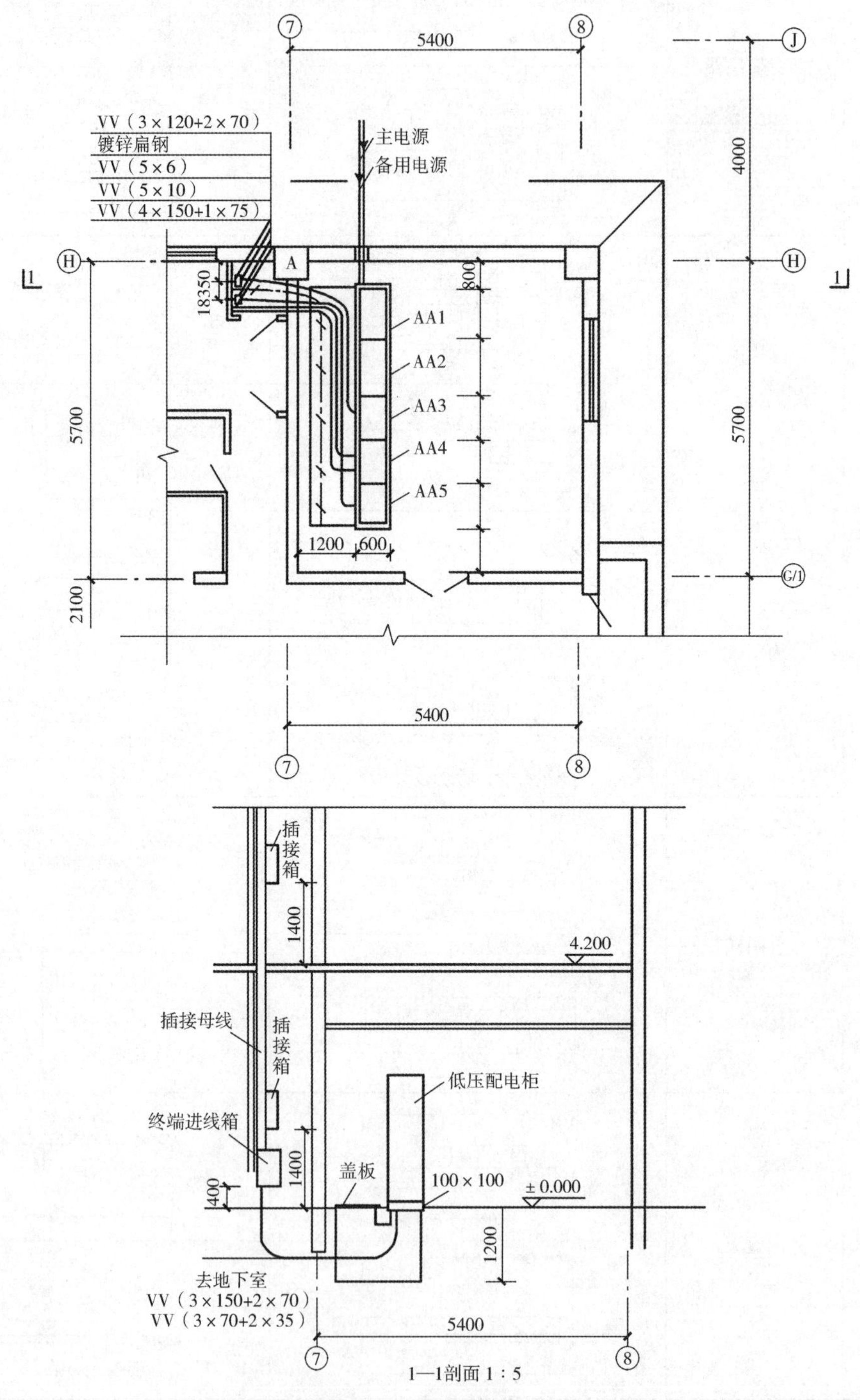

图 4-37　某办公楼配电室平面图

1）从图中可知，配电室位于一层右上角⑦～⑧和Ⓗ～Ⓖ/Ⓘ轴间，面积 5400mm×5700mm。

2）两路电源进户，其中有一 380V/220V 的备用电源，电缆埋地引入，进户位置Ⓗ轴距⑦轴 1200mm 并引入电缆沟内，进户后直接接于 AA1 柜总隔离刀开关上闸口。

3）进户电缆型号为 VV（3×120＋2×70）×2，备用电缆型号为 VV（4×150＋1×75），由厂区变电所引来。

4）室内设柜 5 台，成列布置于电缆沟上，距Ⓗ轴 800mm，距⑦轴 1200mm。

5）出线经电缆沟引至⑦轴与Ⓗ轴所成直角的电缆竖井内，通往地下室的电缆引出沟后埋地 −0.8m 引入。

6）接地线由⑦轴与Ⓗ轴交叉柱 A 引出到电缆沟内并引到竖井内，材料为 −40mm×4mm 镀锌扁钢，系统接地电阻≤4Ω。

2. 照明平面图

（1）某幼儿园一层照明平面图　如图 4-38 所示。

1）从图中可知，照明配电箱 AL1，由配电箱 AL1 引出 WL1～WL11 路配电线。

2）WL1 照明支路，共有 4 盏双眼应急灯和 3 盏疏散指示灯。4 盏双眼应急灯分别位于：1 盏位于轴线Ⓑ的下方，连接③轴线右侧传达室附近；另外 3 盏位于轴线Ⓔ的下方，分别连接到③轴线左侧传达室附近、⑦轴线左侧消毒室附近、⑪轴线右侧厨房附近。3 盏疏散指示灯分别位于：2 盏位于轴线Ⓐ的上方，连接到③～⑤轴线之间的门厅；位于轴线Ⓓ～Ⓔ之间，连接到⑫轴线右侧的楼道附近。

3）WL2 照明支路，共有 2 盏防水吸顶灯、2 盏吸顶灯、12 盏双管荧光灯、2 个排风扇、3 个暗装三极开关、2 个暗装两极开关、1 个暗装单极开关。轴线Ⓒ～Ⓓ之间，连接到⑤～⑦轴线之间的卫生间里安装 2 盏防水吸顶灯、1 个排风扇和 1 个暗装三极开关；连接到⑦～⑧轴线之间的衣帽间里安装 1 盏吸顶灯和 1 个暗装单极开关；连接到⑧～⑨轴线之间的饮水间里安装 1 盏吸顶灯、1 个排风扇和 1 个暗装两极开关；轴线Ⓐ～Ⓒ之间，连接到⑤～⑦轴线之间的寝室里安装 6 盏双管荧光灯和 1 个暗装三极开关；连接到⑦～⑨轴线之间的活动室里安装 6 盏双管荧光灯和 1 个暗装三极开关。

4）WL3 照明支路，共有 2 盏防水吸顶灯、2 盏吸顶灯、12 盏双管荧光灯、2 个排风扇、3 个暗装三极开关、2 个暗装两极开关、1 个暗装单极开关。轴线Ⓒ～Ⓓ之间，连接到⑨～⑩轴线之间的饮水间里安装 1 盏吸顶灯、1 个排风扇和 1 个暗装两极开关；连接到⑩～⑪轴线之间的衣帽间里安装 1 盏吸顶灯和 1 个暗装单极开关；连接到⑪～⑫轴线之间的卫生间里安装 2 盏防水吸顶灯、1 个排风扇和 1 个暗装三极开关；轴线Ⓐ～Ⓒ之间，连接到⑨～⑪轴线之间的活动室里安装 6 盏双管荧光灯和 1 个暗装三极开关；连接到⑪～⑫轴线之间的寝室里安装 6 盏双管荧光灯和 1 个暗装三极开关。

5）WL4 照明支路，共有 1 盏防水吸顶灯、12 盏吸顶灯、1 盏双管荧光灯、4 盏单管荧光灯、4 个排风扇、5 个暗装两极开关和 11 个暗装单级开关；轴线Ⓖ下方，连接到①～②轴线之间的卫生间里安装 1 盏吸顶灯、1 个排风扇和 1 个暗装两极开关；轴线Ⓗ～Ⓖ之间，连接到②～③轴线之间的卫生间里安装 1 盏吸顶灯、1 个排风扇和 1 个暗装两极开关；连接到③～④轴线之间的卫生间里安装 1 盏吸顶灯、1 个排风扇和 1 个暗装两极开关；连接到⑤～⑥轴线之间的淋浴室里安装 1 盏防水吸顶灯和 1 个排风扇；连接到⑥～⑦轴线之间的洗衣间里安装 1 盏双管荧光灯；轴线Ⓔ～Ⓗ之间，连接到②轴线左侧位置安装 1 个暗装两极开关；连接到③轴线位置安装 1 盏吸顶灯；连接

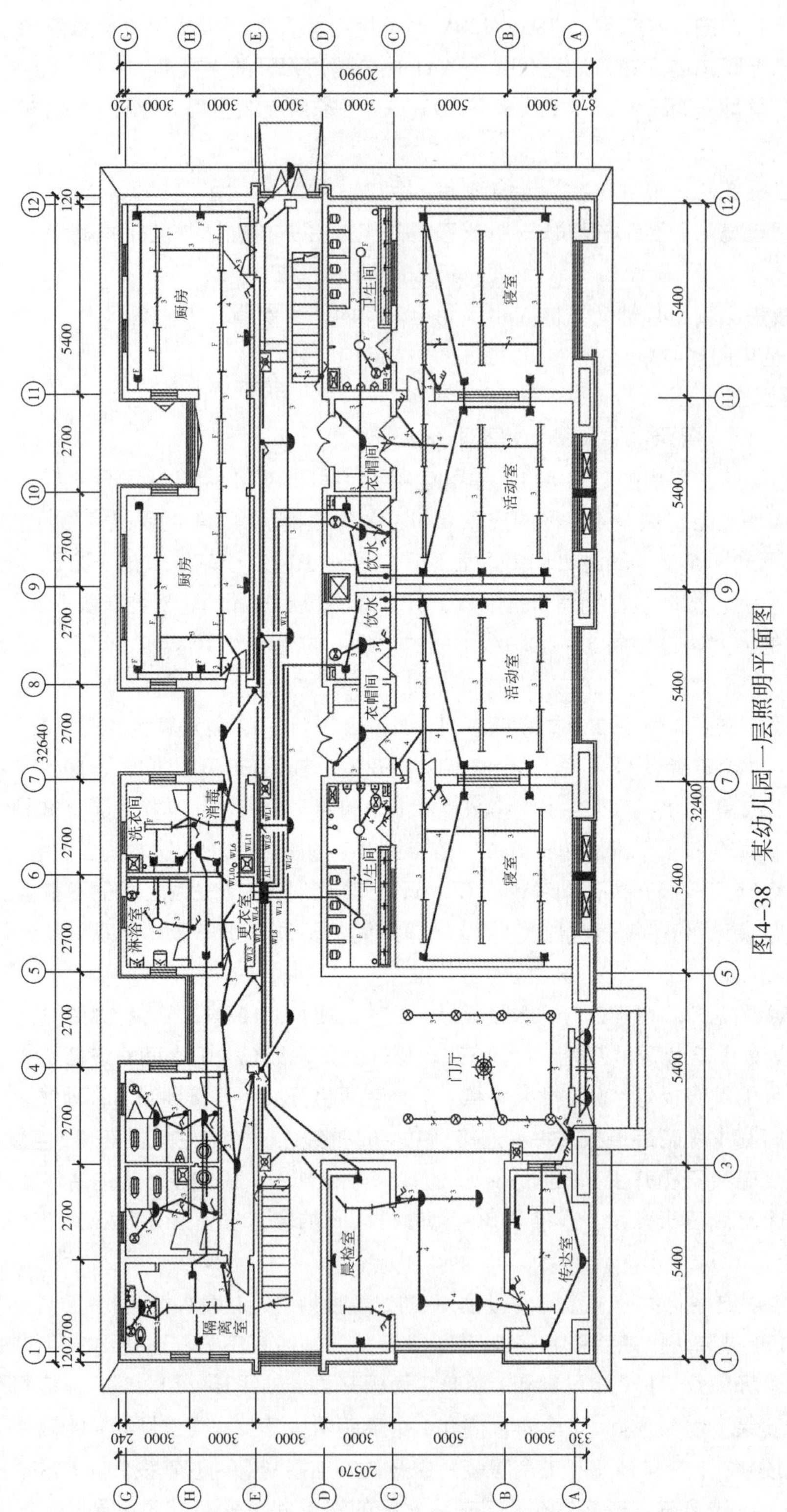

图4-38　某幼儿园一层照明平面图

到⑥～⑦轴线之间的消毒间里安装1盏单管荧光灯和2个暗装单极开关（其中1个暗装单级开关是控制洗衣间1盏双管荧光灯的）；连接到⑤～⑥轴线之间的更衣室里安装1盏单管荧光灯、1个暗装单极开关和1个暗装两极开关（其中1个暗装两极开关是用来控制淋浴室的防水吸顶灯和排风扇的）；连接到④～⑤轴线之间的位置安装1盏吸顶灯和1个暗装单极开关；轴线Ⓗ下方，连接到②～③轴线之间的洗手间里安装1盏吸顶灯和1个暗装单极开关；连接到③～④轴线之间的洗手间里安装1盏吸顶灯和1个暗装单极开关；轴线Ⓔ上方，连接到④轴线左侧位置安装1个暗装单极开关；轴线Ⓔ～Ⓗ之间和Ⓗ上方，连接到①～②轴线之间的中间位置各安装1个单管荧光灯；轴线Ⓔ的下方，连接到④轴线位置安装1个暗装单极开关；连接到④～⑤轴线之间的中间位置安装1个暗装单级开关；连接到⑩～⑪轴线之间的中间位置安装1个暗装单级开关；连接到⑫轴线的位置安装1个暗装单级开关；轴线Ⓓ～Ⓔ之间，连接到④～⑤轴线之间的中间位置安装1盏吸顶灯；连接到⑥～⑦轴线之间的中间位置安装1盏吸顶灯；连接到⑩～⑪轴线之间的中间位置安装1盏吸顶灯；连接到⑫轴线右侧的位置安装1盏吸顶灯。

6）WL5照明支路，共有6盏吸顶灯、4盏单管荧光灯、8盏筒灯、1盏水晶吊灯、1个暗装三极开关、3个暗装两极开关和1个暗装单极开关。轴线Ⓒ～Ⓓ之间，连接到①～③轴线之间的晨检室里安装2盏单管荧光灯和1个暗装两极开关，轴线Ⓑ～Ⓒ之间，连接到①～③轴线之间的位置安装4盏吸顶灯和1个暗装两级开关；轴线Ⓐ～Ⓑ之间，连接到①～③轴线之间的传达室里安装2盏单管荧光灯和1个暗装两极开关；轴线Ⓐ～Ⓒ之间，连接到③～⑤轴线之间的门厅里安装8盏筒灯、1盏水晶吊灯、1个暗装三极开关和1个暗装单级开关；轴线Ⓐ下方，连接到③～⑤轴线之间的位置安装2盏吸顶灯。

7）WL6照明支路，共有9盏防水双管荧光灯、2个暗装两极开关。轴线Ⓔ～Ⓖ之间，连接到⑧～⑫轴线之间的厨房里安装9盏防水双管荧光灯和2个暗装两极开关。

8）WL7插座支路，共有10个单相二、三孔插座。轴线Ⓐ～Ⓒ之间，连接到⑤～⑦轴线之间的寝室里安装4个单相二、三孔插座；连接到⑦～⑨轴线之间的活动室里安装5个单相二、三孔插座；轴线Ⓒ～Ⓓ之间，连接到⑧轴线右侧的饮水间里安装1个单相二、三孔插座。

9）WL8插座支路，共有7个单相二、三孔插座。轴线Ⓒ～Ⓓ之间，连接到①～③轴线之间的晨检室里安装3个单相二、三孔插座；轴线Ⓐ～Ⓑ之间，连接到①～③轴线之间的传达室里安装4个单相二、三孔插座。

10）WL9插座支路，共有10个单相二、三孔插座。轴线Ⓒ～Ⓓ之间，连接到⑨～⑩轴线之间的饮水间里安装1个单相二、三孔插座；轴线Ⓐ～Ⓒ之间，连接到⑨～⑪轴线之间的活动室里安装5个单相二、三孔插座；轴线Ⓐ～Ⓒ之间，连接到⑪～⑫轴线之间的寝室里安装4个单相二、三孔插座。

11）WL10插座支路，共有5个单相二、三孔插座、2个单相二、三孔防水插座。轴线Ⓔ～Ⓗ之间，连接到①～②轴线之间的隔离室里安装2个单相二、三孔插座连接到轴线⑤右侧更衣室里安装1个单相二、三孔插座；连接到⑥～⑦轴线之间的消毒室里安装2个单相二、三孔插座；轴线Ⓗ～Ⓖ之间，连接到⑥～⑦轴线之间的洗衣间里安装2个单相二、三孔防水插座。

12）WL11插座支路，共有8个单相二、三孔防水插座。轴线Ⓔ～Ⓖ之间，连接到⑧～⑫轴线之间的厨房里安装8个单相二、三孔防水插座。

（2）某小型锅炉房照明平面图 如图4-39所示。

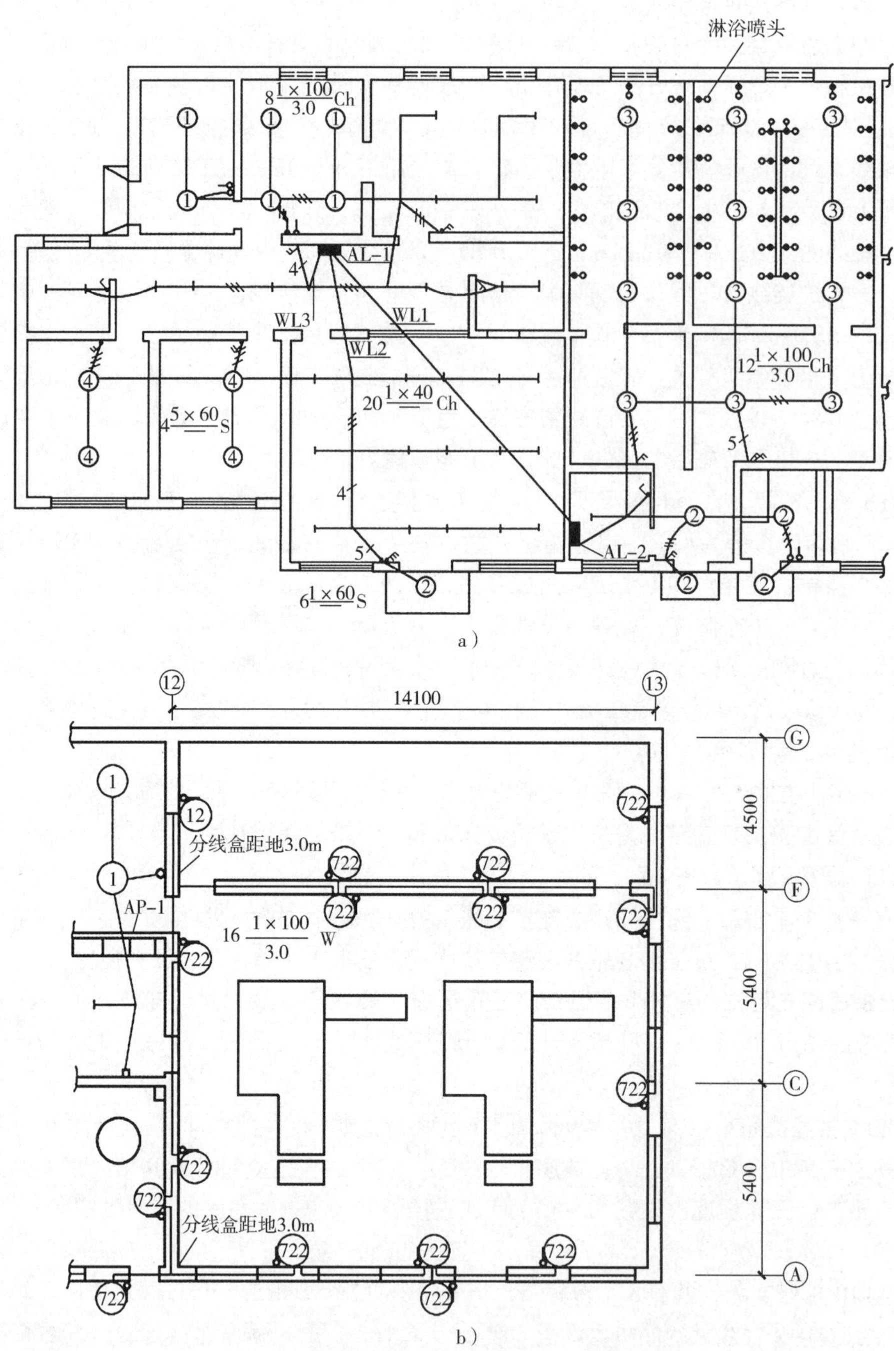

图4-39　某小型锅炉房照明平面图

a）生活区照明平面图　b）锅炉房照明平面图

1）从图中可知，该锅炉房采用的是弯灯照明，管路由 AP—1 埋地引至⑫轴 3m 标高处沿墙暗设，灯头单独由拉线电门控制。

2）该回路还包括循环泵房、控制室及小型立炉室的照明；食堂的照明均由 AL—1 引出，共分 3 路，其中一路 WL1 是浴室照明箱 AL—2 的电源。

3）浴室采用防水灯，导线、管路可参照前面该锅炉系统图的标注。

4）小型锅炉房均有较高的烟囱，一般设在引风机侧，并装设避雷针。

5）接地网可与保护接地共设，接地电阻 $<4\Omega$。

3. 动力平面图

（1）某小型锅炉房动力平面图　如图 4-40 所示。

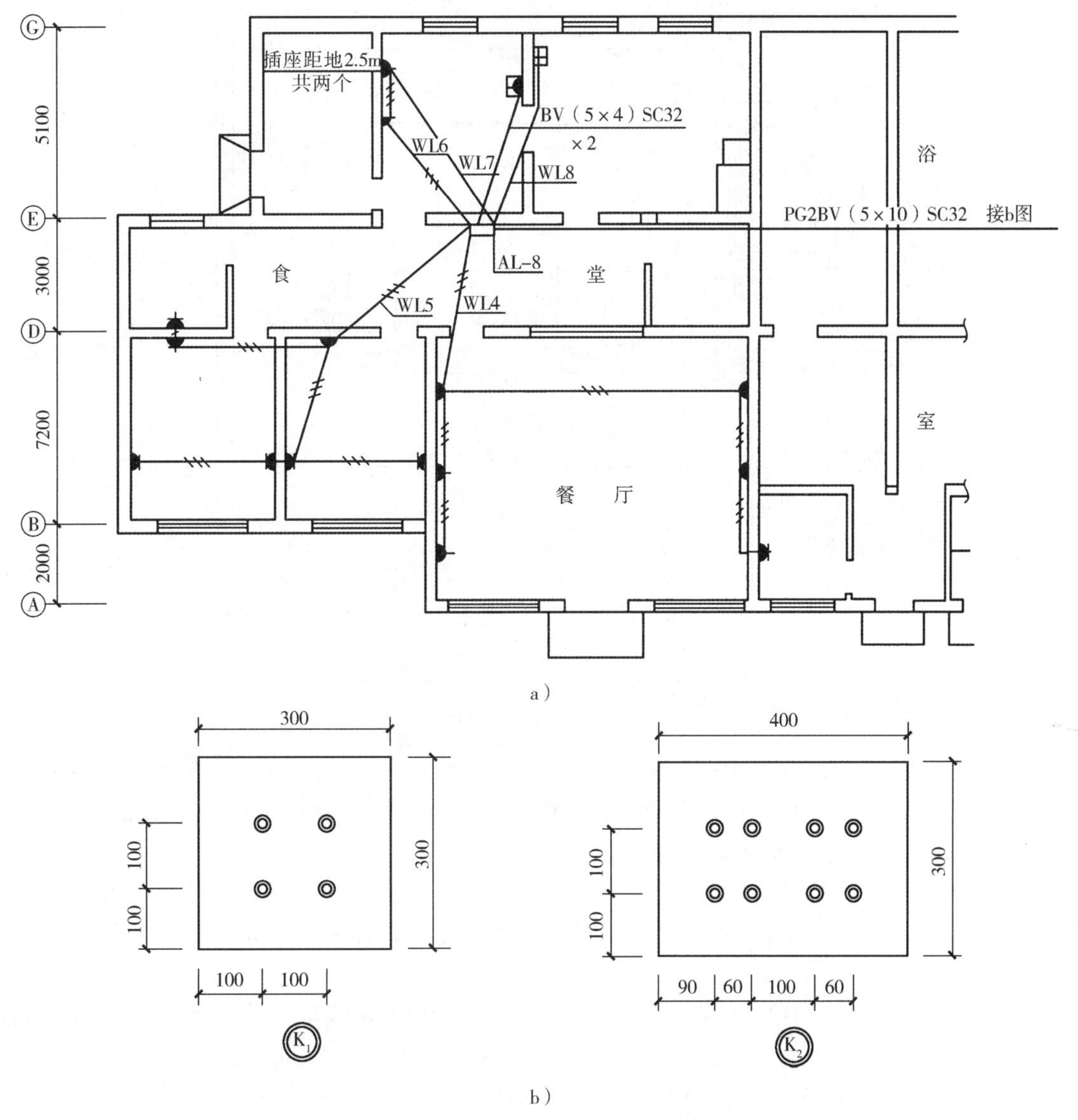

图 4-40　某小型锅炉房动力平面图

a）生活区动力平面图　b）按钮箱门大样图

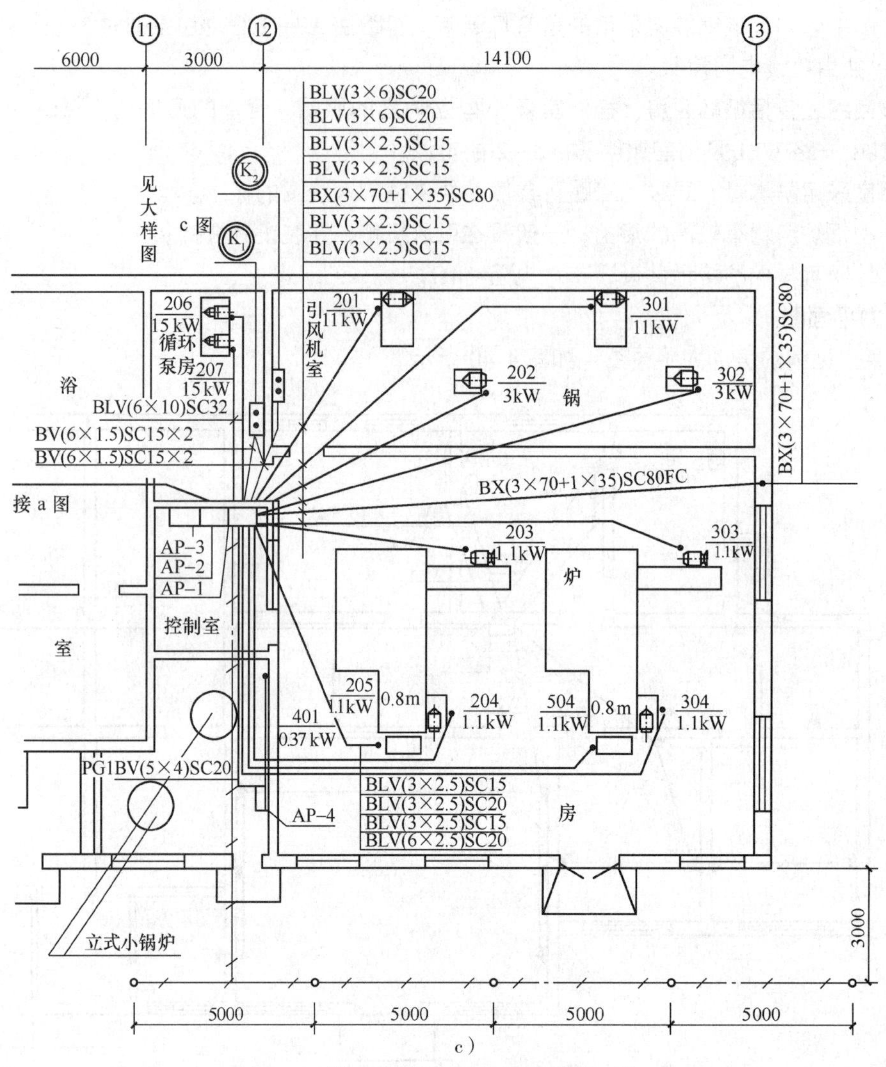

c）

图 4-40　某小型锅炉房动力平面图（续）

c）锅炉房动力平面图

1）从图中可知，AP—1、AP—2、AP—3 三台柜设在控制室内，落地安装，电源 BX（3×70+1×35）穿直径 80mm 的钢管埋地经锅炉房由室外引来，引入 AP—1。同时，在引入点处⑫轴（图 4-40c）设置了接线盒，见图中——●——符号。

2）两台循环泵、每台锅炉的引风、送风、出碴、炉排、上炉 5 台电动机的负荷管线均由控制室的 AP—1 埋地引出至电动机接线盒处，其中有三根管线在⑫轴（图 4-40c）设置了接线盒，见图中——●——符号。

3）循环泵房、锅炉房引风机室各设一个按钮箱，分别控制循环泵以及引风机、鼓风机，标高 1.2m，墙上明装。其控制管线为 1.5mm² 塑料绝缘铜线，穿管直径 15mm，由 AP—1 埋地引出。按钮箱的箱门布置如图 4-40b 所示大样图。

4）AP—4 动力箱暗装于立式小锅炉房的墙上，距地 1.4m，电源管由 AP—1 埋地引入。立式 0.37kW 泵的负荷管由 AP—4 箱埋地引至电动机接线盒处。

5）AL—1 照明箱暗装于食堂Ⓔ轴的墙上，距地 1.4m，电源 BV（5×10）穿直径 32mm 钢管埋地经浴室由 AP—1 引来，并且在图中标出了各种插座的安装位置，均为暗装，除注明标高外，均为 0.3m 标高，管路全部埋地上翻至元件处，导线标注如图 4-40 所示系统图。

6）接地极采用 $\phi5\times2500$mm 镀锌圆钢，接地母线采用 40mm × 4mm 镀锌扁钢，埋设于锅炉房前侧并经⑥轴埋地引入控制室于柜体上。

（2）某小型锅炉房电气系统图　如图 4-41 所示。

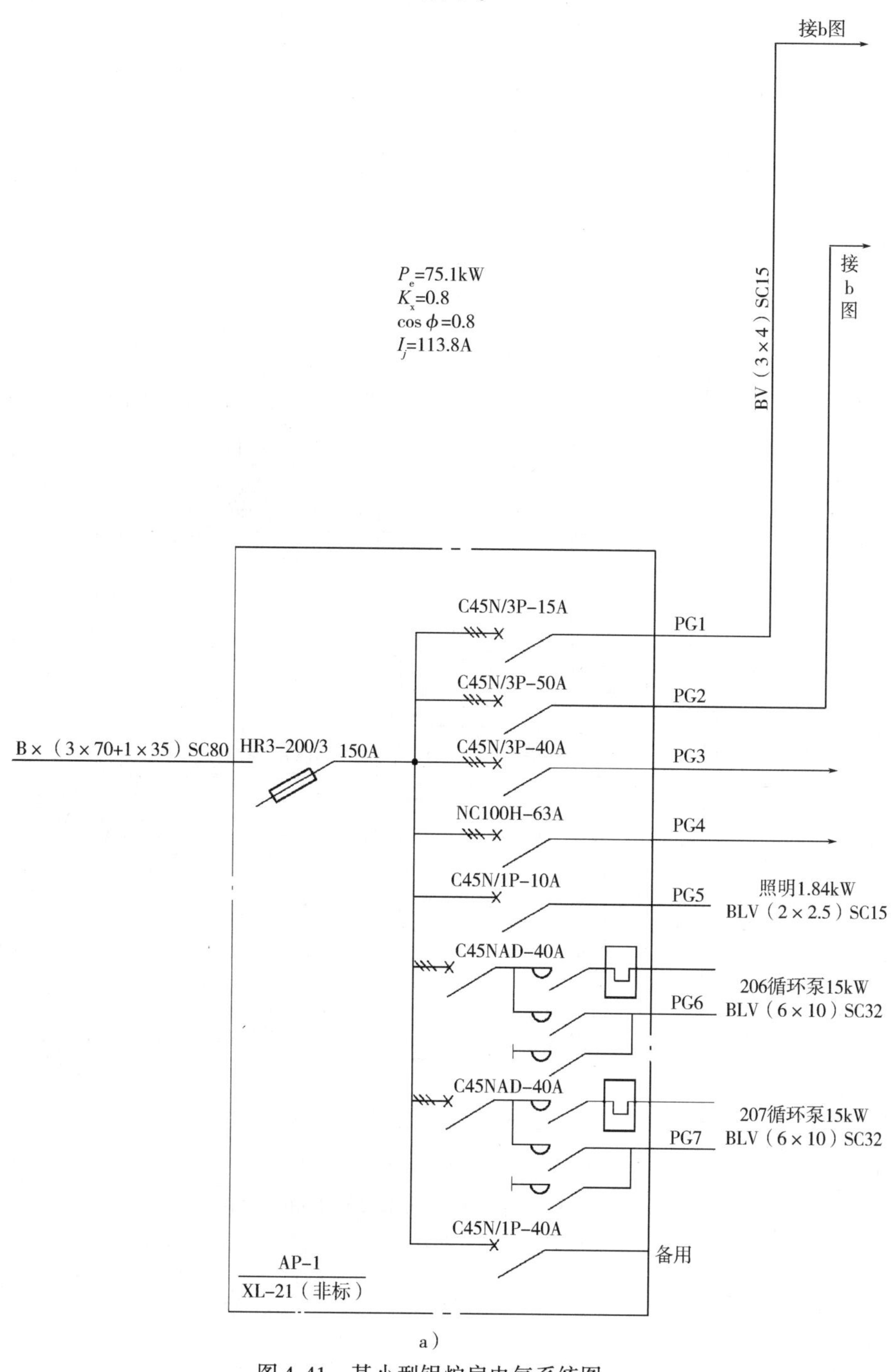

a）

图 4-41　某小型锅炉房电气系统图

a）总动力配电柜系统

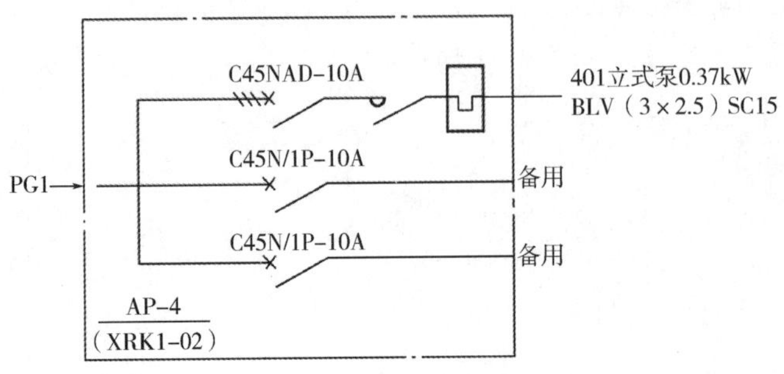

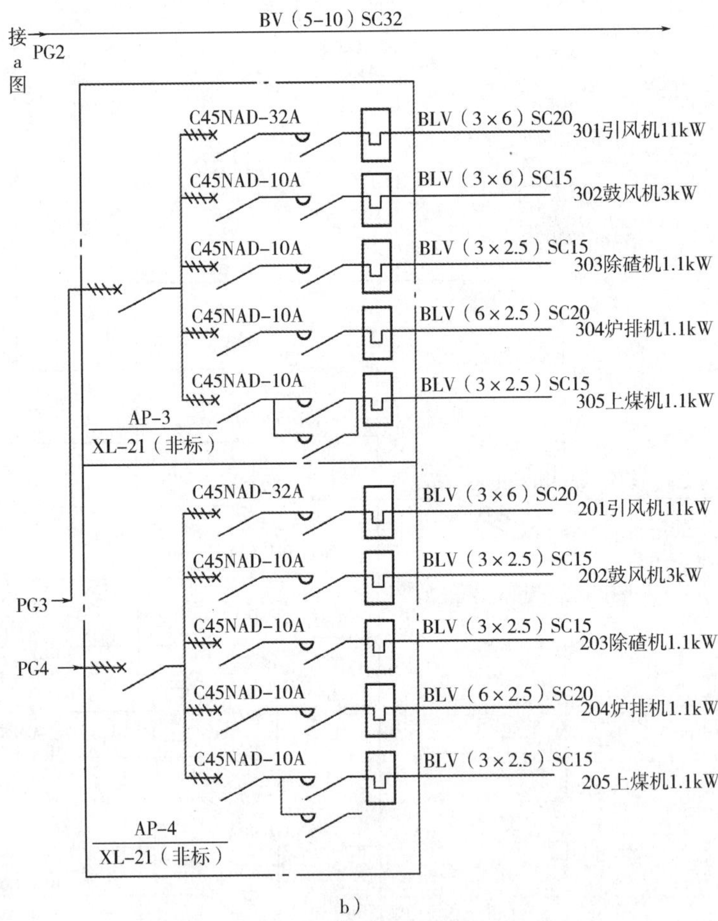

b）

图4-41　某小型锅炉房电气系统图（续）

b）动力系统

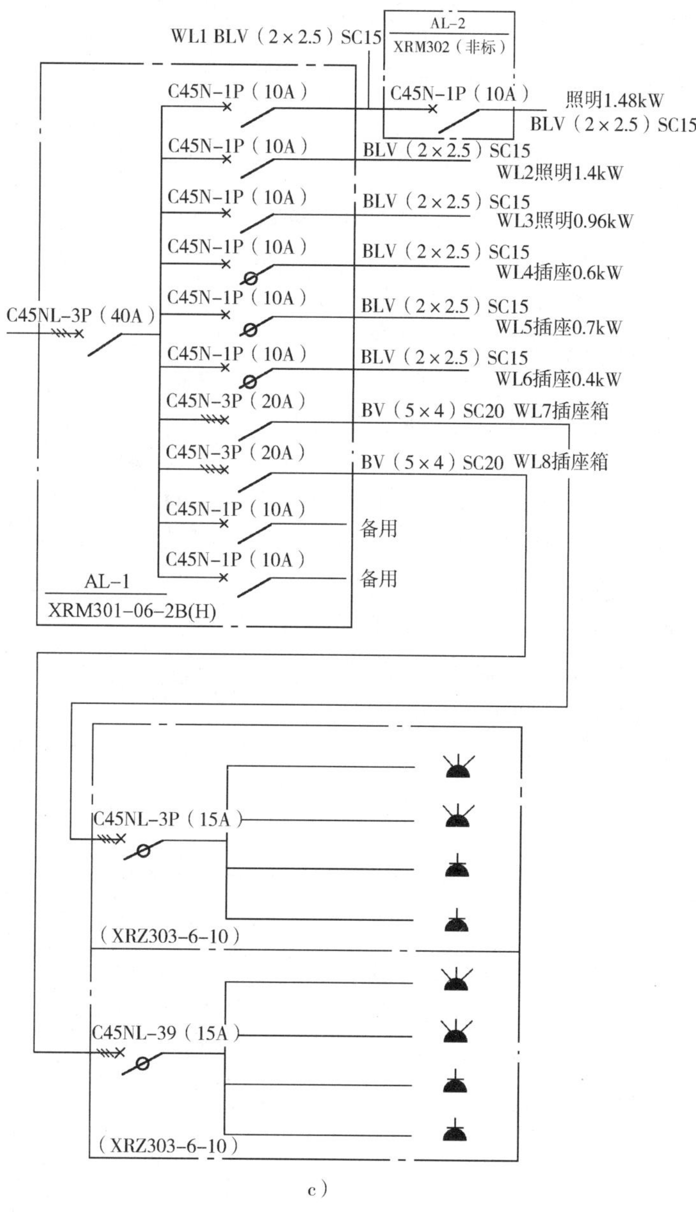

c）

图4-41 某小型锅炉房电气系统图（续）

c）照明系统

1）从图中可知，系统共分8个回路，PG1是一小动力配电箱AP—4供电回路，PG2是食堂照明配电箱AL—1供电回路，PG3、PG4是两台小型锅炉的电控柜AP—3、AP—2供电回路，PG5为锅炉房照明回路，PG6、PG7为两台循环泵的启动电路，另外一回路为备用。

2）AP—4动力配电箱分三路：两路备用，一路为立式泵的启动电路，因容量很小，直接启动。低压断路器C45NAD/10带有短路保护，热继电器保护过载，接触器控制启动。

3）AP—2、AP—3两台锅炉控制柜回路相同，因容量较小，均采用接触器直接启动，低压断路器C45NAD保护短路，热继电器保护过载。

4）两台 15kW 循环泵均采用了 Y－△启动，减小了启动冲击电流。

三、送电线路工程图识读

1. 电力架空线路工程平面图

（1）某 10kV 电力架空线路工程平面图　如图 4-42 所示。

1）从图中可知，37、38、39 号为原有线路电杆，从 38 号杆分支出一条新线路，自 1 号杆到 7 号杆，7 号杆处装有一台变压器。

2）数字 90、85 等是电杆间距，高压架空线路的杆距一般为 100m 左右。

3）新线路上 2、3 杆之间有一条电力线路，4、5 杆之间有一条公路和路边的电话线路，跨越公路的两根电杆为跨越杆，杆上加双向拉线加固。

4）5 号杆上安装的是高桩拉线。在分支杆 38 号杆、转角杆 3 号杆和终端杆 7 号杆上均装有普通拉线，转角杆 3 号杆在两边线路延长线方向装了一组拉线和一组撑杆。

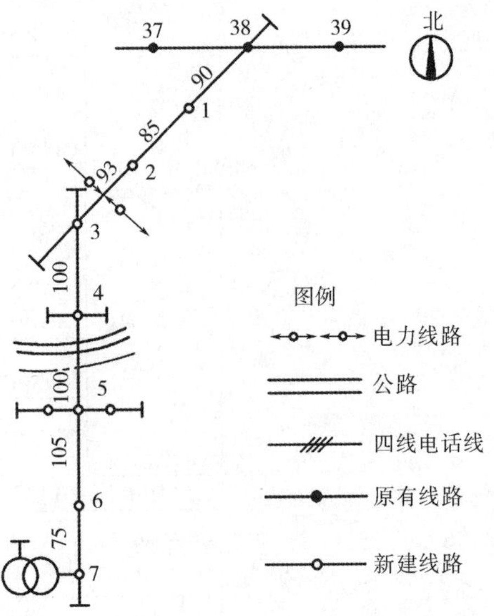

图 4-42　某 10kV 电力架空线路工程平面图

（2）某 380V 电力架空线路工程平面图　如图 4-43 所示。

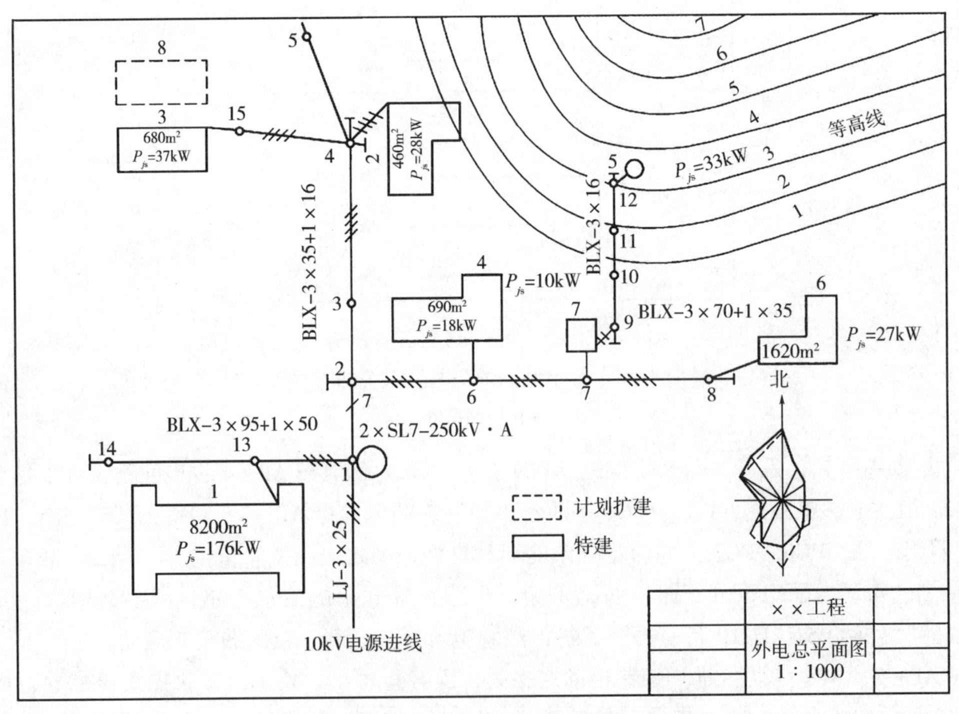

图 4-43　某 380V 电力架空线路工程平面图

1）从图中可知，电源进线为10kV架空线，从场外高压线路引来。电源进线使用LJ—3×25，3根25mm²铝绞线，接至1号杆。在1号杆处为两台变压器2×SL7—250kV·A，SL7表示7系列三相油浸自冷式铝绕组变压器，额定容量为250kV·A。

2）从1号杆到14号杆为4根BLX型导线（BLX—3×95+1×50），即橡胶绝缘铝导线，其中3根导线的截面为95mm²，1根导线的截面为50mm²。14号杆为终端杆，装一根拉线。从13号杆向1号建筑做架空接户线。

3）1号杆到2号杆上为两层线路，一路为到5号杆的线路，4根BLX型导线（BLX3×35+1×16），其中3根导线截面为35mm²、1根导线截面为16mm²；另一路为横向到8号杆的线路，4根BLX型导线（BLX—3×70+1×35），其中3根导线截面为70mm²、1根导线截面为35mm²。1号杆到2号杆间线路标注为7根导线，共用1根中性线，2号杆处分为2根中性线，2号杆为分杆，要加装两组拉线，5号杆、8号杆为终端杆也要加装拉线。

4）线路在4号杆分为三路：第一路到5号杆；第二路到2号建筑物，要做1条接户线；最后一路经15号杆接入3号建筑物。为加强4号杆的稳定性，在4号杆上装有两组拉线。5号杆为线路终端，同样安装了拉线。

5）在2号杆到8号杆的线路上，从6号杆、7号杆和8号杆处均做接户线。

6）从9号杆到12号杆是给5号设备供电的专用动力线路，电源取自7号建筑物。

7）动力线路使用3根截面为16mm²的BLX型导线（BLX3×16）。

2. 电力电缆线路工程平面图

某10kV电力电缆线路工程平面图如图4-44所示。

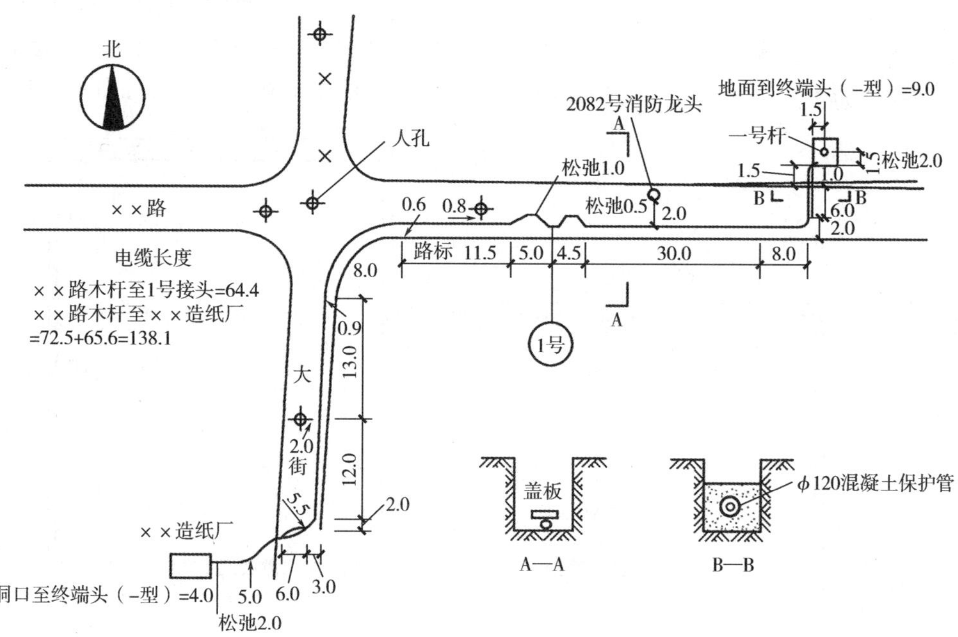

图4-44　某10kV电力电缆线路工程平面图

1）从图中可知，电缆从1号杆下直接埋地敷设，穿过道路沿路南侧进行敷设，到××大街转向南，沿街东侧进行敷设，终点为××造纸厂，在××造纸厂处穿过大街，按要求在穿过道路的位置做混凝土管保护。

2）从断面图中可知，A—A 剖面是整条电缆埋地敷设的情况，采用铺砂子盖保护板的敷设方法，剖切位置在图中 1 号位置右侧。B—B 剖面是电缆穿过道路时加保护管的情况，剖切位置在 1 号杆下方路面上。这里电缆横穿道路时使用的是 ϕ120 的混凝土保护管，每段管长 6m，在电缆起点处及电缆终点处各有一根保护管。电缆全长为 138.1m，其中包含了在电缆两端和电缆中间接头处必须预留的松弛长度。

3）图中标有 1 号的位置为电缆中间接头位置，1 号点向右直线长度 4.5m 内做了一段弧线，应有松弛量 0.5m，向右直线段 30 + 8 = 38（m），转向穿过公路，路宽 2 + 6 = 8（m），电杆距路边 1.5 + 1.5 = 3（m），这里有两段松弛量共 2m（两段弧线）。电缆终端头距地面为 9m。电缆敷设时距路边 0.6m，这段电缆总长度为 65.6m。

4）从 1 号位置向左 5m 内做一段弧线，松弛量 1m。再向左经 11.5m 直线段进入转弯向下，弯长 8m。向下直线段 13 + 12 + 2 = 27（m）后，穿过大街，街宽为 9m。造纸厂距路边为 5m，留有 2m 松弛量，进厂后到终端头长度为 4m。这一段电缆总长为 72.5m，电缆敷设距路边的 0.9m 与穿过道路的斜向增加长度相抵不再计算。

四、建筑防雷与接地工程图识读

1. 建筑物防雷电气工程图

建筑物防雷电气工程图主要包括建筑物屋面避雷针、接闪器、避雷引下线及屋面凸出设备的防雷措施等内容。以下为几个不同结构和不同用途的建筑的屋面防雷电气工程图的实例。

图 4-45 为某办公楼屋面防雷平面图。防雷接闪器采用避雷带，避雷带的材料为直径 12mm 的镀锌圆钢。当屋面有女儿墙时，避雷带沿女儿墙进行敷设，每隔 1m 设一支柱。当屋面为平屋面时，避雷带沿混凝土支座进行敷设，支座的距离为 1m。屋面避雷网格在屋面顶板内 50mm 处进行敷设。

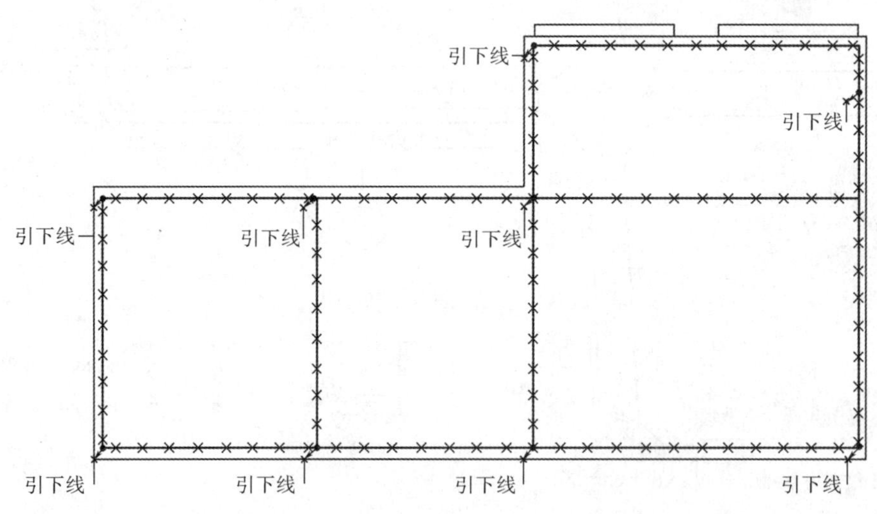

图 4-45　某办公楼屋面防雷平面图

图 4-46 为某住宅楼屋面防雷平面图的一部分。在不同标高的女儿墙及电梯机房的屋檐等易受雷击部位，均设置了避雷带。两根主筋作为避雷引下线，避雷引下线应进行可靠焊接。

2. 建筑物接地电气工程图

建筑物接地电气工程图主要是阐述建筑物接地系统的组成及与防雷引下线的连接关系。一般

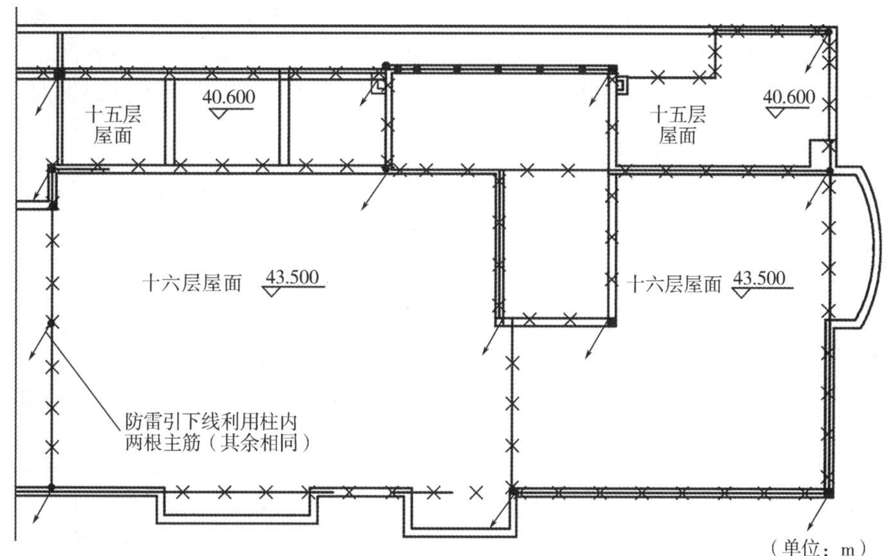

图 4-46　某住宅楼屋面防雷平面图

包括避雷引下线与接地体的连接、供电系统重复接地的连接要求、测量卡子的安装位置、自然接地体的组成及人工接地体的设计要求等。

以下为几个不同的接地电气工程图的应用实例。

（1）有人工接地体电气工程图　图 4-47 为两台 10kV 变压器的变电所接地电气工程图。从图

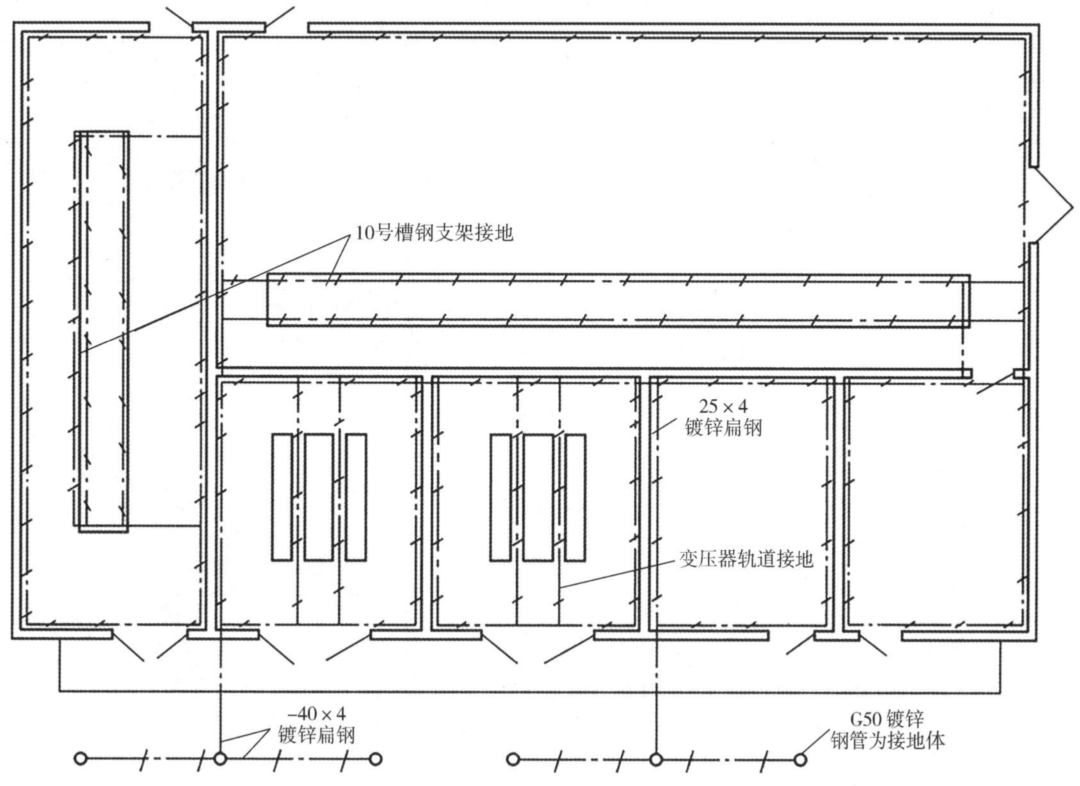

图 4-47　两台 10kV 变压器的变电所接地电气工程图

中可以看出，沿墙的四周用25mm×4mm 的镀锌扁钢作为接地支线，40mm×4mm 的镀锌扁钢作为接地干线，人工接地体为两组，每组有三根 G50 的镀锌钢管，长2.5m。变压器利用轨道接地，高压柜与低压柜通过10号钢槽支架来接地。要求变电所电气接地的接地电阻不得大于4Ω。

(2) 共用接地体电气工程图　图4-48为某综合大楼接地系统的共用接地体。由图可知，本工程的电力设备接地、各种工作接地、计算机系统接地、消防系统接地、防雷接地等共用一套接地。如图4-48所示，周围共有10个避雷引下点，利用柱中两根主筋组成避雷引下线。变电所设于地下一层，变电所接地引至－3.5m。需要放置100mm×100mm×10mm 的接地钢板。消防控制中心在地上一层，消防系统接地引至±0.00m。计算机房设于五层，计算机系统接地引至＋20.00m。其他工作接地与电力设备接地分别引至所需要点。该接地体由桩基础与基础结构中的钢筋组成，采用40mm×4mm 的镀锌扁钢作为接地线，通过扁钢与桩基础中的钢筋来焊接，形成环状的接地网，要求其接地电阻应小于1Ω。

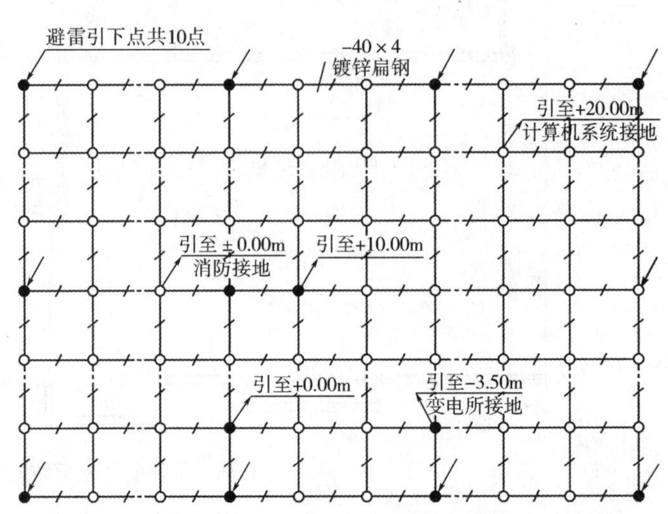

图4-48　某综合大楼接地系统的共用接地体

(3) 某住宅接地电气工程图　图4-49为某住宅接地电气施工图的一部分，防雷引下线同建筑物防雷部分的引下线相对应。在建筑物转角的1.8m处设置断接卡子，以便接地电阻测量用；在建筑物两端－0.8m处设有接地端子板，用于外接人工接地体。在住宅卫生间的位置，安装有LEB

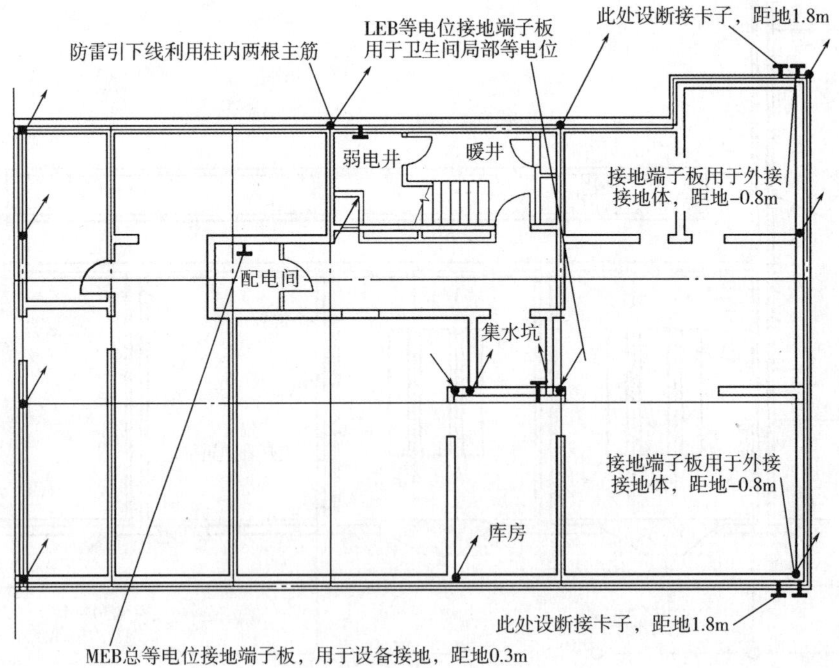

图4-49　某住宅接地电气工程图

等电位接地端子板，用于对各卫生间的局部等电位的可靠接地；在配电间距地 0.3m 处，设有 MEB 总等电位接地端子板，用于设备接地。

五、建筑弱电工程施工图识读

1. 综合布线系统工程图

综合布线系统工程图第一种标注方式如图 4-50 所示。

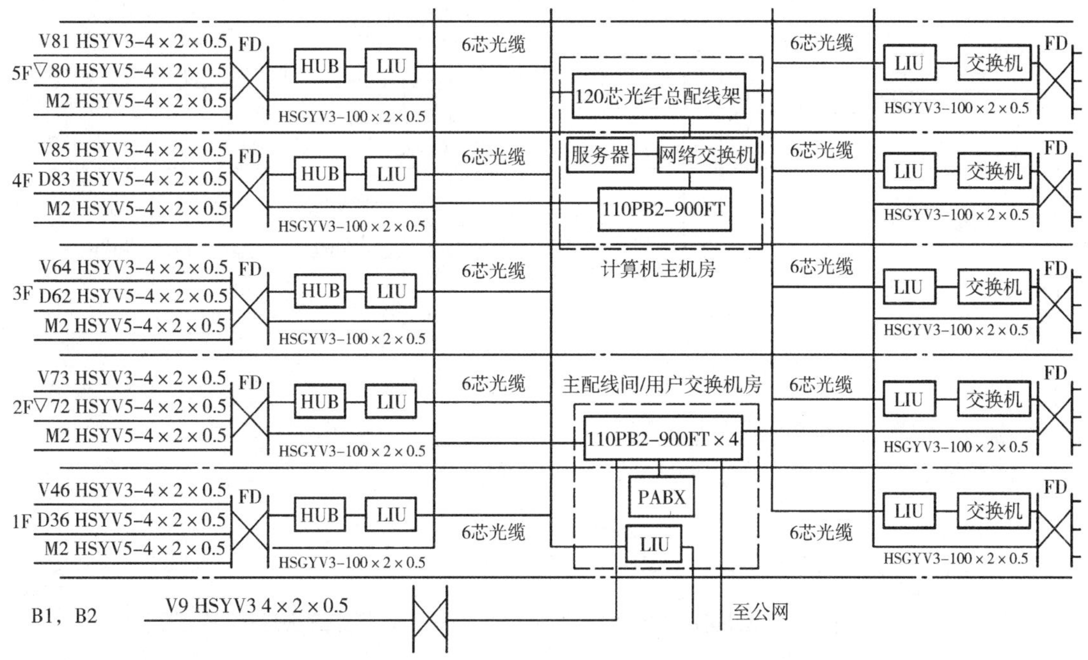

图 4-50　综合布线系统工程图（一）

图 4-50 中所示的电话线由户外公网引入，接到主配线间或用户交换机房，机房内有 4 台 110PB2—900FT 型 900 线配线架及 1 台用户交换机（PABX）。图中所示的其他信息由主机房中的计算机处理，主机房中有服务器、网络交换机、1 台 900 线配线架及 1 台 120 芯光纤总配线架。

电话与信息输出线，每个楼层各使用一根 100 对干线 3 类大对数电缆（HS—GYV3—100×2×0.5），另外，每个楼层还使用一根 6 芯光缆。

每个楼层都设有楼层配线架（FD），大对数电缆应接入配线架，用户使用 3 类、5 类 8 芯电缆［HSYV3（5）—4×2×0.5］。

光缆先接入光纤配线架（LIU），转换成电信号后，再经集线器（HUB）或交换机分路后，接入楼层配线架（FD）。

在图中左侧一层的右边，V46 表示本层有 46 个语音出线口，D36 表示本层有 36 个数据出线口，M2 则表示本层有 2 个视像监控口。

综合布线系统工程图的另一种标注方式如图 4-51 所示。

图中程控交换机引入外网电话，集线器引入计算机数据信息。

电话语音信息使用 10 条 3 类 50 对非屏蔽双绞线电缆（1010050UTP×10），1010 是电缆型号。

计算机数据信息使用 5 条 5 类 4 对非屏蔽双绞线电缆（1061004UTP ×5），电缆型号为 1061。

主电缆引入各楼层配线架（FDFX），每层 1 条 5 类 4 对电缆、2 条 3 类 50 对电缆。配线架为 300 对线 110P 型，配线架型号为 110PB2—300FT，3EA 表示 3 个配线架。188D3 为 300 对线配线架背板，用来安装配线架。

从配线架输出各信息插座，为 5 类 4 对非屏蔽双绞线电缆，按信息插座数量确定电缆条数，1 层（F1）有 73 个信息插座，因此有 73 条电缆。模块信息插座型号为 M100BH—246，模块信息插座面板型号为 M12A—246，面板为双插座型。

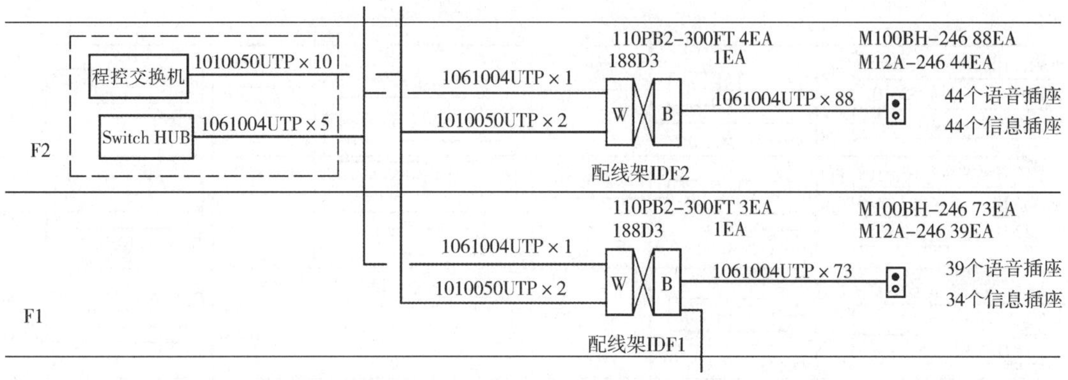

图 4-51　综合布线系统工程图（二）

2. 综合布线系统工程平面图

（1）某住宅楼综合布线工程平面图　如图 4-52 所示。

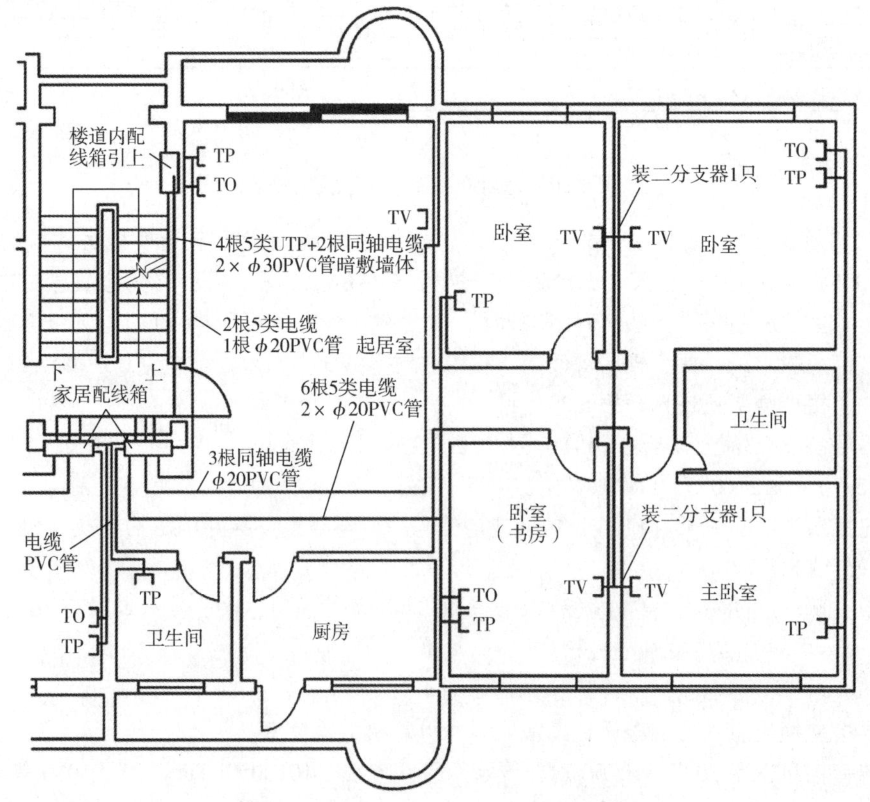

图 4-52　某住宅楼综合布线工程平面图

如图中所示信息线由楼道内配电箱引入室内，有4根5类4对非屏蔽双绞线电缆（UTP）和2根同轴电缆，穿ϕ30 PVC管在墙体内暗敷，每户室内装有一只家居配线箱，配线箱内有双绞线电缆分接端子与电视分配器，本户为3分配器。

户内每个房间均有电话插座（TP），起居室与书房有数据信息插座（TO），每个插座用1根5类UTP电缆与家居配线箱连接。户内各居室均有电视插座（TV），用3根同轴电缆与家居配线箱内分配器相连接，墙两侧安装的电视插座用二分支器分配电视信号。户内电缆穿ϕ20 PVC管于墙体内暗敷。

（2）某写字楼综合布线工程平面图（局部）　如图4-53所示。

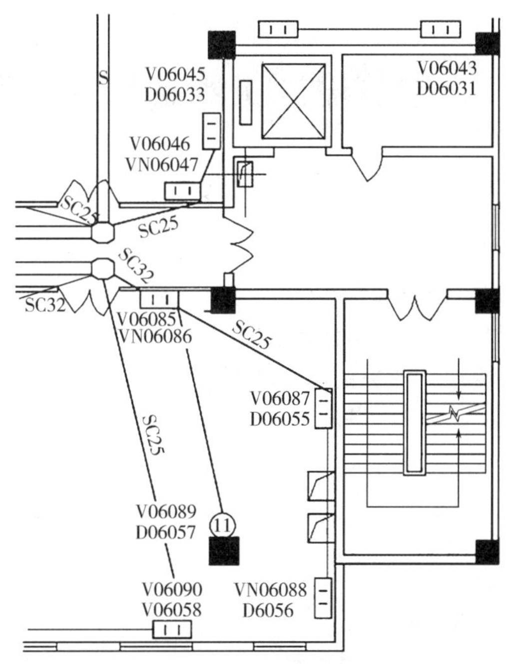

图4-53　某写字楼综合布线工程平面图（局部）

图中06表示第六层。87、55表示插座编号，插座编号按信息类型分别进行排列。D表示数据信息插座，V表示电话插座，VN表示内线电话插座。

第五章 建筑电气工程造价构成与计价

第一节 建筑电气工程造价及分类

一、工程造价的含义

工程造价就是指工程的建设价格，是指工程项目从投资决策开始到竣工投产所需的全部建设费用。

工程造价在工程建设的不同阶段有具体的称谓，如投资决策阶段为投资估算，设计阶段为设计概算、施工图预算，招标投标阶段为最高投标限价、投标报价、合同价，施工阶段为竣工结算等。

二、工程造价的分类

1. 工程造价的费用构成

工程造价的费用构成如图 5-1 所示。

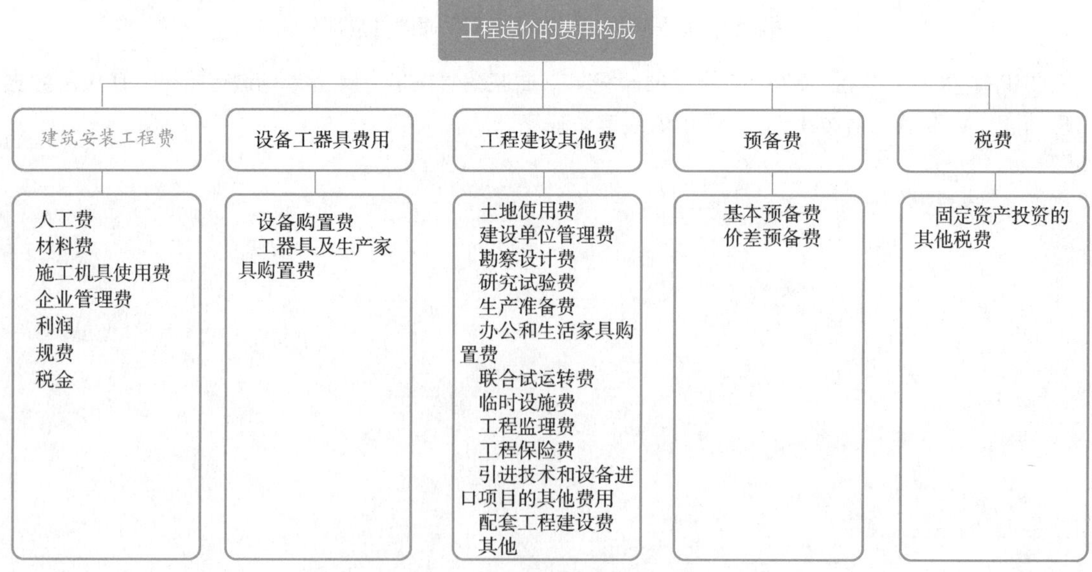

图 5-1　工程造价的费用构成

2. 按费用构成要素划分的建筑安装工程费用项目组成

建筑安装工程费如图 5-2 所示。

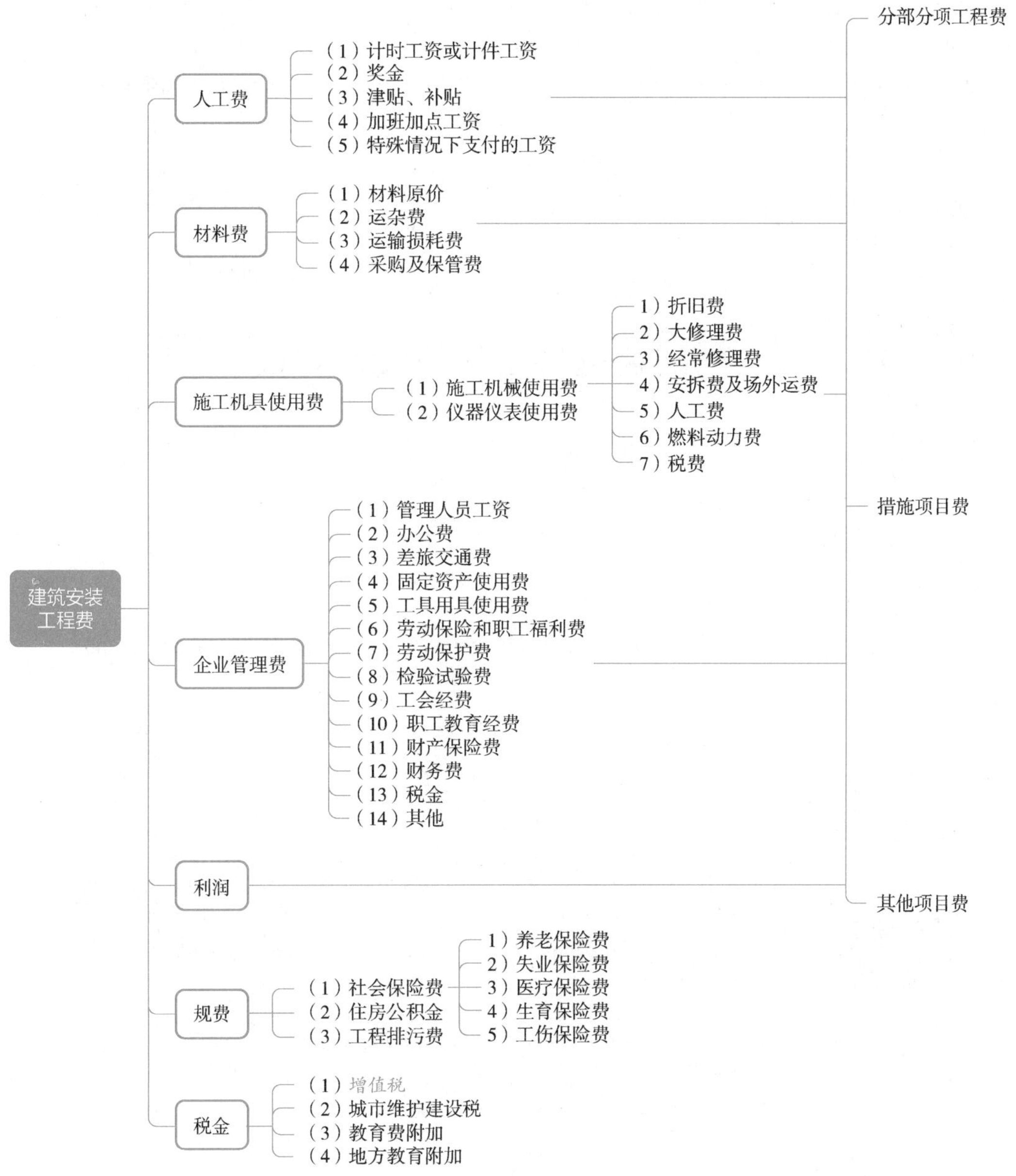

图 5-2 建筑安装工程费

3. 增值税

增值税是商品（含应税劳务）在流转过程中产生的附加值、以增值额作为计税依据而征收的一种流转税。

增值税的计税方法，包括一般计税方法和简易计税方法。一般纳税人发生应税行为适用一般计税方法计税。小规模纳税人发生应税行为适用简易计税方法计税。

（1）采用一般计税方法时增值税的计算 当采用一般计税方法时，建筑业增值税税率为 9%。

其计算公式为

$$增值税=税前造价\times 9\%$$

税前造价为人工费、材料费、施工机具使用费、企业管理费、利润和规费之和，各费用项目均以不包含增值税可抵扣进项税额的价格计算。

（2）采用简易计税方法时增值税的计算　当采用简易计税方法时，建筑业增值税税率为3%。其计算公式为

$$增值税=税前造价\times 3\%$$

税前造价为人工费、材料费、施工机具使用费、企业管理费、利润和规费之和，各费用项目均以包含增值税可抵扣进项税额的价格计算。

第二节　建筑电气工程造价的特征

一、工程造价的特征

工程造价的特征如图5-3所示。

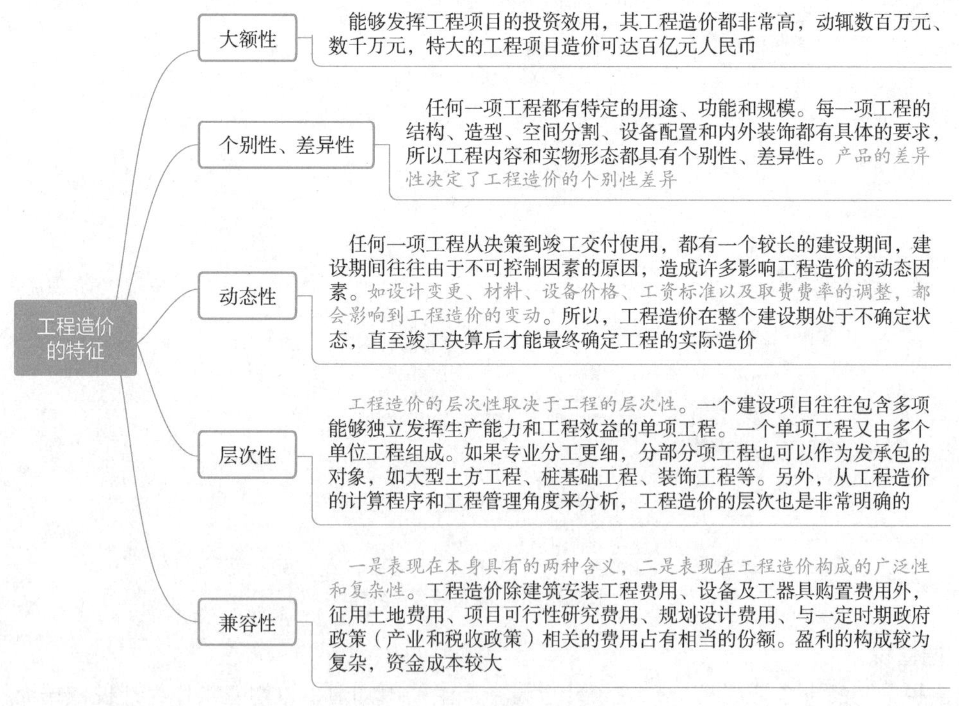

图5-3　工程造价的特征

二、工程计价的特征

工程计价的特征如图5-4所示。

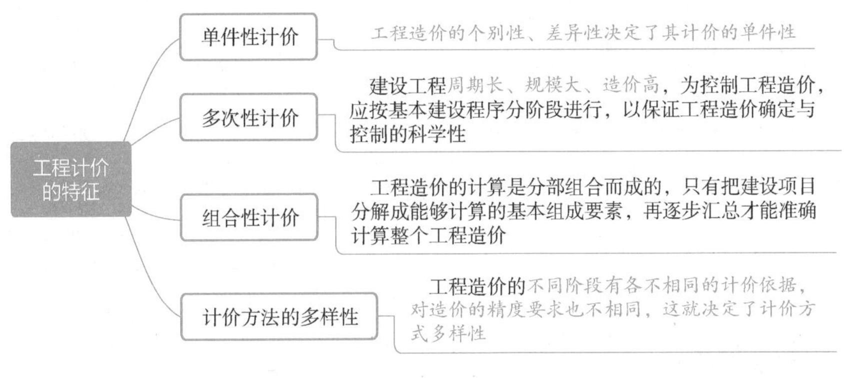

图 5-4　工程计价的特征

第三节　建筑电气工程计价的依据与方法

一、建筑电气工程计价的依据

建筑电气工程造价计价的依据可从六个方面编制，如图 5-5 所示。

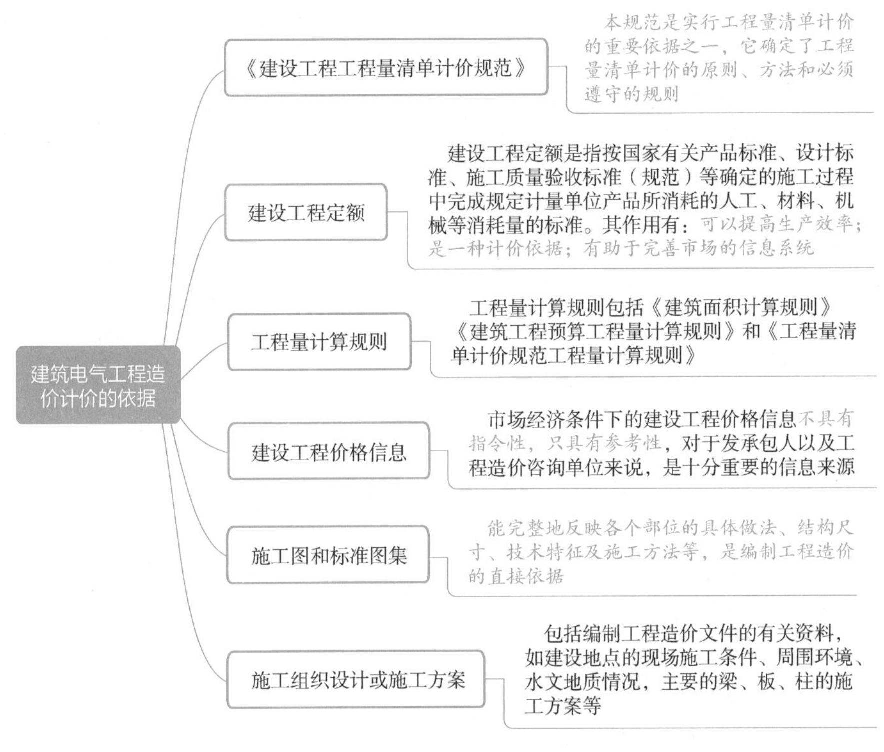

图 5-5　工程造价计价的依据

二、建筑电气工程计价的方法

建筑电气工程计价的方法可分为工料单价法、实物单价法和综合单价法，如图 5-6 所示。

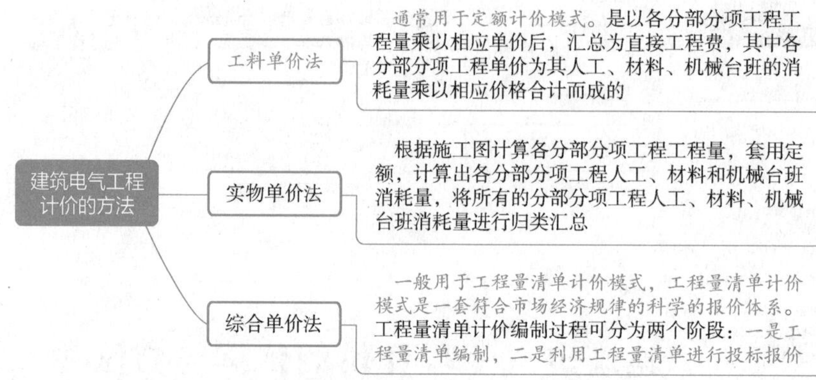

图 5-6　建筑电气工程计价的方法

第六章 建筑电气工程工程量的计算

第一节 变压器安装工程工程量的计算

一、工程量计算规则

1. 变配电安装定额工程量计算规则

（1）变压器安装

1）普通变压器安装，按不同容量以“台”为计量单位。

2）干式变压器如果带有保护罩时，其定额人工和机械乘以系数2.0。电力系统中，干式变压器的变化为6000V/400V，用于带额定电压380V的负载。

3）变压器通过试验，判定绝缘受潮时才需进行干燥，所以只有需要干燥的变压器才能计取此项费用（编制施工图预算时可列此项，工程结算时根据实际情况再做处理），以“台”为计量单位。

4）消弧线圈的干燥按同容量电力变压器干燥定额执行，以“台”为计量单位。

5）变压器油过滤不论过滤多少次，直到过滤合格为止，以“t”为计量单位。其具体计算方法如下：

①变压器安装定额未包括绝缘油的过滤，需要过滤时，可按制造厂提供的油量计算。

②油断路器及其他充油设备的绝缘油过滤，可按制造厂规定的充油量计算。

（2）配电设置安装

1）断路器、电流互感器、电压互感器、油浸电抗器、电力电容器及电容器柜的安装，以“台（个）”为计量单位。

2）隔离开关、负荷开关、熔断器、避雷器、干式电抗器的安装，以“组”为计量单位，每组按三相计算。

3）交流滤波装置用来滤除电源里除50Hz交流电之外其他频率的杂波、尖峰、浪涌干扰，使下游设备得到较纯净的50Hz交流电。交流滤波装置的安装以“台”为计量单位。每套滤波装置包括三台组架安装，不包括设备本身及铜母线的安装，其工程量应按相应定额另行计算。

4）高压设备安装定额内均不包括绝缘台的安装，其工程量应按施工图设计执行相应定额。

5）高压成套配电柜和箱式变电站的安装以“台”为计量单位，均未包括基础槽钢、母线及引下线的配置安装。

6）其他配电设置安装。

①配电设备安装的支架、抱箍及延长轴、轴套、间隔板等，按施工图设计的需要量计算，执

行钢构件制作安装定额或成品价。

②绝缘油、六氟化硫气体、液压油等均按设备带有考虑。电气设备以外的加压设备和附属管道的安装应按相应定额另行计算。

③配电设备的端子板外部接线，应按相应定额另行计算。

④设备安装用的地脚螺栓按土建预埋考虑，不包括二次灌浆。

（3）母线安装

1）电力系统中绝缘子按结构可分为支持绝缘子、悬式绝缘子、防污型绝缘子和套管绝缘子。现在常用绝缘子一般有陶瓷绝缘子、玻璃钢绝缘子、合成绝缘子和半导体绝缘子。绝缘子安装工程量计算一般按下列规则进行：

①悬垂绝缘子串安装，是指垂直或V形安装的提挂导线、跳线、引下线、设备连接线或设备等所用的绝缘子串安装，按单、双串分别以“串”为计量单位。耐张绝缘子串的安装，已包括在软母线安装定额内。

②支持绝缘子安装分别按安装在户内、户外、单孔、双孔、四孔固定，以“个”为计量单位。

③穿墙套管安装不分水平、垂直安装，均以“个”为计量单位。

2）电力系统中，常用的软母线即铅绞线，按其截面面积分类，一般有$50mm^2$、$70mm^2$、$95mm^2$、$120mm^2$、$150mm^2$、$240mm^2$等。软母线安装工程量计算通常按下列规则进行：

①软母线安装，是指直接由耐张绝缘子串悬挂部分，按软母线截面大小分别以“跨/三相”为计量单位。设计跨距不同时，不得调整。导线、绝缘子、线夹、弛度调节金具等均按施工图设计用量加定额规定的损耗率计算。

②软母线引下线，是指由T形线夹或并沟线夹从软母线引向设备的连接线，以“组”为计量单位，每三相为一组；软母线经终端耐张线夹引下（不经T形线夹或并沟线夹引下）与设备连接的部分均执行引下线定额，不得换算。

③两跨软母线间的跳引线安装，以“组”为计量单位，每三相为一组。不论两端的耐张线夹是螺栓式或压接式，均执行软母线跳线定额，不得换算。

④设备连接线安装，是指两设备间的连接部分。不论引下线、跳线、设备连接线，均应分别按导线截面、三相为一组计算工程量。

⑤组合软母线安装，按三相为一组计算，跨距（包括水平悬挂部分和两端引下部分之和）是以45m以内考虑，跨度的长与短不得调整。导线、绝缘子、线夹、金具按施工图设计用量加定额规定的损耗率计算。

⑥软母线安装预留长度按表6-1计算。

表6-1　软母线安装预留长度　（单位：m/根）

项目	耐张	跳线	引下线、设备连接线
预留长度	2.5	0.8	0.6

3）带形、槽形母线安装。

①带形母线安装及带形母线引下线安装包括铜排、铝排，分别以不同截面和片数以“m/单相”为计量单位。母线和固定母线的金具均按设计量加损耗率计算。

②钢带形母线安装，按同规格的铜母线定额执行，不得换算。

③母线伸缩接头及铜过渡板安装，均以“个”为计量单位。

④槽形母线安装以“m/单相”为计量单位。槽形母线与设备连接，分别以连接不同的设备以

“台”为计量单位。槽形母线及固定槽形母线的金具按设计用量加损耗率计算。壳的大小尺寸以“m”为计量单位，长度按设计共箱母线的轴线长度计算。

⑤带形母线、槽形母线安装均不包括支持瓷绝缘子安装和钢构件配置安装，其工程量应分别按设计成品数量执行相应定额。

4）低压（是指380 V以下）封闭式插接母线槽安装，分别按导体的额定电流大小以“m”为计量单位，长度按设计母线的轴线长度计算，分线箱以“台”为计量单位，分别以电流大小按设计数量计算。

5）重型母线安装。

①重型母线安装包括铜母线、铝母线，分别按截面大小以母线的成品质量以“kg”为计量单位。

②重型铝母线接触面加工是指铸造件需加工接触面时，可以按其接触面大小，分别以“片/单相”为计量单位。

6）硬母线配置安装预留长度按表6-2的规定计算。

表6-2　硬母线配置安装预留长度　（单位：m/根）

序号	项目	预留长度	说明
1	带形、槽形母线终端	0.3	从最后一个支持点算起
2	带形、槽形母线与分支线连接	0.5	分支线预留
3	带形母线与设备连接	0.5	从设备端子接口算起
4	多片重型母线与设备连接	1.0	从设备端子接口算起
5	槽形母线与设备连接	0.5	从设备端子接口算起

（4）控制设备及低压电器安装　控制设备及低压电器安装均以“台”为计量单位。以上设备安装均未包括基础槽钢、角钢的制作安装，其工程量应按相应定额另行计算。低压电器通常分为配电电器和控制电器，其分类与用途见表6-3和表6-4。

表6-3　低压配电电器的分类与用途

分类	品种	用途
断路器	万能式空气断路器	用于交流、直流线路的过载、短路或欠压保护，也可用于不频繁操作的电器
	塑料外壳式断路器	
	限流式断路器	
	直流快速断路器	
	漏电保护断路器	
熔断器	有填料塞式熔断器	用于交流、直流线路和设备的短路或过载保护
	保护半导体器件熔断器	
	无填料密封管式熔断器	
	自复熔断器	
刀开关	熔断器式刀开关	用于电路断离，也能分断与接通电路的额定电流
	大电流刀开关	
	负荷开关	
转换开关	组合开关	主要作为两相及以上电源或负载的转换和通断电路用
	换向开关	

表 6-4 低压控制电器的分类与用途

分类	品种	用途
接触器	交流接触器	用于远距离频繁地起动或控制交流、直流电动机以及接通、分断正常工作的主电路和控制电路
	直流接触器	
	真空接触器	
控制继电器	电流继电器	在控制系统中，作控制其他电器或作主电路的保护之用
	电压继电器	
	时间继电器	
	中间继电器	
	热过载继电器	
	温度继电器	
启动器	电磁启动器	用于交流电动机的起动或正反向控制
	手动启动器	
	农用启动器	
	Y—△启动器	
控制器	凸轮控制器	用于电器控制设备中转换主回路或励磁回路的接法，以达到电动机起动、换向和调速
	平面控制器	
主令电器	按钮	用于接通、分断控制电路，以发布命令或用作程序控制
	限位开关	
	微动开关	
	万能转换开关	
电阻器	铁基合金电阻器	用于改变电路参数，变电能为热能

1）钢构件制作安装均按施工图设计尺寸，以成品质量“kg”为计量单位。

2）网门、保护网制作安装，按网门或保护网设计图示的框外围尺寸，以“m^2”为计量单位。

3）盘柜配线分不同规格，以“m”为计量单位。

4）盘、箱、柜的外部进出线预留长度按表 6-5 计算。

表 6-5 盘、箱、柜的外部进出线预留长度 （单位：m/根）

序号	项目	预留长度	说明
1	各种箱、柜、板、盒	高 + 宽	盘面尺寸
2	单独安装的负荷开关、断路器、刀开关、启动器、箱式电阻器、变阻器	0.5	从安装对象中心算起
3	继电器、控制开关、信号灯、按钮、熔断器等小电器	0.3	
4	分支接头	0.2	分支线预留

5）配电板是在一块电木板、木板或者其他材料上布置插座、开关、继电器等电气元件的简易配电屏。配电板制作安装及包薄钢板的工程量计算，按配电板图示外形尺寸，以“m^2”为计量单位。

6）焊（压）接线端子定额只适用于导线。电缆终端头制作安装定额中已包括压接线端子，不得重复计算。

7）端子板外部接线按设备盘、箱、柜、台的外部接线图计算，以“个头”为计量单位。

8）盘、柜配线定额只适用于盘上小设备元件的少量现场配线，不适用于工厂的设备修、配、改工程。

2. 变配电安装清单工程量计算规则

变配电安装清单工程量计算规则见表6-6。

表6-6　变配电安装清单工程量计算规则

<table>
<tr><th>项目编码</th><th>项目名称</th><th>项目特征</th><th>计量单位</th><th>工程量计算规则</th><th>工程内容</th></tr>
<tr><td>030403001</td><td>软母线</td><td>（1）名称
（2）材质
（3）型号
（4）规格
（5）绝缘子类型、规格</td><td rowspan="6">m</td><td rowspan="4">按设计图示尺寸以单相长度计算（含预留长度）</td><td rowspan="2">（1）母线安装
（2）绝缘子耐压试验
（3）跳线安装
（4）绝缘子安装</td></tr>
<tr><td>030403002</td><td>组合软母线</td><td>（1）名称
（2）材质
（3）型号
（4）规格
（5）绝缘子类型、规格</td></tr>
<tr><td>030403003</td><td>带形母线</td><td>（1）名称
（2）型号
（3）规格
（4）材质
（5）绝缘子类型、规格
（6）穿墙套管材质、规格
（7）穿通板材质、规格
（8）母线桥材质、规格
（9）引下线材质、规格
（10）伸缩节、过渡板材质、规格
（11）分相漆品种</td><td>（1）母线安装
（2）穿通板制作、安装
（3）支持绝缘子、穿墙套管的耐压试验、安装
（4）引下线安装
（5）伸缩节安装
（6）过渡板安装
（7）刷分相漆</td></tr>
<tr><td>030403004</td><td>槽形母线</td><td>（1）名称
（2）型号
（3）规格
（4）材质
（5）连接设备名称、规格
（6）分相漆品种</td><td>（1）母线制作、安装
（2）与发电机、变压器连接
（3）与断路器、隔离开关连接
（4）刷分相漆</td></tr>
<tr><td>030403005</td><td>共箱母线</td><td>（1）名称
（2）型号
（3）规格
（4）材质</td><td rowspan="2">按设计图示尺寸以中心线长度计算</td><td rowspan="2">（1）母线安装
（2）补刷（喷）油漆</td></tr>
<tr><td>030403006</td><td>低压封闭式插线母线槽</td><td>（1）名称
（2）型号
（3）规格
（4）容量（A）
（5）线制
（6）安装部位</td></tr>
<tr><td>030403007</td><td>始端箱、分线箱</td><td>（1）名称
（2）型号
（3）规格
（4）容量（A）</td><td>台</td><td>按设计图示数量计算</td><td>（1）本体安装
（2）补刷（喷）油漆</td></tr>
</table>

（续）

项目编码	项目名称	项目特征	计量单位	工程量计算规则	工程内容
030403008	重型母线	（1）名称 （2）型号 （3）规格 （4）容量（A） （5）材质 （6）绝缘子类型、规格 （7）伸缩器及导板规格	t	按设计图示尺寸以质量计算	（1）母线制作、安装 （2）伸缩器及导板制作、安装 （3）支持绝缘安装 （4）补刷（喷）油漆

二、工程量计算实例

【例 6-1】 某工程采用 SC8-400/10 干式变压器，变压器结构如图 6-1 所示，该变压器的尺寸为 1600mm × 1250mm × 1800mm，重 1830kg。该工程共有此种变压器 10 台，计算变压器工程量。

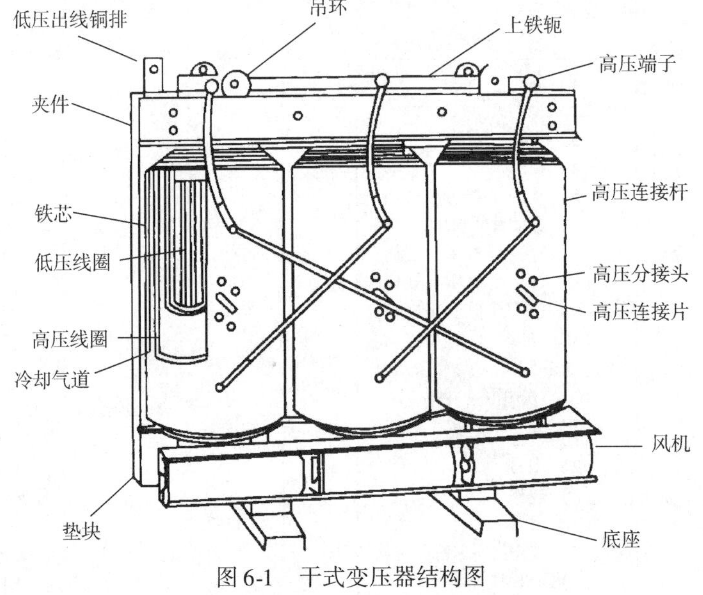

图 6-1　干式变压器结构图

解： 清单工程量：

干式变压器的工程量：10（台）

第二节　蓄电池安装工程工程量的计算

一、工程量计算规则

1. 蓄电池安装定额工程量计算规则

1）铅蓄电池和碱性蓄电池安装，分别按容量大小以单体蓄电池“个”为计量单位，按施工图设计的数量计算工程量。定额内已包括了电解液的材料消耗，执行时不得调整。

2）免维护蓄电池安装以“组件”为计量单位。

2. 蓄电池安装清单工程量计算规则

蓄电池安装清单工程量计算规则见表6-7。

表6-7 蓄电池安装清单工程量计算规则

项目编码	项目名称	项目特征	计量单位	工程量计算规则	工程内容
030405001	蓄电池	（1）名称 （2）型号 （3）容量（A·h） （4）防振支架形式、材质 （5）充放电要求	个 （组件）	按设计图示数量计算	（1）本体安装 （2）防振支架安装 （3）充放电
030405002	太阳能电池	（1）名称 （2）型号 （3）规格 （4）容量 （5）安装方式	组		（1）安装 （2）电池方阵钢架安装 （3）联调

二、工程量计算实例

【例6-2】 某工程的备用发电机DF90GF如图6-2所示，其外形尺寸为2800mm×960mm×1450mm，重量为2300kg，计算蓄电池工程量。

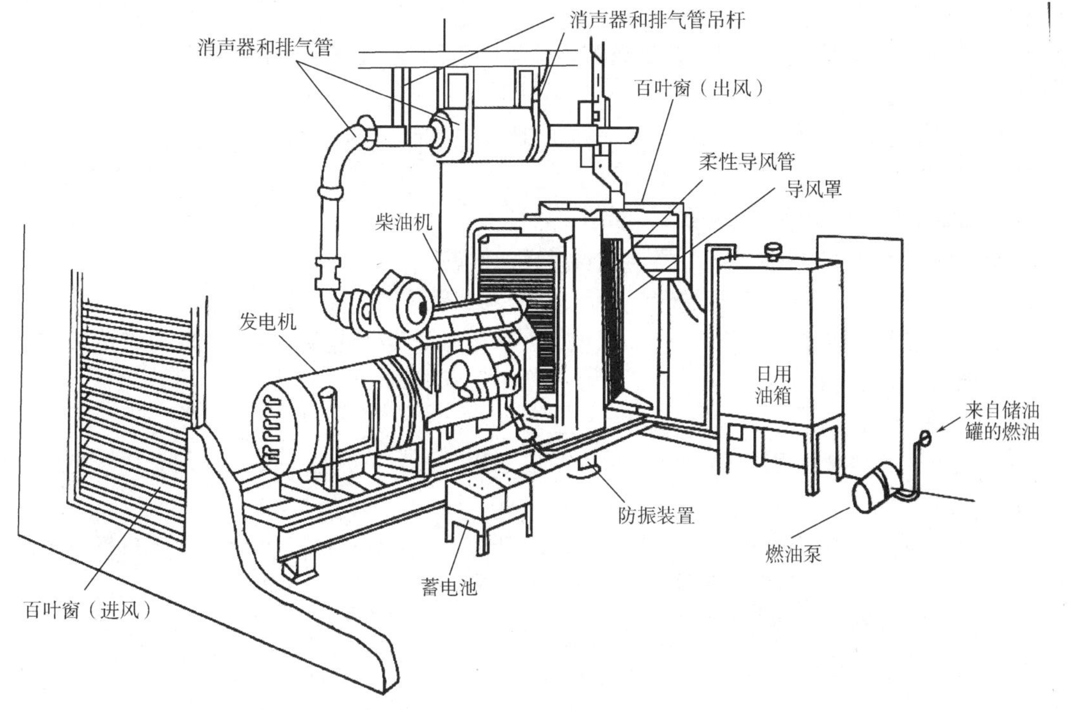

图6-2 发电机组组成

解：清单工程量：

蓄电池的工程量：1（个）

第三节 电机工程工程量的计算

一、工程量计算规则

1. 电机工程定额工程量计算规则

（1）电机检查接线

1）发电机、调相机、电动机的电气检查接线，均以“台”为计量单位。直流发电机组和多台一串的机组，按单台电机分别执行定额。

2）电机检查接线定额，除发电机和调相机外，均不包括电机干燥，发生时其工程量应按电机干燥定额另行计算。电机干燥定额是按一次干燥所需的工、料、机消耗量考虑，在特别潮湿的地方，电机需要进行多次干燥，应按实际干燥次数计算。在气候干燥、电机绝缘性能良好、符合技术标准而不需要干燥时，则不计算干燥费用。实行包干的工程，可参照以下比例，由有关各方协商而定。

①低压小型电机3kW以下，按25%的比例考虑干燥。

②低压小型电机3～220kW，按30%～50%考虑干燥。

③大中型电机按100%考虑一次干燥。

（2）电机解体检查

1）当电机有下列情况之一时，应进行解体检查：

①出厂日期超过制造厂保证期限。

②出厂日期已超过一年，且制造厂无保证期限时。

③进行外观检查或电气试验，质量有可疑的。

④开启式电机经端部检查有可疑的。

⑤电机试运转时有异常声音，或者有其他异常情况的。

2）电机解体检查定额，应根据需要选用。如不需要解体时，可只执行电机检查接线定额。

（3）电机定额界线划分　单台电机质量在3t以下的，为小型电机；单台电机质量在3～30t的为中型电机；单台电机质量在30t以上的为大型电机。

（4）电机定额执行

1）小型电机按电机类别和功率大小执行相应定额，大、中型电机不分类别一律按电机质量执行相应定额。

2）与机械同底座的电机和装在机械设备上的电机安装，执行全国统一定额《机械设备安装工程》的电机安装定额；独立安装的电机，执行电机安装定额。

2. 电机工程清单工程量计算规则

电机工程清单工程量计算规则见表6-8。

表 6-8　电机工程清单工程量计算规则

<table>
<tr><th>项目编码</th><th>项目名称</th><th>项目特征</th><th>计量单位</th><th>工程量计算规则</th><th>工程内容</th></tr>
<tr><td>030406001</td><td>发电机</td><td rowspan="3">（1）名称
（2）型号
（3）容量（kW）
（4）接线端子材质、规格
（5）干燥要求</td><td rowspan="9">台</td><td rowspan="12">按设计图示数量计算</td><td rowspan="11">（1）检查接线
（2）接地
（3）干燥
（4）调试</td></tr>
<tr><td>030406002</td><td>调相机</td></tr>
<tr><td>030406003</td><td>普通小型直流电动机</td></tr>
<tr><td>030406004</td><td>可控硅调速直流电动机</td><td>（1）名称
（2）型号
（3）容量（kW）
（4）类型
（5）接线端子材质、规格
（6）干燥要求</td></tr>
<tr><td>030406005</td><td>普通交流同步电动机</td><td>（1）名称
（2）型号
（3）容量（kW）
（4）启动方式
（5）电压等级（kV）
（6）接线端子材质、规格
（7）干燥要求</td></tr>
<tr><td>030406006</td><td>低压交流异步电动机</td><td>（1）名称
（2）型号
（3）容量（kW）
（4）控制保护方式
（5）接线端子材质、规格
（6）干燥要求</td></tr>
<tr><td>030406007</td><td>高压交流异步电动机</td><td>（1）名称
（2）型号
（3）容量（kW）
（4）保护类别
（5）接线端子材质、规格
（6）干燥要求</td></tr>
<tr><td>030406008</td><td>交流变频调速电动机</td><td>（1）名称
（2）型号
（3）容量（kW）
（4）类别
（5）接线端子材质、规格
（6）干燥要求</td></tr>
<tr><td>030406009</td><td>微型电机、电加热器电动机</td><td>（1）名称
（2）型号
（3）规格
（4）接线端子材质、规格
（5）干燥要求</td></tr>
<tr><td>030406010</td><td>电动机组</td><td>（1）名称
（2）型号
（3）电动机台数
（4）连锁台数
（5）接线端子材质、规格
（6）干燥要求</td><td rowspan="2">组</td></tr>
<tr><td>030406011</td><td>备用励磁机组</td><td>（1）名称
（2）型号
（3）接线端子材质、规格
（4）干燥要求</td></tr>
<tr><td>030406012</td><td>励磁电阻器</td><td>（1）名称
（2）型号
（3）规格
（4）接线端子材质、规格
（5）干燥要求</td><td>台</td><td>（1）本体安装
（2）检查接线
（3）干燥</td></tr>
</table>

注：1. 可控硅调速直流电动机类型是指一般可控硅调速直流电动机、全数字式控制可控硅调速直流电动机。

2. 交流变频调速电动机类型指交流同步变频电动机、交流异步变频电动机。

3. 电动机按其质量划分为大、中、小型：3t 以下为小型，3t～30t 为中型，30t 以上为大型。

二、工程量计算实例

【例 6-3】 低压交流异步电动机示意图如图 6-3 所示，各设备由 HHK、QZ、QC 控制，分别计算电动机工程量。

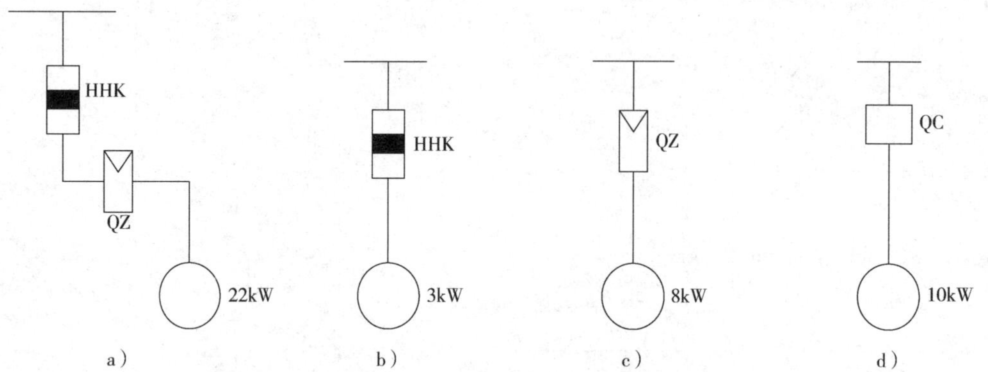

图 6-3 低压交流异步电动机示意图
a）电动机磁力启动器 b）电动机刀开关控制调试
c）电动机磁力启动器控制调试 d）电动机电磁启动器控制调试

解：清单工程量：

(1) 电动机磁力启动器控制调试的工程量 =1（台）

电动机检查接线 22kW 的工程量 =1（台）

(2) 电动机刀开关控制调试的工程量 =1（台）

电动机检查接线 3kW 的工程量 =1（台）

(3) 电动机磁力启动器控制调试的工程量 =1（台）

电动机检查接线 8kW 的工程量 =1（台）

(4) 电动机电磁启动器控制调试的工程量 =1（台）

电动机检查接线 10kW 的工程量 =1（台）

第四节 滑触线安装工程工程量的计算

一、工程量计算规则

1. 滑触线安装定额工程量计算规则

(1) 起重机上设备与设置安装 起重机上的电气设备、照明装置和电缆管线等安装，均执行定额的相应定额。

(2) 滑触线安装 滑触线安装以“m/单相”为计量单位，其附加和预留长度见表 6-9。

表 6-9　滑触线安装附加和预留长度　　（单位：m/根）

序号	项目	预留长度	说明
1	圆钢、铜母线与设备连接	0.2	从设备接线端子接口起算
2	圆钢、铜滑触线终端	0.5	从最后一个固定点起算
3	角钢滑触线终端	1.0	从最后一个支持点起算
4	扁钢滑触线终端	1.3	从最后一个固定点起算
5	扁钢母线分支	0.5	分支线预留
6	扁钢母线与设备连接	0.5	从设备接线端子接口起算
7	轻轨滑触线终端	0.8	从最后一个支持点起算
8	安全节能及其他滑触线终端	0.5	从最后一个固定点起算

（3）电机接线　电气安装规范要求每台电机接线均需要配金属软管，设计有规定的，按设计规格和数量计算；设计没有规定的，平均每台电机配相应规格的金属软管 1.25m 和与之配套的金属软管专用活接头。

2. 滑触线安装清单工程量计算规则

滑触线安装清单工程量计算规则见表 6-10。

表 6-10　滑触线安装清单工程量计算规则

项目编码	项目名称	项目特征	计量单位	工程量计算规则	工程内容
030407001	滑触线	（1）名称 （2）型号 （3）规格 （4）材质 （5）支架形式、材质 （6）移动软电缆材质、规格、安装部位 （7）拉紧装置类 （8）伸缩接头材质、规格	m	按设计图示尺寸以长度计算（含预留长度及附加长度）	（1）滑触线安装 （2）滑触线支架制作、安装 （3）拉紧装置及挂式支持器制作、安装 （4）移动软电缆安装 （5）伸缩接头制作、安装

注：支架基础铁件及螺栓是否浇筑需说明。

二、工程量计算实例

【例 6-4】　某工厂车间电气动力工程安装滑触线，已知滑触线长 10m，两端需预留长度为 2m，计算滑触线的工程量。

解：清单工程量：

滑触线的工程量：10 + 2 + 2 = 14（m）

第五节 电缆安装工程工程量的计算

一、工程量计算规则

1. 电缆安装定额工程量计算规则

（1）直埋电缆挖、填土（石）方　直埋电缆的上、下方须铺以不小于100mm厚的软土或砂层，并盖以混凝土保护板，其覆盖宽度应超过电缆两侧各50mm，也可用砖块代替混凝土盖板。直埋电缆的挖、填土（石）方，除特殊要求外，可按表6-11计算土方量。

表6-11　直埋电缆的挖、填土（石）方量

项目	电缆根数	
	1~2	每增一根
每米沟长挖方量/m^3	0.45	0.153

注：1. 两根以内的电缆沟，是按上口宽度600mm、下口宽度400mm、深度900mm计算的常规土方量（深度按规范的最低标准）。
2. 每增加一根电缆，其宽度增加170mm。
3. 以上土方量是按埋深从自然地坪起算，如设计埋深超过900mm时，多挖的土方量应另行计算。

（2）电缆沟盖板的揭与盖　电缆沟盖板揭、盖定额，按每揭或每盖一次以延长米计算，如又揭又盖，则按两次计算。

（3）电缆保护管长度　电缆保护管长度除按设计规定长度计算外，遇有下列情况，应按以下规定增加保护管长度：

1）横穿道路，按路基宽度两端各增加2m。

2）垂直敷设时，管口距地面增加2m。

3）穿过建筑物外墙时，按基础外缘以外增加1m。

4）穿过排水沟时，按沟壁外缘以外增加1m。

（4）电缆保护管埋地敷设　电缆保护管埋地敷设，其土方量凡有施工图注明的，按施工图计算；无施工图的，一般按沟深0.9m、沟宽按最外边的保护管两侧边缘外各增加0.3m工作面计算。

（5）电缆敷设

1）电缆敷设按单根以延长米计算，一个沟内（或架上）敷设3根各长100m的电缆，应按300m计算，以此类推。

2）电缆敷设长度应根据敷设路径的水平和垂直敷设长度，按表6-12规定增加附加长度。

表6-12　电缆敷设的附加长度

序号	项目	预留长度（附加）	说明
1	电缆敷设弛度、波形弯度、交叉	2.5%	按电缆全长计算
2	电缆进入建筑物	2.0m	规范规定最小值
3	电缆进入沟内或吊架时引上（下）预留	1.5m	规范规定最小值

（续）

序号	项目	预留长度（附加）	说明
4	变电所进线、出线	1.5m	规范规定最小值
5	电力电缆终端头	1.5m	检修余量最小值
6	电缆中间接头盒	两端各留2.0m	检修余量最小值
7	电缆进控制、保护屏及模拟盘等	高+宽	按盘面尺寸
8	高压开关柜及低压配电盘、箱	2.0m	盘下进出线
9	电缆至电动机	0.5m	从电动机接线盒起算
10	厂用变压器	3.0m	从地坪起算
11	电缆绕过梁柱等增加长度	按实计算	按被绕物的断面情况计算增加长度
12	电梯电缆与电缆架固定点	每处0.5m	规范最小值

注：电缆附加及预留的长度是电缆敷设长度的组成部分，应计入电缆长度工程量之内。

（6）电缆终端头及中间头　电缆终端头及中间头均以“个”为计量单位。电力电缆和控制电缆均按一根电缆有两个终端头考虑。中间电缆头设计有图示的，按设计确定；设计没有规定的，按实际情况计算（或按平均250m一个中间头考虑）。电缆终端头的出线应保持必要的电气间距，其带电引上部分之间及至接地部分的距离应符合表6-13的规定。终端头引出线的绝缘长度应符号表6-14的规定。

表6-13　电缆敷设的附加长度

电压/kV		最小距离/mm
户内	6	100
	10	125
户外	6～10	200

表6-14　终端头引出线的绝缘长度

电压/kV	6	10
最小绝缘长度/mm	270	315

（7）电缆桥架安装　桥架安装以“10m”为计量单位。

（8）电缆安装工程工程量计算相关规定

1）吊电缆的钢索及拉紧装置，应按相应定额另行计算。

2）钢索的计算长度以两端固定点的距离为准，不扣除拉紧装置的长度。

3）电缆敷设及桥架安装，应按定额说明的综合内容范围计算。

2. 电缆安装清单工程量计算规则

电缆安装清单工程量计算规则见表6-15。

表 6-15　电缆安装清单工程量计算规则

<table>
<tr><th>项目编码</th><th>项目名称</th><th>项目特征</th><th>计量单位</th><th>工程量计算规则</th><th>工程内容</th></tr>
<tr><td>030408001</td><td>电力电缆</td><td rowspan="2">（1）名称
（2）型号
（3）规格
（4）材质
（5）敷设方式、部位
（6）电压等级（kV）
（7）地形</td><td rowspan="5">m</td><td rowspan="2">按设计图示尺寸以长度计算（含预留长度及附加长度）</td><td rowspan="2">（1）电缆敷设
（2）揭（盖）盖板</td></tr>
<tr><td>030408002</td><td>控制电缆</td></tr>
<tr><td>030408003</td><td>电缆保护管</td><td>（1）名称
（2）材质
（3）规格
（4）敷设方式</td><td rowspan="3">按设计图示尺寸以长度计算</td><td>保护管敷设</td></tr>
<tr><td>030408004</td><td>电缆槽盒</td><td>（1）名称
（2）材质
（3）规格
（4）型号</td><td>槽盒安装</td></tr>
<tr><td>030408005</td><td>铺砂、保护板（砖）</td><td>（1）种类
（2）规格</td><td>（1）铺砂
（2）盖板（砖）</td></tr>
<tr><td>030408006</td><td>电力电缆头</td><td>（1）名称
（2）型号
（3）规格
（4）材质、类型
（5）安装部位
（6）电压等级（kV）</td><td rowspan="2">个</td><td rowspan="2">按设计图示数量计算</td><td rowspan="2">（1）电力电缆头制作
（2）电力电缆头安装
（3）接地</td></tr>
<tr><td>030408007</td><td>控制电缆头</td><td>（1）名称
（2）型号
（3）规格
（4）材质、类型
（5）安装方式</td></tr>
<tr><td>030408008</td><td>防火堵洞</td><td rowspan="3">（1）名称
（2）材质
（3）方式
（4）部位</td><td>处</td><td>按设计图示数量计算</td><td rowspan="3">安装</td></tr>
<tr><td>030408009</td><td>防火隔板</td><td>m^2</td><td>按设计图示尺寸以面积计算</td></tr>
<tr><td>030408010</td><td>防火涂料</td><td>kg</td><td>按设计图示尺寸以质量计算</td></tr>
<tr><td>030408011</td><td>电缆分支箱</td><td>（1）名称
（2）型号
（3）规格
（4）基础形式、材质、规格</td><td>台</td><td>按设计图示数量计算</td><td>（1）本体安装
（2）基础制作、安装</td></tr>
</table>

二、工程量计算实例

【例6-5】 某工厂敷设电缆，电缆自工厂外电杆 N_1 处引下埋设到 N_1 号厂房的动力箱，如图6-4所示。已知 N_1 号厂房的动力箱为 XL（F)-15-0042，高 2.0m，宽 0.6m，箱距地面高为 0.5m，每端备用长度为2.28m，埋深为0.7m，计算电缆的工程量。

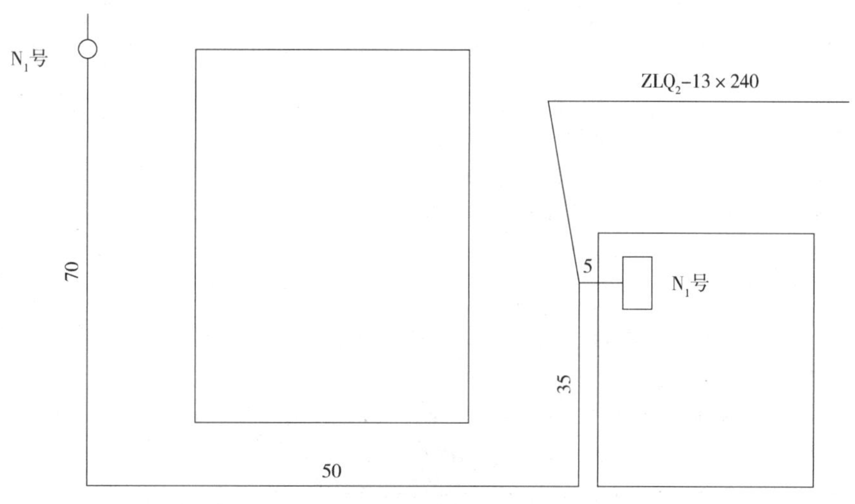

图6-4　电缆敷设示意图（单位：m）

解：清单工程量：

1）电缆埋设的工程量：2.28（备用长度）+70+50+35+5+2.28+2×0.7（埋深）+0.5（箱距地面高）+(2.0+0.6)（箱宽+高）=169.06（m）

2）电缆沿杆敷设的工程量：6+1（杆上预留）=7（m）

第六节　防雷与接地装置安装工程工程量的计算

一、工程量计算规则

1. 防雷与接地装置安装定额工程量计算规则

（1）接地极制作安装　埋入大地以便与大地连接的导体或几个小导体的组合称为接地极，接地极是将电流或电压接入大地的放电通道。接地极制作安装以“根”为计量单位，其长度按设计长度计算。设计无规定时，每根长度按2.5m计算。若设计有管帽时，管帽另按加工件计算。

（2）接地母线敷设　接地母线是指将电流或电压接入接地网的连接线，或将接地极连接成一体的导体。接地母线敷设，按设计长度以“m”为计量单位计算工程量。接地母线、避雷线敷设，均按延长米计算，其长度按施工图设计水平和垂直规定长度另加3.9%的附加长度（包括转弯、上下波动、避绕障碍物、搭接头所占长度）计算。计算主材费时应另增加规定的损耗率。

（3）接地跨接线　接地跨接线就是两个接地网或接地点之间的连接线，一般用40mm×4mm的扁钢连接。接地跨接线的工程量计算以“处”为计量单位。接地跨接线以“处”为计量单位。按规程规定，凡需接地跨接线的工程内容，每跨接一次按一处计算。户外配电装置构架均需接地，每副构架按“一处”计算。

（4）避雷针加工制作、安装　避雷针是用来保护建筑物等避免雷击的装置，在高大建筑物顶端安装一个金属棒，用金属线与埋在地下的一块金属板连接起来，利用金属棒的尖端放电，使云层所带的电和地上的电逐渐中和。避雷针的加工制作、安装，以“根”为计量单位，独立避雷针安装以“基”为计量单位。长度、高度、数量均按设计规定。独立避雷针的加工制作应执行“一般钢件”制作定额或按成品计算。

（5）半导体少长针消雷装置安装　半导体少长针消雷装置安装以“套”为计量单位，按设计安装高度分别执行相应定额。装置本身由设备制造厂成套供货。

（6）接地引下线安装　接地引下线是指连接避雷器与接地装置的导体，利用建筑物内主筋做接地引下线安装，以“10m”为计量单位，每一柱子内按焊接两根主筋考虑。如果焊接主筋数超过两根时，可按比例调整。

（7）断接卡子制作安装　断接卡子制作安装以“套”为计量单位，按设计规定装设的断接卡子数量计算。接地检查井内的断接卡子安装按每井一套计算。

（8）高层建筑物屋顶的防雷接地设置　高层建筑物屋顶的防雷接地设置应执行“避雷网安装”定额，电缆支架的接地线安装应执行“户内接地母线敷设”定额。

（9）均压环敷设　均压环敷设以“m”为单位计算，主要考虑利用圈梁内主筋做均压环接地连线，焊接按两根主筋考虑。超过两根时，可按比例调整。长度按设计需要做均压接地的圈梁中心线长度，以延长米计算。

（10）钢、铝窗接地　钢、铝窗接地以“处”为计量单位（高层建筑六层以上的金属窗设计一般要求接地），按设计规定接地的金属窗数进行计算。

（11）柱子主筋与圈梁连接　柱子主筋与圈梁连接以“处”为计量单位，每处按两根主筋与两根圈梁钢筋分别焊接连接考虑。如果焊接主筋和圈梁钢筋超过两根时，可按比例调整；需要连接的柱子主筋和圈梁钢筋“处”数按规定设计计算。

2. 防雷与接地装置安装清单工程量计算规则

防雷与接地装置安装清单工程量计算规则见表6-16。

表6-16　防雷与接地装置安装清单工程量计算规则

项目编码	项目名称	项目特征	计量单位	工程量计算规则	工程内容
030409001	接地线	（1）名称 （2）材质 （3）规格 （4）土质 （5）基础接地形式	根（块）	按设计图示数量计算	（1）接地极（板、桩）制作、安装 （2）基础接地网安装 （3）补刷（喷）油漆
030409002	接地母线	（1）名称 （2）材质 （3）规格 （4）安装部位 （5）安装形式	m	按设计图示尺寸以长度计算（含附加长度）	（1）接地母线制作、安装 （2）补刷（喷）油漆

（续）

项目编码	项目名称	项目特征	计量单位	工程量计算规则	工程内容
030409003	避雷引下线	（1）名称 （2）材质 （3）规格 （4）安装部位 （5）安装形式 （6）断接卡子、箱材质、规格	m	按设计图示尺寸以长度计算（含附加长度）	（1）避雷引下线制作、安装 （2）断接卡子、箱制作、安装 （3）利用主钢筋焊接 （4）补刷（喷）油漆
030409004	均压环	（1）名称 （2）材质 （3）规格 （4）安装形式			（1）均压环敷设 （2）钢铝窗接地 （3）柱主筋与圈梁焊接 （4）利用圈梁钢筋焊接 （5）补刷（喷）油漆
030409005	避雷网	（1）名称 （2）材质 （3）规格 （4）安装形式 （5）混凝土块强度等级			（1）避雷网制作、安装 （2）跨接 （3）混凝土块制作 （4）补刷（喷）油漆
030409006	避雷针	（1）名称 （2）材质 （3）规格 （4）安装形式、高度	根	按设计图示数量计算	（1）避雷针制作、安装 （2）跨接 （3）补刷（喷）油漆
030409007	半导体少长针消雷装置	（1）型号 （2）高度	套	按设计图示数量计算	本体安装
030409008	等电位端子箱、测试板	（1）名称 （2）材质 （3）规格	台（块）	按设计图示数量计算	本体安装
030409009	绝缘垫	（1）名称 （2）材质 （3）规格	m^2	按设计图示尺寸以展开面积计算	（1）制作 （2）安装
030409010	浪涌保护器	（1）名称 （2）规格 （3）安装形式 （4）防雷等级	个	按设计图示数量计算	（1）本体安装 （2）接线 （3）接地
030409011	降阻剂	（1）名称 （2）类型	kg	按设计图示以质量计算	（1）挖土 （2）施放降阻剂 （3）回填土 （4）运输

二、工程量计算实例

【例6-6】 有一高层建筑物层高2.8m，檐高33.6m，外墙轴线总周长90m，避雷带设置在圈梁中，计算该高层建筑物避雷带的工程量。

解：清单工程量：

避雷带的工程量＝1（项）

第七节 架空配电线路工程工程量的计算

一、工程量计算规则

1. 架空配电线路定额工程量计算规则

（1）工地运输　工地运输是指定额内未计价材料从集中材料堆放点或工地仓库运至杆位上的工程运输，分人力运输和汽车运输，以"吨·千米"（t·km）为计量单位。运输量计算公式为

工程运输量＝施工图用量×（1＋损耗率）

预算运输质量＝工程运输量＋包装物质量（不需要包装的可不计算包装物质量）

（2）电杆坑的开挖及回填

1）无底盘、卡盘的电杆坑，其挖方体积计算公式为

$$V = 0.8 \times 0.8 \times h$$

式中　h—坑深（m）。

2）电杆坑的马道土、石方量按每坑0.2m^{3}计算。

3）施工操作裕度按底拉盘底宽每边增加0.1m。

4）各类土质的放坡系数按表6-17计算。

表6-17　各类土质的放坡系数

土质	普通土、水坑	坚土	松砂石	泥水、流沙、岩石
放坡系数	1:0.3	1:0.25	1:0.2	不放坡

5）冻土厚度大于300mm时，冻土层的挖方量按挖坚土定额乘以系数2.5。其他土层仍按土质性质执行定额。

6）土方量计算公式为

$$V = \frac{h}{6[ab + (a + a_1)(b + b_1) + a_1b_1]}$$

式中　V——土（石）方体积（m^3）；

h——坑深（m）；

a（b）——坑底宽（m），a（b）＝底拉盘底宽＋2×每边操作裕度；

a_1（b_1）——坑口宽（m），a_1（b_1）＝a（b）＋2h×边坡系数。

7）杆坑土质按一个坑的主要土质而定。如一个坑大部分为普通土，少量为坚土，则该坑应全部按普通土计算。

8）带卡盘的电杆坑，如原计算的尺寸不能满足卡盘安装时，因卡盘超长而增加的土（石）方量另计。

9）底盘、卡盘、拉线盘按设计用量以“块”为计量单位。

（3）杆塔组立　杆塔组立是电力线路架设中的关键环节，施工质量要求较高。杆塔组立的形式有两种，一种是整体组立，一种是分解组立。杆塔组立，分别杆塔形式和高度，其工程量计算按设计数量以“根”为计量单位。

（4）拉线制作、安装　在架空电力线路中，凡随不平衡荷重比较明显的电杆一般都要安装拉线，以保证电杆的稳定。拉线一般用镀锌钢丝或镀锌钢绞线制成，其制作与安装按施工图设计规定，分别不同形式，以“组”为计量单位。

（5）横担安装　横担安装按施工图设计规定，分不同形式和截面，以“根”为计量单位，定额按单根拉线考虑。若安装V形、Y形或双拼形拉线时，按2根计算。拉线长度按设计全根长度计算，设计无规定时可按表6-18计算。

表6-18　拉线长度　（单位：m/根）

项目		普通拉线	V（Y）形拉线	弓形拉线
杆高/m	8	11.47	22.94	9.33
	9	12.61	25.22	10.10
	10	13.74	27.48	10.92
	11	15.10	30.20	11.82
	12	16.14	32.28	12.62
	13	18.69	37.38	13.42
	14	19.68	39.36	15.12
水平拉线		26.47	—	—

（6）导线架设　导线架设分别导线类型和不同截面以“km/单线”为计量单位计算。导线预留长度按表6-19的规定计算。导线长度按线路总长度和预留长度之和计算。计算主材费时应另增加规定的损耗率。

表6-19　导线预留长度　（单位：m/根）

项目名称		长度
高压	转角	2.5
	分支、终端	2.0
低压	分支、终端	0.5
	交叉跳线转角	1.5
与设备连接		0.5
进户线		2.5

（7）导线跨越架设　导线跨越架设包括越线架的搭拆和运输，以及因跨越（障碍）施工难度增加而增加的工作量，以“处”为计量单位。每个跨越间距按50m以内考虑，大于50m而小于100m时按2处计算，以此类推。在计算架线工程量时，不扣除跨越档的长度。

(8) 杆上变配电设备安装 杆上变配电设备安装以“台”或“组”为计量单位，定额内包括杆和钢支架及设备的安装工作。但钢支架主材、连引线、线夹、金具等应按设计规定另行计算，设备的接地安装和调试应按相应定额另行计算。

2. 架空配电线路清单工程量计算规则

架空配电线路清单工程量计算规则见表 6-20。

表 6-20 架空配电线路清单工程量计算规则

项目编码	项目名称	项目特征	计量单位	工程量计算规则	工程内容
030410001	电杆组立	(1) 名称 (2) 材质 (3) 规格 (4) 类型 (5) 地形 (6) 土质 (7) 底盘、拉盘、卡盘规格 (8) 拉线材质、规格、类型 (9) 现浇基础类型、钢筋类型、规格，基础垫层要求 (10) 电杆防腐要求	根(基)	按设计图示数量计算	(1) 施工定位 (2) 电杆组立 (3) 土（石）方挖填 (4) 底盘、拉盘、卡盘安装 (5) 电杆防腐 (6) 拉线制作、安装 (7) 现浇基础、基础垫层 (8) 工地运输
030410002	横担组装	(1) 名称 (2) 材质 (3) 规格 (4) 类型 (5) 电压等级（kV） (6) 瓷瓶型号、规格 (7) 金具品种规格	组		(1) 横担安装 (2) 瓷瓶、金具组装
030410003	导线架设	(1) 名称 (2) 型号 (3) 规格 (4) 地形 (5) 跨越类型	km	按设计图示尺寸以单线长度计算（含预留长度）	(1) 导线架设 (2) 导线跨越及进户线架设 (3) 工地运输
030410004	杆上设备	(1) 名称 (2) 型号 (3) 规格 (4) 电压等级（kV） (5) 支撑架种类、规格 (6) 接线端子材质、规格 (7) 接地要求	台(组)	按设计图示数量计算	(1) 支撑架安装 (2) 本体安装 (3) 焊压接线端子、接线 (4) 补刷（喷）油漆 (5) 接地

二、工程量计算实例

【例 6-7】 某新建工厂架设 380V/220V 三相四线线路，导线使用裸铝绞线，需 12m 高水泥杆

15 根，杆上铁横担水平安装一根，末根杆上有阀型避雷器 4 组，计算电杆组立的工程量。

解：清单工程量：

电杆组立的工程量 = 15（根）

第八节　配管、配线安装工程工程量的计算

一、工程量计算规则

1. 配管、配线定额工程量计算规则

1）各种配管应区别不同敷设方式、敷设位置、管材材质、规格，以“延长米”为计量单位，不扣除管路中间的接线箱（盒）、灯头盒、开关盒所占长度。

2）定额中未包括钢索架设及拉紧装置、接线箱（盒）、支架的制作安装，其工程量应另行计算。

3）管内穿线的工程量，应区别线路性质、导线材质、导线截面，以单线“延长米”为计量单位计算。线路分支接头线的长度已综合考虑在定额中，不得另行计算。照明线路中的导线截面面积大于或等于 $6mm^2$ 时，应执行动力线路穿线相应项目。

4）线夹配线工程量，应区别线夹材质（塑料、瓷质）、线式（两线、三线）、敷设位置（在木、砖、混凝土）以及导线规格，以线路“延长米”为计量单位计算。

5）绝缘子配线工程量，应区别绝缘子形式（针式、鼓形、蝶式）、绝缘子配线位置（沿屋架、梁、柱、墙，跨屋架、梁、柱、木结构、顶棚内、砖、混凝土结构，沿钢支架及钢索）、导线截面面积，以线路“延长米”为计量单位计算。绝缘子暗配，引下线按线路支持点至顶棚下缘距离的长度计算。

6）槽板配线工程量，应区别槽板材质（木质、塑料）、配线位置（在木结构、砖、混凝土）、导线截面、线式（二线、三线），以线路“延长米”为计量单位计算。

7）塑料护套线明敷工程量，应区别导线截面、导线芯数（二芯、三芯）、敷设位置（在木结构、砖混凝土结构，沿钢索），以单根线路“延长米”为计量单位计算。

8）线槽配线工程量，应区别导线截面，以单根线路“延长米”为计量单位计算。

9）钢索架设工程量，应区别圆钢、钢索直径（$\phi6$，$\phi9$），按图示墙（柱）内缘距离，以“延长米”为计量单位计算，不扣除拉紧装置所占长度。

10）母线拉紧装置及钢索拉紧装置制作安装工程量，应区别母线截面、花篮螺栓直径（12mm，16mm，18mm），以“套”为计量单位计算。

11）车间带形母线安装工程量，应区别母线材质（铝、铜）、母线截面、安装位置（沿屋架、梁、柱、墙，跨屋架、梁、柱），以“延长米”为计量单位计算。

12）动力配管混凝土地面刨沟工程量，应区别管子直径，以“延长米”为计量单位计算。

13）接线箱安装工程量，应区别安装形式（明装、暗装）、接线箱半周长，以“个”为计量单位计算。

14）接线盒安装工程量，应区别安装形式（明装、暗装、钢索上）以及接线盒类型，以

“个”为计量单位计算。

15）灯具，明、暗开关，插座、按钮等的预留线，已分别综合在相应定额内，不另行计算。配线进入开关箱、柜、板的预留线，按表6-21规定的长度，分别计入相应的工程量。

表6-21 连接设备导线预留长度（每一根线）

序号	项目	预留长度	说明
1	各种开关箱、柜、板	高+宽	盘面尺寸
2	单独安装（无箱、盘）的负荷开关、刀开关、启动器、母线槽进出线盒等	0.3m	以安装对象中心计算
3	由地坪管子出口引至动力接线箱	1m	以管口计算
4	电源与管内导线连接（管内穿线与软、硬母线接头）	1.5m	以管口计算
5	出户线	1.5m	以管口计算

2. 配管、配线清单工程量计算规则

配管、配线清单工程量计算规则见表6-22。

表6-22 配管、配线清单工程量计算规则

项目编码	项目名称	项目特征	计量单位	工程量计算规则	工程内容
030411001	配管	（1）名称 （2）材质 （3）规格 （4）配置形式 （5）接地要求 （6）钢索材质、规格	m	按设计图示尺寸以长度计算	（1）电线管路敷设 （2）钢索架设（拉紧装置安装） （3）预留沟槽 （4）接地
030411002	线槽	（1）名称 （2）材质 （3）规格			（1）本体安装 （2）补刷（喷）油漆
030411003	桥架	（1）名称 （2）型号 （3）规格 （4）材质 （5）类型 （6）接地方式			（1）本体安装 （2）接地
030411004	配线	（1）名称 （2）配线形式 （3）型号 （4）规格 （5）材质 （6）配线部位 （7）配线线制 （8）钢索材质、规格		按设计图示尺寸以单线长度计算（含预留长度）	（1）配线 （2）钢索架设（拉紧装置安装） （3）支持体（夹板、绝缘子、槽板等）安装

（续）

项目编码	项目名称	项目特征	计量单位	工程量计算规则	工程内容
030411005	接线箱	（1）名称 （2）材质 （3）规格 （4）安装形式	个	按设计图示数量计算	本体安装
030411006	接线盒	（1）名称 （2）材质 （3）规格 （4）安装形式			

二、工程量计算实例

【例6-8】 某楼层配电箱如图6-5所示，该楼层层高3.3m，共4层，配电箱安装高度为1.5m，计算电气配线工程量。

解：清单工程量：

电气配线的工程量 = ［14 + （3.3-1.5）×3］×4 = 77.60（m）

说明：配电箱M1有进出两个根管，所以立管共三根，要乘以3。

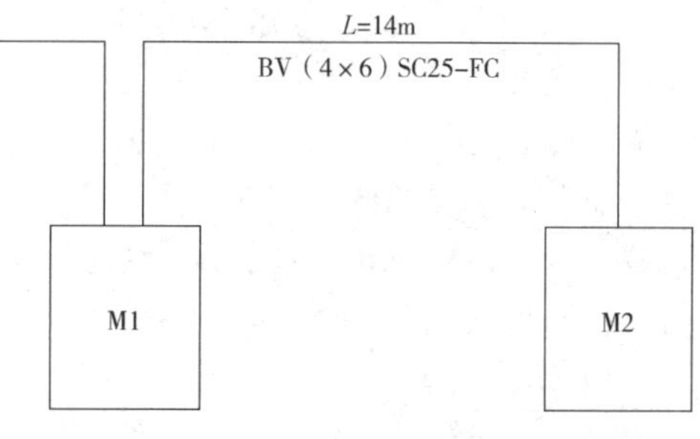

图6-5　配电箱

第九节　照明器具安装工程工程量的计算

一、工程量计算规则

1. 照明器具安装定额工程量计算规则

（1）普通灯具安装　普通灯具安装的工程量，应区别灯具的种类、型号、规格，以“套”为计量单位计算。普通灯具安装定额适用范围见表6-23。

表6-23　普通灯具安装定额适用范围

定额名称	灯具种类
圆球吸顶灯	材质为玻璃的螺口、卡口圆球独立吸顶灯
半圆球吸顶灯	材质为玻璃的独立的半圆球吸顶灯、扁圆罩吸顶灯、平圆形吸顶灯
方形吸顶灯	材质为玻璃的独立的矩形罩吸顶灯、方形罩吸顶灯、大口方罩吸顶灯
软线吊灯	利用软线作为垂吊材料，独立的，材质为玻璃、塑料、搪瓷，形状如碗、伞、平盘灯罩组成的各式软线吊灯

（续）

定额名称	灯具种类
吊链灯	利用吊链作辅助悬吊材料，独立的，材质为玻璃、塑料罩的各式吊链灯
防水吊灯	一般防水吊灯
一般弯脖灯	圆球弯脖灯，风雨壁灯
一般墙壁灯	各种材质的一般壁灯、镜前灯
软线吊灯头	一般吊灯头
声光控座灯头	一般声控、光控座灯头
座灯头	一般塑胶、瓷质座灯头

（2）吊式艺术装饰灯具安装　吊式艺术装饰灯具能够加强空间效果，丰富与改善造型，创造美感，给人以美的享受。吊式艺术装饰灯具的工程量，应根据装饰灯具示意图集所示，区别不同装饰物以及灯体直径和灯体垂吊长度，以“套”为计量单位计算。灯体直径为装饰物的最大外缘直径，灯体垂吊长度为灯座底部到灯梢之间的总长度。

（3）吸顶式艺术装饰灯具安装　吸顶式艺术装饰灯具是一种安装在房间内部的灯具，其上部较平，紧靠屋顶安装，形似太阳，也称太阳灯。吸顶式艺术装饰灯具安装的工程量，应根据装饰灯具示意图集所示，区别不同装饰物、吸盘的几何形状、灯体直径、灯体周长和灯体垂吊长度，以“套”为计量单位计算。灯体直径为吸盘最大外缘直径，灯体半周长为矩形吸盘的半周长，吸顶式艺术装饰灯具的灯体垂吊长度为吸盘到灯梢之间的总长度。

（4）荧光艺术装饰灯具安装

1）荧光灯即低压汞灯，它是利用低气压的汞蒸气在放电过程中辐射紫外线，从而使荧光粉发出可见光的原理发光，因此它属于低气压弧光放电光源。

①直管形荧光灯。常见标称功率有4W、6W、8W、12W、15W、20W、30W、36W、40W、65W、80W、85W和125W；管径用T5、T8、T10、T12；灯头用G5、G13。适用于服装、百货、超级市场、食品、水果、图片、展示窗等色彩绚丽的场合使用。T8色光、亮度、节能、寿命都较佳，适合宾馆、办公室、商店、医院、图书馆及家庭等色彩朴素但要求亮度高的场合使用。

②彩色直管型荧光灯。常见标称功率有20W、30W、40W；管径用T4、T5、T8；灯头用G5、G13。适用于商店橱窗、广告或类似场所的装饰和色彩显示。

③环形荧光灯。常见标称功率有22W、32W、40W；灯头用G10q。主要提供给吸顶灯、吊灯等作配套光源，供家庭、商场等照明用。

④单端紧凑型节能荧光灯。这种荧光灯的灯管、镇流器和灯头紧密地连成一体（镇流器放在灯头内），除了破坏性打击，无法把它们拆卸，故被称为“紧凑型”荧光灯。由于无须外加镇流器，驱动电路也在镇流器内，故这种荧光灯也是自镇流荧光灯和内启动荧光灯。整个灯通过E27等灯头直接与供电网连接，可方便地直接取代白炽灯。

2）荧光艺术装饰灯具安装的工程量，应根据装饰灯具示意图集所示，区别不同安装形式和计量单位计算。

①组合荧光灯光带安装的工程量，应根据装饰灯具示意图集所示，区别安装形式、灯管数量，以“延长米”为计量单位计算。灯具的设计数量与定额不符时，可以按设计数量加损耗量调整主材。

②内藏组合式灯具安装的工程量，应根据装饰灯具示意图集所示，区别灯具组合形式，以“延长米”为计量单位。灯具的设计数量与定额不符时，可根据设计数量加损耗量调整主材。

③发光棚安装的工程量，应根据装饰灯具示意图集所示，以“m^2”为计量单位。发光棚灯具

按设计数量加损耗量计算。

④立体广告灯箱、荧光灯光沿的工程量，应根据装饰灯具示意图集所示，以“延长米”为计量单位。灯具设计数量与定额不符时，可根据设计数量加损耗量调整主材。

（5）几何形状组合艺术灯具安装　几何形状组合艺术灯具安装的工程量，应根据装饰灯具示意图集所示，区别不同安装形式及灯具的不同形式，以“套”为计量单位计算。

（6）标志、诱导装饰灯具　标志、诱导装饰灯具安装的工程量，应根据装饰灯具示意图集所示，区别不同安装形式，以“套”为计量单位计算。

（7）水下艺术装饰灯具安装　水下艺术装饰灯具等电位联结应可靠，且有明显标识，其电源的专用剩余电流保护装置应全部检测合格。水下艺术装饰灯具安装的工程量，应根据装饰灯具示意图集所示，区别不同安装形式，以“套”为计量单位计算。

（8）点光源艺术装饰灯具安装　点光源艺术装饰灯具安装的工程量，应根据装饰灯具示意图集所示，区别不同安装形式、不同灯具直径，以“套”为计量单位计算。

（9）草坪灯具安装　草坪灯具是用于草坪周边的照明设施，也是重要的景观设施，它以其独特的设计、柔和的灯光为城市绿地景观增添了安全与美丽，且安装方便，装饰性强，可用于公园、花园别墅等场所。草坪灯具安装的工程量，应根据装饰灯具示意图集所示，区别不同安装形式，以“套”为计量单位计算。

（10）歌舞厅灯具安装　歌舞厅灯具安装的工程量，应根据装饰灯具示意图所示，区别不同灯具形式，分别以“套”“延长米”“台”为计量单位计算。

（11）荧光灯具安装　荧光灯具安装的工程量，应区别灯具的安装形式、灯具种类、灯管数量，以“套”为计量单位计算。荧光灯具安装定额适用范围见表6-24。

表6-24　荧光灯具安装定额适用范围

定额名称	灯具种类
组装型荧光灯	单管、双管、三管、吊链式、吸顶式，现场组装独立荧光灯
成套型荧光灯	单管、双管、三管、吊链式、吊管式、吸顶式、成套独立荧光灯

（12）工厂灯及防水防尘灯安装　工厂灯及防水防尘灯安装的工程量，应区别不同安装形式，以“套”为计量单位计算。工厂灯及防水防尘灯安装定额适用范围见表6-25。

表6-25　工厂灯及防水防尘灯安装定额适用范围

定额名称	灯具种类
直杆工厂吊灯	配照（GC_1-A）、广照（GC_3-A）、深照（GC_5-A）、斜照（GC_7-A）、圆球（GC_{17}-A）、双罩（GC_{19}-A）
吊链式工厂灯	配照（GC_1-B）、深照（GC_3-B）、斜照（GC_5-C）、圆球（GC_7-B）、双罩（GC_{19}-A）、广照（GC_{19}-B）
吸顶式工厂灯	配照（GC_1-C）、广照（GC_3-C）、深照（GC_5-C）、斜照（GC_7-C）、双罩（GC_{19}-C）
弯杆式工厂灯	配照（GC_1-D/E）、广照（GC_3-D/E）、深照（GC_5-D/E）、斜照（GC_7-D/E）、双罩（GC_{19}-C）、局部深罩（GC_{26}-F/H）
悬挂式工厂灯	配照（GC_{21}-2）、深照（GC_{23}-2）
防水防尘灯	广照（GC_9-A，B，C）、广照保护网（GC_{11}-A，B，C）、散照（GC_{15}-A，B，C，D，E，F，G）

（13）工厂其他灯具安装　工厂其他灯具安装的工程量，应区别不同灯具类型、安装形式、安装高度，以“套”“个”“延长米”为计量单位计算。工厂其他灯具安装定额适用范围见表6-26。

表 6-26　工厂其他灯具安装定额适用范围

定额名称	灯具种类
防潮灯	扁形防潮灯（GC-31），防潮灯（GC-33）
腰形舱顶灯	腰形舱顶灯（CCD-1）
碘钨灯	DW 型，220V，300～1000W
管形氙气灯	自然冷却式，200V/380V，20kW 内
投光灯	TG 型室外投光灯
高压水银灯镇流器	外附式镇流器具 125～450W
安全灯	AOB-1，2，3 型和 AOC-1，2 型安全灯
防爆灯	CBC-200 型防爆灯
高压水银防爆灯	CBC-125/250 型高压水银防爆灯
防爆荧光灯	CBC-1/2 单/双管防爆型荧光灯

（14）医院灯具安装　医院灯具安装的工程量，应区别灯具种类，以“套”为计量单位计算。医院灯具安装定额适用范围见表 6-27。

表 6-27　医院灯具安装定额适用范围

定额名称	病房指示灯	病房暗脚灯	无影灯
灯具种类	病房指示灯	病房暗脚灯	3～12 孔管式无影灯

（15）路灯安装工程　路灯安装工程，应区别不同臂长、不同灯数，以“套”为计量单位计算。工厂厂区内、住宅小区内路灯安装执行电气工程预算定额。城市道路的路灯安装执行市政工程预算定额。路灯安装定额范围见表 6-28。

表 6-28　路灯安装定额范围

定额名称	灯具种类
大马路弯灯	臂长 1200mm 以下，臂长 1200mm 以上
庭院路灯	三火以下，七火以下

（16）开关、按钮安装　开关、按钮安装的工程量，应区别开关、按钮安装形式，开关、按钮种类，开关极数以及单控与双控，以“套”为计量单位计算。

（17）插座安装　插座安装的工程量，应区别电源相数、额定电流、插座安装形式、插座插孔个数，以“套”为计量单位计算。

（18）安全变压器安装　安全变压器安装的工程量，应区别安全变压器容量，以“台”为计量单位计算。

（19）电铃与门铃安装

1）电铃、电铃号码牌箱安装的工程量，应区别电铃直径、电铃号牌箱规格（号），以“套”为计量单位计算。

2）门铃安装工程量计算，应区别门铃安装形式，以“个”为计量单位计算。

（20）风扇与盘管风机安装

1）风扇安装的工程量，应区别风扇种类，以“台”为计量单位计算。

2）盘管风机三速开关、请勿打扰灯，须刨插座安装的工程量，以“套”为计量单位计算。

2. 照明器具安装清单工程量计算规则

照明器具安装清单工程量计算规则见表 6-29。

表 6-29　照明器具安装清单工程量计算规则

项目编码	项目名称	项目特征	计量单位	工程量计算规则	工程内容
030412001	普通灯具	(1) 名称 (2) 型号 (3) 规格 (4) 类型	套	按设计图示数量计算	本体安装
030412002	工厂灯	(1) 名称 (2) 型号 (3) 规格 (4) 安装形式			
030412003	高度标志（障碍）灯	(1) 名称 (2) 型号 (3) 规格 (4) 安装部位 (5) 安装高度			
030412004	装饰灯	(1) 名称 (2) 型号 (3) 规格 (4) 安装形式			
030412005	荧光灯	(1) 名称 (2) 型号 (3) 规格 (4) 安装形式			
030412006	医疗专用灯	(1) 名称 (2) 型号 (3) 规格			
030412007	一般路灯	(1) 名称 (2) 型号 (3) 规格 (4) 灯杆材质、规格 (5) 灯架形式及臂长 (6) 附件配置要求 (7) 灯杆形式（单、双） (8) 基础形式、砂浆配合比 (9) 杆座材质、规格 (10) 接线端子材质、规格 (11) 编号 (12) 接地要求			(1) 基础制作、安装 (2) 立灯杆 (3) 杆座安装 (4) 灯架及灯具附件安装 (5) 焊、压接线端子 (6) 补刷（喷）油漆 (7) 灯杆编号 (8) 接地

（续）

项目编码	项目名称	项目特征	计量单位	工程量计算规则	工程内容
030412008	中杆灯	（1）名称 （2）灯杆的材质及高度 （3）灯架的型号、规格 （4）附件配置 （5）光源数量 （6）基础形式、浇筑材质 （7）杆座材质、规格 （8）接线端子材质、规格 （9）钢构件规格 （10）编号 （11）灌浆配合比 （12）接地要求			（1）基础浇筑 （2）立灯杆 （3）杆座安装 （4）灯架及灯具附件安装 （5）焊、压接线端子 （6）钢构件安装 （7）补刷（喷）油漆 （8）灯杆编号 （9）接地
030412009	高杆灯	（1）名称 （2）灯杆高度 （3）灯架形式（成套或组装、固定或升降） （4）附件配置 （5）光源数量 （6）基础形式、浇筑材质 （7）杆座材质、规格 （8）接线端子材质、规格 （9）钢构件规格 （10）编号 （11）灌浆配合比 （12）接地要求	套	按设计图示数量计算	（1）基础浇筑 （2）立灯杆 （3）杆座安装 （4）灯架及灯具附件安装 （5）焊、压接线端子 （6）钢构件安装 （7）补刷（喷）油漆 （8）灯杆编号 （9）升降机构接线调试 （10）接地
030412010	桥栏杆灯	（1）名称 （2）型号 （3）规格 （4）安装形式			（1）灯具安装 （2）补刷（喷）油漆
030412011	地道涵洞灯				

二、工程量计算实例

【例 6-9】 某工厂厂房采用荧光灯，其接线图如图 6-6 所示，已知该工厂厂房为一层的混凝土砖石结构，顶板距地面高度为 3.8m，室内设置定型照明配电箱（XM-7-3/0）1 台，荧光灯（40W）18 盏，拉线开关 8 个，由配电箱引上 2.5m 为钢管明设（ϕ5），其余为磁夹板配线，用 BLX2.5 电线，引入线设计属于低压配电室范

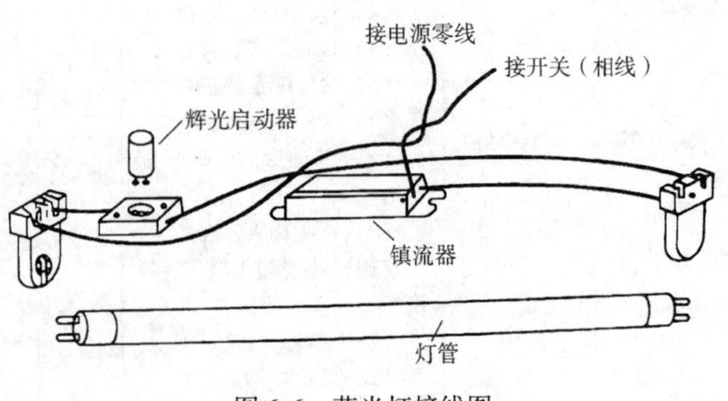

图 6-6 荧光灯接线图

围，所以不用考虑。计算荧光灯工程量。

解：清单工程量：

荧光灯的工程量：18（套）

第七章　建筑电气工程定额计价

第一节　工程定额计价基础知识

一、工程定额的概念

工程定额是在建筑安装工程施工生产过程中，为完成某项工程或某项结构构件，都必须消耗一定数量的劳动力、材料和机具。在社会平均的生产条件下，把科学的方法和实践经验相结合，生产质量合格的单位工程产品所必需的人工材料、机具数量标准，称为建筑安装工程定额，简称工程定额。

二、工程定额的分类

1. 按定额反映的生产要素消耗内容分类

按定额反映的生产要素消耗分类，可把工程定额划分为劳动消耗定额、机械消耗定额和材料消耗定额三种，如图 7-1 所示。

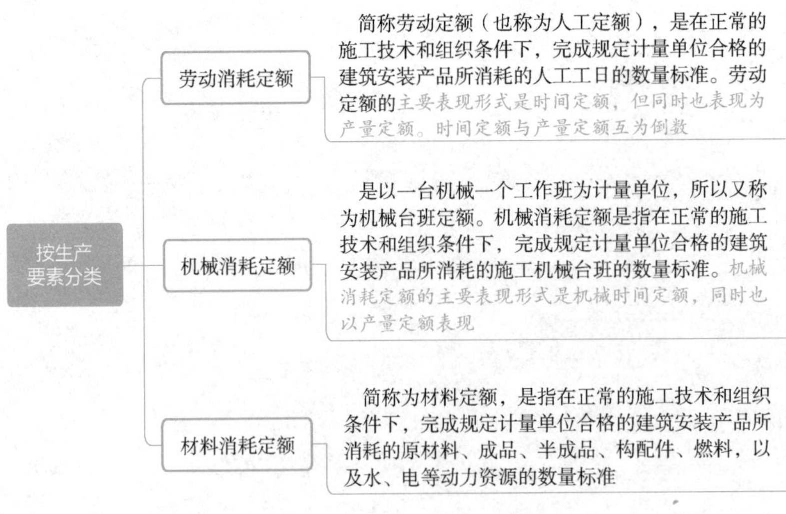

图 7-1　按生产要素分类

2. 按定额的用途分类

按定额的用途分类，可把工程定额分为施工定额、预算定额、概算定额、概算指标和投资估算指标五种，如图7-2所示。

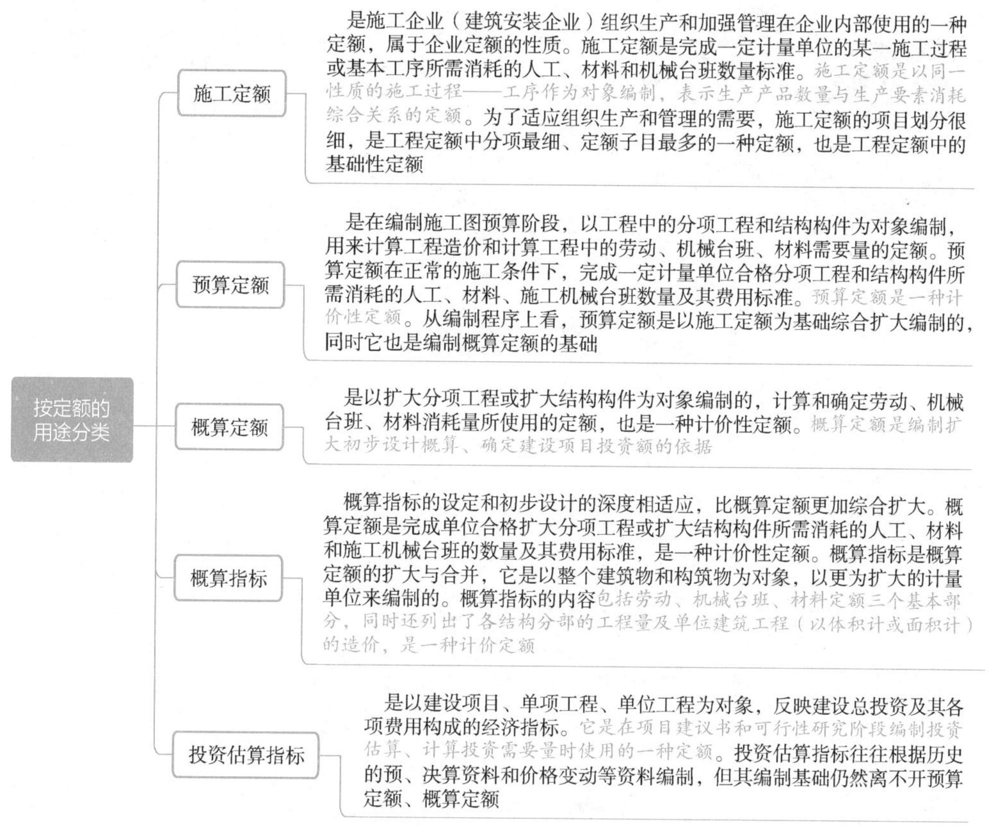

图7-2 按定额的用途分类

3. 按适用范围分类

按适用范围分类，可把工程定额分为全国通用定额、行业通用定额和专业专用定额三种，如图7-3所示。

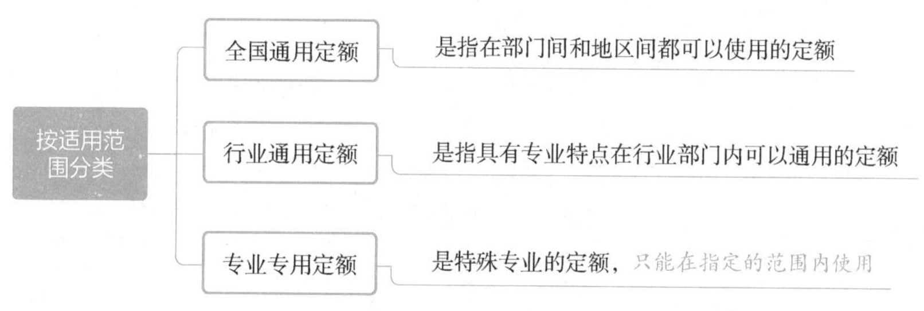

图7-3 按适用范围分类

4. 按主编单位和管理权限分类

按主编单位和管理权限分类，可把工程定额分为全国统一定额、行业统一定额、地区统一定额、企业定额和补充定额五种，如图7-4所示。

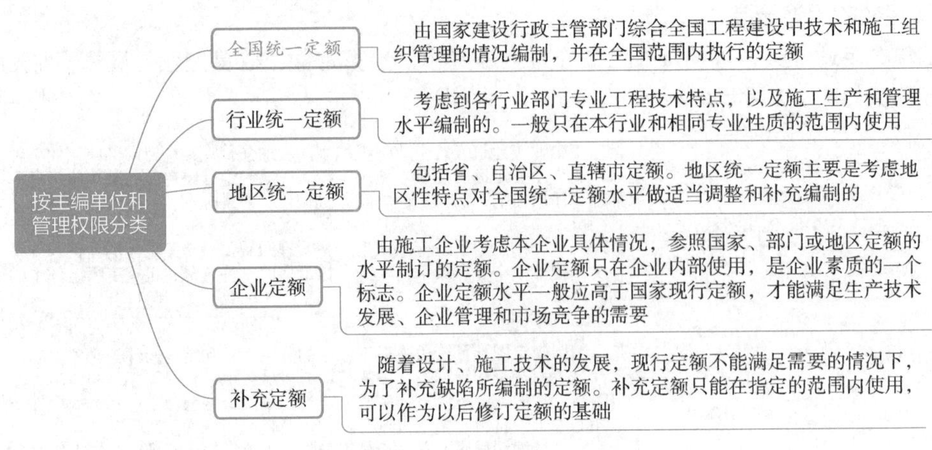

图 7-4　按主编单位和管理权限分类

三、工程定额的特点

工程定额的特点主要表现在多个方面，如图 7-5 所示。

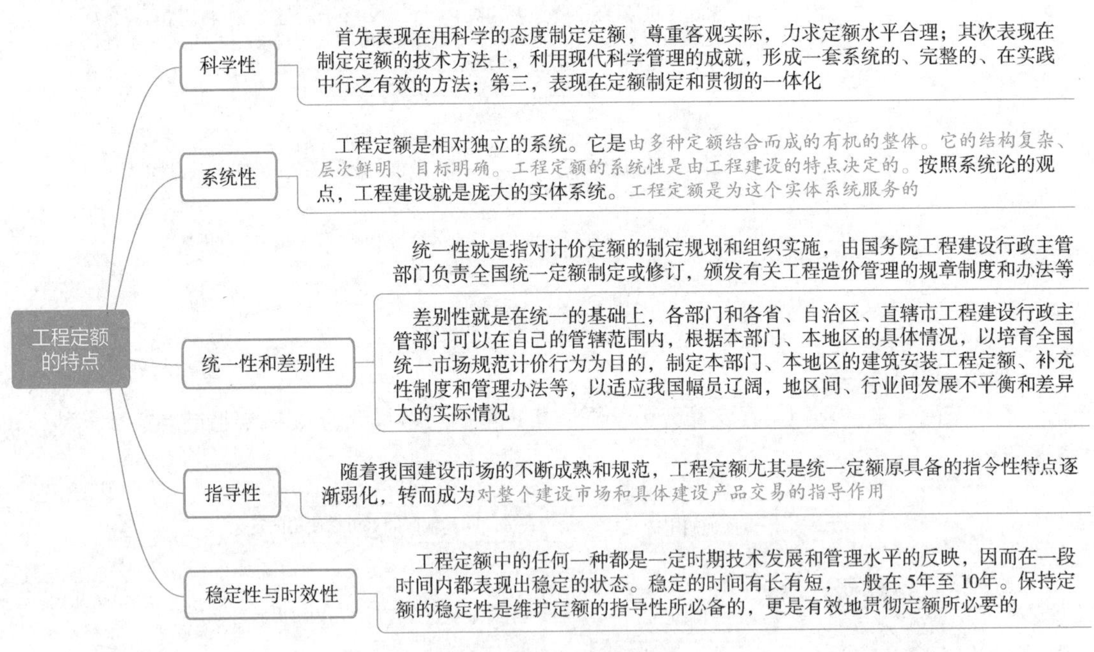

图 7-5　工程定额的特点

四、工程定额计价的基本程序

以预算定额单价法确定工程造价，是我国采用的一种与计划经济相适应的工程造价管理制度。工程定额计价模式实际上是国家通过颁布统一的计价定额或指标，对建筑产品价格进行有计划的管理。国家以假定的建筑安装产品为对象，制定统一的预算和概算定额，计算出每一单元子项的费用后，再综合形成整个工程的价格。工程计价的基本程序如图 7-6 所示。

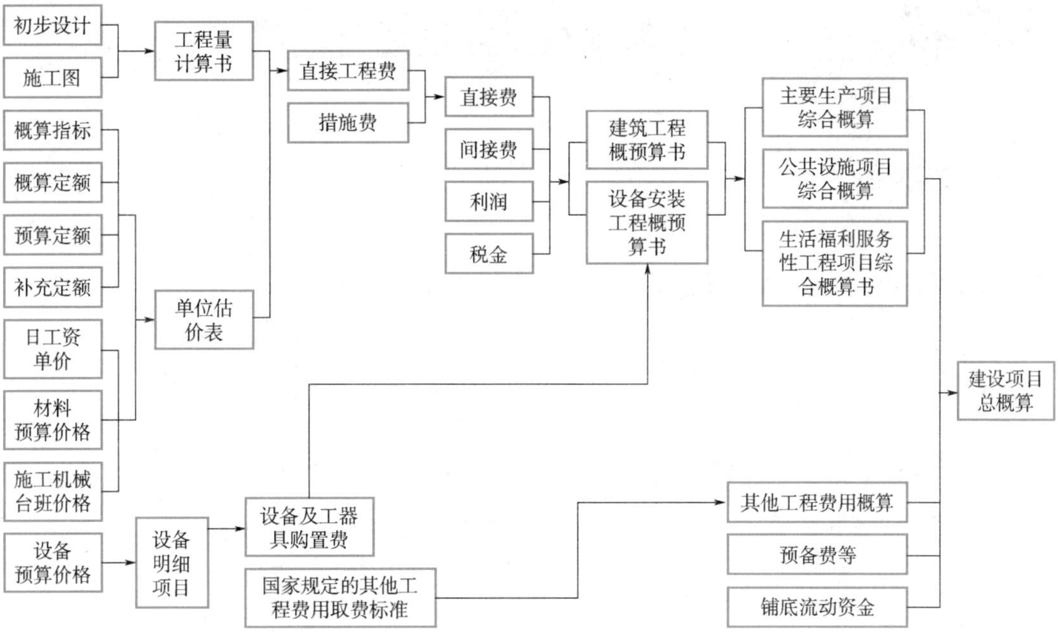

图 7-6　工程计价的程序

从图 7-6 中可以看出，编制建设工程造价最基本的过程有两个：工程量计算和工程计价。为统一口径，工程量的计算均按照统一的项目划分和工程量计算规则计算。工程量确定以后，就可以按照一定的方法确定出工程的成本及盈利，最终就可以确定出工程预算造价（或投标报价）。定额计价方法的特点就是量与价的结合。概预算的单位价格的形成过程，就是依据概预算定额所确定的消耗量乘以定额单价或市场价，经过不同层次的计算达到量与价的最优结合过程。

可以确定建筑产品价格定额计价的基本方法和程序，还可以用公式表示如下：

1）每一计量单位建筑产品的基本构造要素（假定建筑产品）的直接工程费单价 = 人工费 + 材料费 + 施工机械使用费

其中：人工费 = Σ（工日消耗量 × 日工资单价）

材料费 = Σ（材料用量 × 材料单价）

机械使用费 = Σ（机械台班用量 × 机械台班单价）

2）单位工程直接费 = Σ（假定建筑产品工程量 × 直接工程费单价）+ 措施费

3）单位工程概预算造价 = 单位工程直接费 + 间接费 + 利润 + 税金

4）单项工程概预算造价 = Σ单位工程概预算造价 + 设备、工器具购置费

5）建设项目全部工程概预算造价 = Σ单项工程的概预算造价 + 预备费 + 有关的其他费用

第二节 工程预算定额组成与应用

一、预算定额的组成

预算定额的组成如图 7-7 所示。

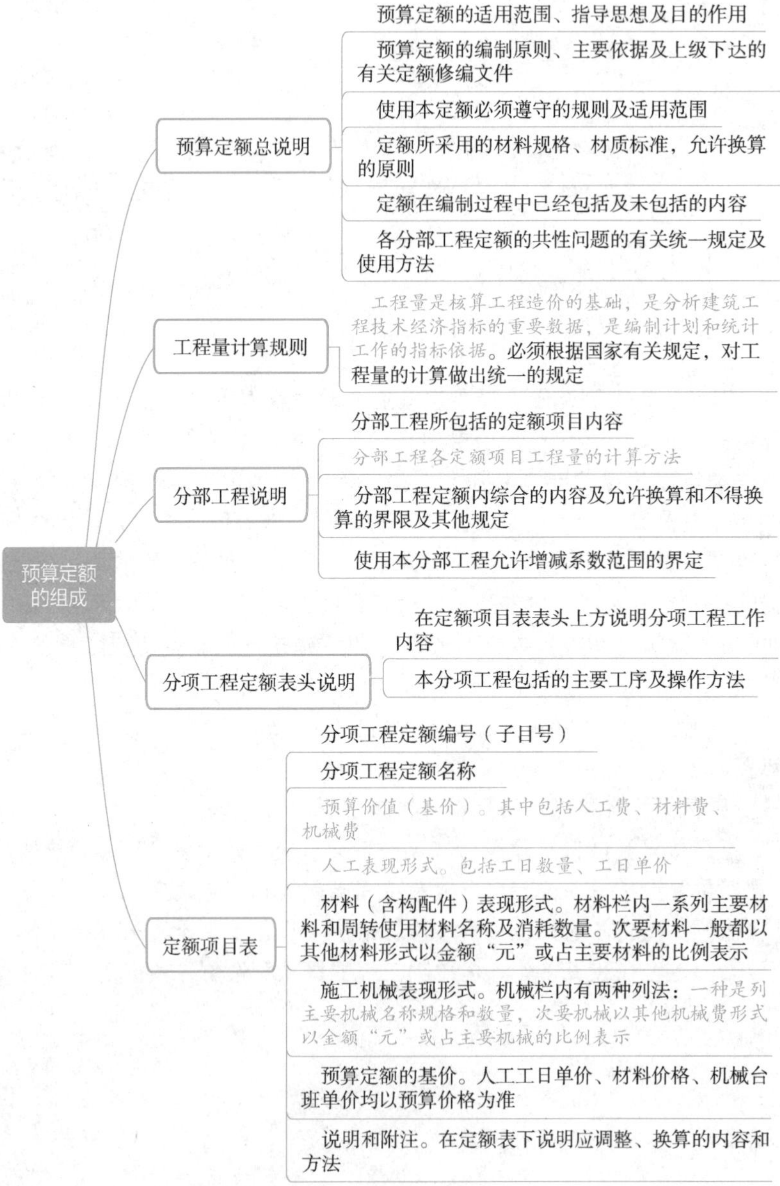

- 预算定额的组成
  - 预算定额总说明
    - 预算定额的适用范围、指导思想及目的作用
    - 预算定额的编制原则、主要依据及上级下达的有关定额修编文件
    - 使用本定额必须遵守的规则及适用范围
    - 定额所采用的材料规格、材质标准，允许换算的原则
    - 定额在编制过程中已经包括及未包括的内容
    - 各分部工程定额的共性问题的有关统一规定及使用方法
  - 工程量计算规则
    - 工程量是核算工程造价的基础，是分析建筑工程技术经济指标的重要数据，是编制计划和统计工作的指标依据。必须根据国家有关规定，对工程量的计算做出统一的规定
  - 分部工程说明
    - 分部工程所包括的定额项目内容
    - 分部工程各定额项目工程量的计算方法
    - 分部工程定额内综合的内容及允许换算和不得换算的界限及其他规定
    - 使用本分部工程允许增减系数范围的界定
  - 分项工程定额表头说明
    - 在定额项目表表头上方说明分项工程工作内容
    - 本分项工程包括的主要工序及操作方法
  - 定额项目表
    - 分项工程定额编号（子目号）
    - 分项工程定额名称
    - 预算价值（基价）。其中包括人工费、材料费、机械费
    - 人工表现形式。包括工日数量、工日单价
    - 材料（含构配件）表现形式。材料栏内一系列主要材料和周转使用材料名称及消耗数量。次要材料一般都以其他材料形式以金额“元”或占主要材料的比例表示
    - 施工机械表现形式。机械栏内有两种列法：一种是列主要机械名称规格和数量，次要机械以其他机械费形式以金额“元”或占主要机械的比例表示
    - 预算定额的基价。人工工日单价、材料价格、机械台班单价均以预算价格为准
    - 说明和附注。在定额表下说明应调整、换算的内容和方法

图 7-7 预算定额的组成

二、预算定额的应用

1. 定额直接套用

1）在实际施工内容与定额内容完全一致的情况下，定额可以直接套用。

2）套用预算定额的注意事项如图 7-8 所示。

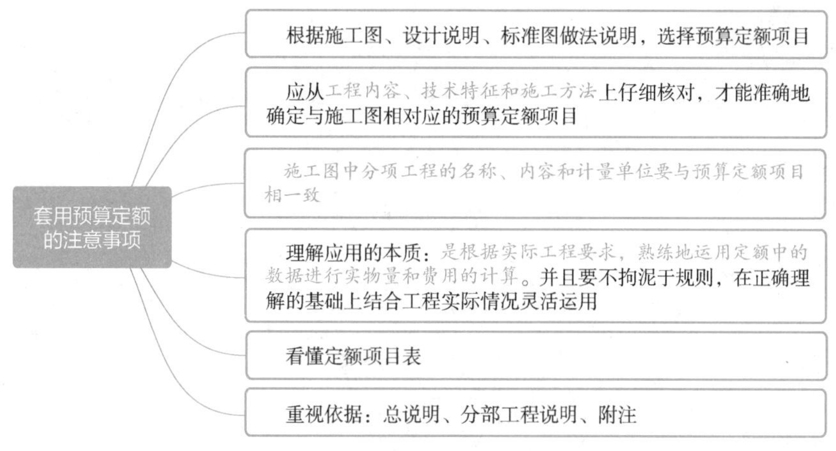

图 7-8　套用预算定额的注意事项

2. 定额的换算

在实际施工内容与定额内容不完全一致的情况下，并且定额规定必须进行调整时需看清楚说明及备注，定额必须换算，使换算以后的内容与实际施工内容完全一致。在子目定额编号的尾部加一“换”字。

换算后的定额基价 = 原定额基价 + 调整费用（换入的费用 – 换出的费用）或

= 原定额基价 + 调整费用（增加的费用 – 扣除的费用）

3. 换算的类型

价差换算、量差换算、量价差混合换算、乘系数等其他换算。

第三节　工程预算定额的编制

一、预算定额的编制

1. 预算定额的编制原则、依据和步骤

（1）预算定额的编制原则　为保证预算定额的质量，充分发挥预算定额的作用，实际使用简便，在编制工作中应遵循的原则如图 7-9 所示。

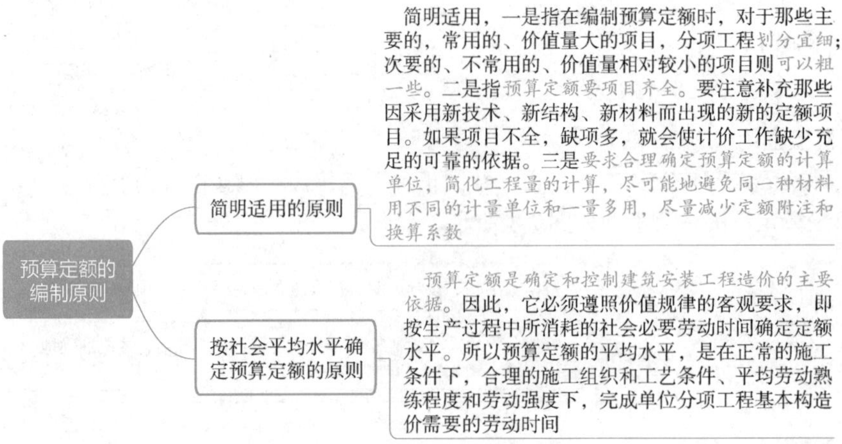

预算定额的编制原则
简明适用的原则
简明适用，一是指在编制预算定额时，对于那些主要的，常用的、价值量大的项目，分项工程划分宜细；次要的、不常用的、价值量相对较小的项目则可以粗一些。二是指预算定额要项目齐全。要注意补充那些因采用新技术、新结构、新材料而出现的新的定额项目。如果项目不全，缺项多，就会使计价工作缺少充足的可靠的依据。三是要求合理确定预算定额的计算单位，简化工程量的计算，尽可能地避免同一种材料用不同的计量单位和一量多用，尽量减少定额附注和换算系数
按社会平均水平确定预算定额的原则
预算定额是确定和控制建筑安装工程造价的主要依据。因此，它必须遵照价值规律的客观要求，即按生产过程中所消耗的社会必要劳动时间确定定额水平。所以预算定额的平均水平，是在正常的施工条件下，合理的施工组织和工艺条件、平均劳动熟练程度和劳动强度下，完成单位分项工程基本构造价需要的劳动时间

图 7-9　预算定额的编制原则

（2）预算定额的编制依据　如图 7-10 所示。

预算定额的编制依据
现行劳动定额和施工定额。预算定额是在现行劳动定额和施工定额的基础上编制的。预算定额中人工、材料、机械台班消耗水平，需要根据劳动定额或施工定额取定；预算定额的计量单位的选择，也要以施工定额为参考，从而保证两者的协调和可比性，减轻预算定额的编制工作量，缩短编制时间
现行设计规范、施工及验收规范，质量评定标准和安全操作规程
具有代表性的典型工程施工图及有关标准图。对这些图样进行仔细分析研究，并计算出工程数量，作为编制定额时选择施工方法确定定额含量的依据
新技术、新结构、新材料和先进的施工方法等。这类资料是调整定额水平和增加新的定额项目所必需的依据
有关科学实验、技术测定和统计、经验资料。这些是确定定额水平的重要依据
现行的预算定额、材料预算价格及有关文件规定等。包括过去定额编制过程中积累的基础资料，也是编制预算定额的依据和参考

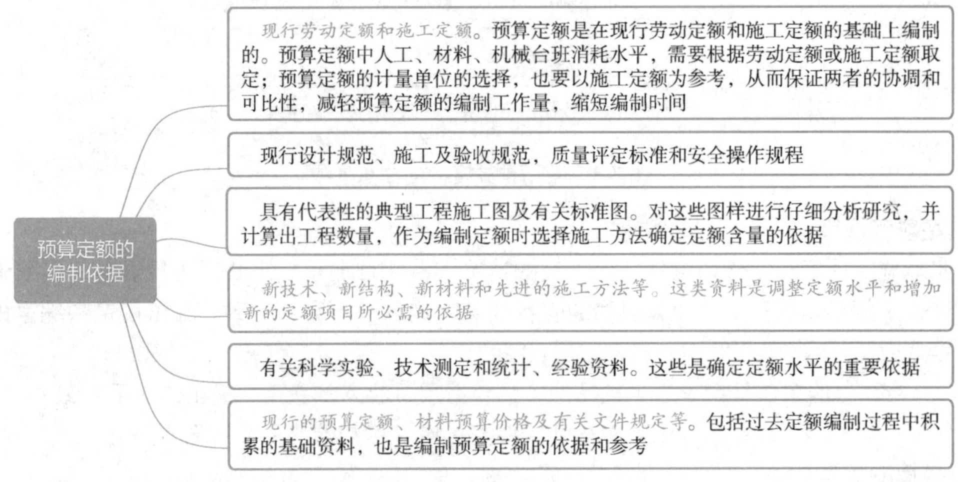

图 7-10　预算定额的编制依据

（3）预算定额的编制程序及要求　预算定额的编制，大致可以分为准备工作、收集资料、编制定额、报批和修改定稿五个阶段。各阶段工作相互有交叉，有些工作还有多次反复。其中，预算定额编制阶段的主要工作如图 7-11 所示。

预算定额编制阶段的主要工作
确定编制细则
主要包括：统一编制表格及编制方法；统一计算口径、计量单位和小数点位数的要求；有关统一性规定，名称统一，用字统一，专业用语统一，符号代码统一，简化字使用要规范，文字要简练明确
确定定额的项目划分和工程量计算规则
计算工程数量，是为了通过计算出典型设计图样所包括的施工过程的工程量，以便在编制预算定额时，有可能利用施工定额的人工、机械台班和材料消耗指标确定预算定额所含工序的消耗量
定额人工、材料、机械台班耗用量的计算、复核和测算

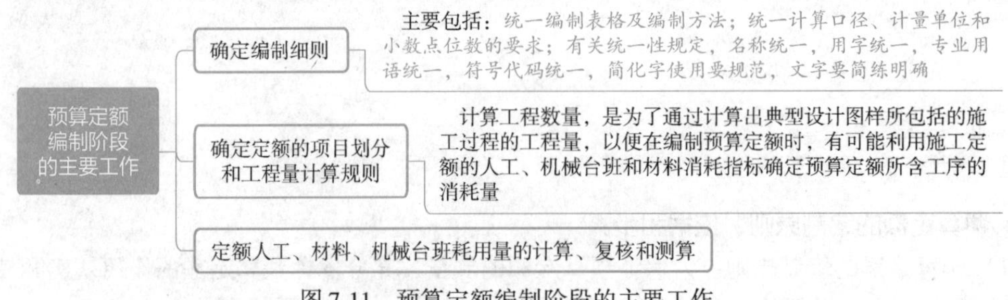

图 7-11　预算定额编制阶段的主要工作

2. 预算定额消耗量的编制方法

（1）预算定额中人工工日消耗量的计算　人工的工日数分为两种确定方法。其一是以劳动定

额为基础确定；其二是以现场观察测定资料为基础计算，主要用于遇到劳动定额缺项时，采用现场工作日写实等测时方法测定和计算定额的人工耗用量。

预算定额中人工工日消耗量是指在正常施工条件下，生产单位合格产品所必需消耗的人工工日数量，是由分项工程所综合的各个工序劳动定额包括的基本用工、其他用工两部分组成的。

1）基本用工。基本用工是指完成一定计量单位的分项工程或结构构件的各项工作过程的施工任务所必须消耗的技术工种用工。按技术工种相应劳动定额工时定额计算，以不同工种列出定额工日。基本用工包括：

①完成定额计量单位的主要用工。按综合取定的工程量和相应劳动定额进行计算。计算公式如下：

基本用工 = Σ（综合取定的工程量 × 劳动定额）

②按劳动定额规定应增（减）计算的用工量。

2）其他用工。

①超运距用工。超运距是指劳动定额中已包括的材料、半成品场内水平搬运距离与预算定额所考虑的现场材料、半成品堆放地点到操作地点的水平运输距离之差。计算公式如下：

超运距 = 预算定额取定运距 − 劳动定额已包括的运距

超运距用工 = Σ（超运距材料数量 × 时间定额）

需要指出，实际工程现场运距超过预算定额取定运距时，可另行计算现场二次搬运费。

②辅助用工。是指技术工种劳动定额内不包括而在预算定额内又必须考虑的用工。例如机械土方工程配合用工、材料加工（筛砂、洗石、淋化石膏），电焊点火用工等。计算公式如下：

辅助用工 = Σ（材料加工数量 × 相应的加工劳动定额）

③人工幅度差。即预算定额与劳动定额的差额，主要是指在劳动定额中未包括而在正常施工情况下不可避免但又很难准确计量的用工和各种工时损失。内容包括各工种间的工序搭接及交叉作业相互配合或影响所发生的停歇用工；施工机械在单位工程之间转移及临时水电线路移动所造成的停工；质量检查和隐蔽工程验收工作的影响；班组操作地点转移用工；工序交接时对前一工序不可避免的修整用工；施工中不可避免的其他零星用工。

人工幅度差计算公式如下：

人工幅度差 =（基本用工 + 辅助用工 + 超运距用工）× 人工幅度差系数

人工幅度差系数一般为 10% ~ 15%。在预算定额中，人工幅度差的用工量列入其他用工量中。

（2）预算定额中材料消耗量的计算　材料消耗量计算方法如图 7-12 所示。

材料损耗量是指在正常条件下不可避免的材料损耗，如现场内材料运输及施工操作过程中的损耗等。其关系式如下：

材料损耗率 = 损耗量/净用量 × 100%

材料损耗量 = 材料净用量 × 损耗率（%）

材料消耗量 = 材料净用量 + 损耗量

或　　材料消耗量 = 材料净用量 ×［1 + 损耗率（%）］

（3）预算定额中机械台班消耗量的计算　预算定额中的机械台班消耗量是指在正常施工条件下，生产单位合格产品（分部分项工程或结构构件）必须消耗的某种型号施工机械的台班数量。

1）根据施工定额确定机械台班消耗量的计算。这种方法是指用施工定额中机械台班产量加机械幅度差计算预算定额的机械台班消耗量。

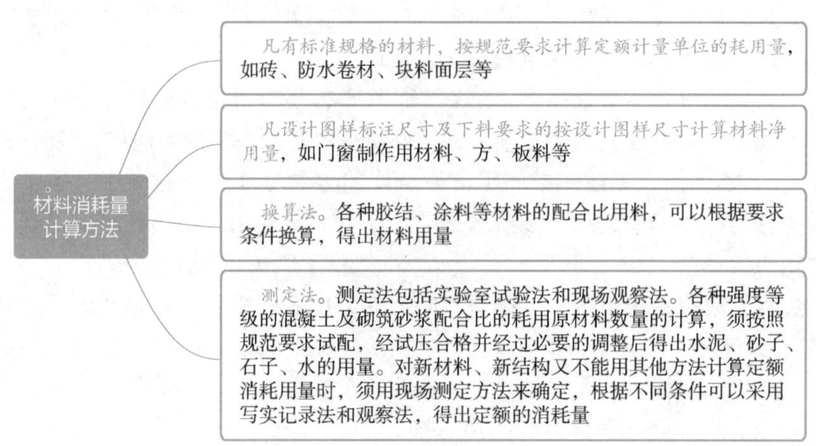

图 7-12　材料消耗量计算方法

机械台班幅度差是指在施工定额中所规定的范围内没有包括，而在实际施工中又不可避免产生的影响机械或使机械停歇的时间。其内容如下：

①施工机械转移工作面及配套机械相互影响损失的时间。

②在正常施工条件下，机械在施工中不可避免的工序间歇。

③工程开工或收尾时工作量不饱满所损失的时间。

④检查工程质量影响机械操作的时间。

⑤临时停机、停电影响机械操作的时间。

⑥机械维修引起的停歇时间。

大型机械幅度差系数为：土方机械25%，打桩机械33%，吊装机械30%。砂浆、混凝土搅拌机由于按小组配用，以小组产量计算机械台班产量，不另增加机械幅度差。其他分部工程中如钢筋加工、木材、水磨石等各项专用机械的幅度差为10%。

综上所述，预算定额的机械台班消耗量按下式计算：

预算定额机械耗用台班 = 施工定额机械耗用台班 ×（1 + 机械幅度差系数）

2）以现场测定资料为基础确定机械台班消耗量。如遇到施工定额缺项者，则需要依据单位时间完成的产量测定。

二、概算定额的编制

1. 概算定额的编制原则和编制依据

（1）概算定额编制原则　概算定额应该贯彻社会平均水平和简明适用的原则。由于概算定额和预算定额都是工程计价的依据，所以应符合价值规律和反映现阶段大多数企业的设计、生产及施工管理水平。但在概预算定额水平之间应保留必要的幅度差。概算定额的内容和深度是以预算定额为基础的综合和扩大。在合并中不得遗漏或增加项目，以保证其严密和正确性。概算定额务必做到简化、准确和适用。

（2）概算定额的编制依据　由于概算定额的使用范围不同，其编制依据也略有不同。其编制一般依据以下资料进行：

1）现行的设计规范、施工验收技术规范和各类工程预算定额。

2）具有代表性的标准设计图样和其他设计资料。

3）现行的人工工资标准、材料价格、机械台班单价及其他的价格资料。

2. 概算定额的编制步骤

概算定额的编制一般分四阶段进行，即准备阶段、编制初稿阶段、测算阶段和审查定稿阶段，如图7-13所示。

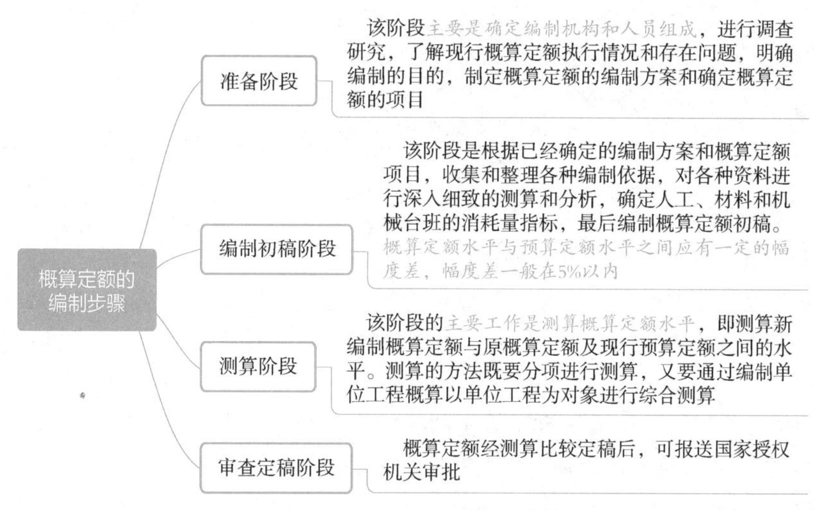

图7-13　概算定额的编制步骤

3. 概算定额基价的编制

概算定额基价和预算定额基价一样，包括人工费、材料费和机械费。概算定额基价是通过编制扩大单位估价表所确定的单价，用于编制设计概算。概算定额基价和预算定额基价的编制方法相同。概算定额基价按下列公式计算：

$$\text{概算定额基价} = \text{人工费} + \text{材料费} + \text{机械费}$$

$$\text{人工费} = \text{现行概算定额中人工工日消耗量} \times \text{人工单价}$$

$$\text{材料费} = \sum(\text{现行概算定额中材料消耗量} \times \text{相应材料单价})$$

$$\text{机械费} = \sum(\text{现行概算定额中机械台班消耗量} \times \text{相应机械台班单价})$$

三、概算指标的编制

（1）概算指标的编制依据　如图7-14所示。

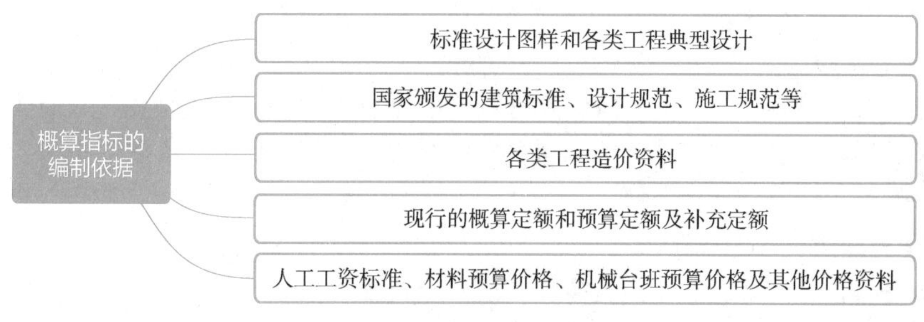

图7-14　概算指标的编制依据

(2) 概算指标的编制步骤　以房屋建筑工程为例，概算指标可按以下步骤进行编制。

1) 首先成立编制小组，拟订工作方案，明确编制原则和方法，确定指标的内容及表现形式，确定基价所依据的人工工资单价、材料预算价格、机械台班单价。

2) 收集整理编制指标所必需的标准设计、典型设计及有代表性的工程设计图样、设计预算等资料，充分利用有使用价值的，已经积累的工程造价资料。

3) 编制阶段。此阶段主要是选定图样，并根据图样资料计算工程量和编制单位工程预算书，以及按编制方案确定的指标项目对照人工及主要材料消耗指标，填写概算指标的表格。

每平方米建筑面积造价指标编制方法有以下两个方面：

①编写资料审查意见及填写设计资料名称、设计单位、设计日期、建筑面积及构造情况，提出审查和修改意见。

②在计算工程量的基础上，编制单位工程预算书，据以确定每百平方米建筑面积及构造情况以及人工、材料、机械消耗指标和单位造价的经济指标。

A. 计算工程量，是根据审定的图样和预算定额计算出建筑面积及各分部分项工程量，然后按编制方案规定的项目进行归并，并以每平方米建筑面积为计算单位，换算出所对应的工程量指标。

B. 根据计算出的工程量和预算定额等资料，编出预算书，求出每百平方米建筑面积的预算造价及人工、材料、施工机械费用和材料消耗量指标。

构筑物是以座为单位编制概算指标，因此，在计算完工程量，编出预算书后，不必进行换算，预算书确定的价值就是每座构筑物概算指标的经济指标。

4) 最后经过核对审核、平衡分析、水平测算、审查定稿等阶段。

四、投资估算指标的编制

1. 收集整理资料阶段

收集整理已建成或正在建设的、符合现行技术政策和技术发展方向、有可能重复采用的、有代表性的工程设计施工图、标准设计及相应的竣工决算或施工图预算资料等，这些资料是编制工作的基础，资料收集越广泛，反映出的问题越多，编制工作考虑越全面，就越有利于提高投资估算指标的实用性和覆盖面。同时，对调查收集到的资料要选择占投资比重大、相互关联多的项目进行认真的分析整理。由于已建成或正在建设的工程的设计意图、建设时间和地点、资料的基础等不同，相互之间的差异很大，需要去粗取精、去伪存真地加以整理，才能重复利用。将整理后的数据资料按项目划分栏目加以归类，按照编制年度的现行定额、费用标准和价格，调整成编制年度的造价水平及相互比例。

2. 平衡调整阶段

由于调查收集的资料来源不同，虽然经过一定的分析整理，但难免会由于设计方案、建设条件和建设时间上的差异带来的某些影响，使数据失准或漏项等。此外，必须对有关资料进行综合平衡调整。

3. 测算审查阶段

测算是将新编的指标和选定工程的概预算在同一价格条件下进行比较，检验其“量差”的偏离程度是否在允许偏差的范围之内，如偏差过大，则要查找原因，进行修正，以保证指标的确切、实用。测算同时也是对指标编制质量进行的一次系统检查，应由专人进行，以保持测算口径的统一，在此基础上组织有关专业人员全面审查定稿。

由于投资估算指标的编制计算工作量非常大，在现阶段计算机已经广泛普及的条件下，应尽可能应用电子计算机进行投资估算指标的编制工作。

第四节　企业定额

一、企业定额的概念

企业定额是指施工企业根据本企业的施工技术和管理水平，编制完成单位合格产品所需要的人工、材料和施工机械台班的消耗量，以及其他生产经营要素消耗的数量标准。

二、企业定额的编制目的和意义

如图7-15所示，企业定额的编制目的和意义可分为四种。

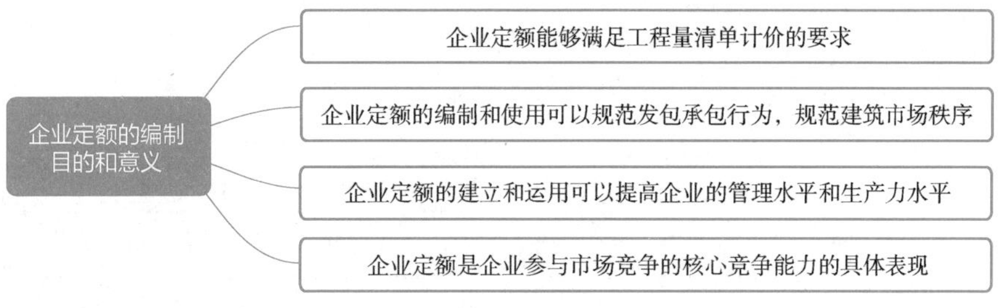

图7-15　企业定额的编制目的和意义

三、企业定额的作用

企业定额只能在企业内部使用，其作用如图7-16所示。

图7-16　企业定额的作用

四、企业定额的编制

1. 编制方法

（1）现场观察测定法　我国多年来专业测定定额常用方法是现场观察测定法。它以研究工时消耗为对象，以观察测时为手段，通过密集抽样和粗放抽样等技术进行直接的时间研究，确定人工消耗和机械台班定额水平。

现场观察测定法的特点是能够把现场工时消耗情况与施工组织技术条件联系起来加以观察、测时、计量和分析，以获得该施工过程的技术组织条件和工时消耗的有技术依据的基础资料。它不仅能为制定定额提供基础数据，而且也能为改善施工组织管理，改善工艺过程和操作方法，消除不合理的工时损失和进一步挖掘生产潜力提供依据。这种方法技术简便、应用面广和资料全面，适用于影响工程造价大的主要项目及新技术、新工艺、新施工方法的劳动力消耗和机械台班水平的测定。

（2）经验统计法　经验统计法是运用抽样统计的方法，从以往类似工程施工的竣工结算资料和典型设计图样资料及成本核算资料中抽取若干个项目的资料，进行分析和测算的方法。

经验统计法的特点是积累过程长、统计分析细致，使用时简单易行、方便快捷。缺点是模型中考虑的因素有限，而工程实际情况则要复杂得多，对各种变化情况的需要不能一一适应，准确性也不够。

2. 编制依据

企业定额的编制依据如图 7-17 所示。

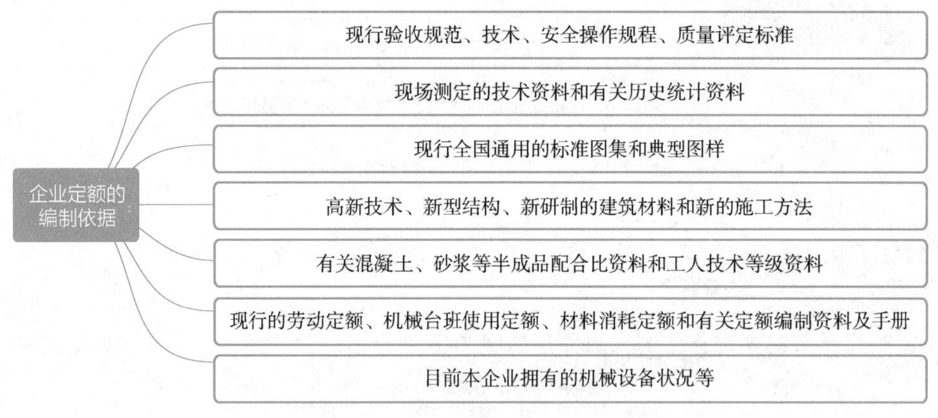

图 7-17　企业定额的编制依据

第八章　建筑电气工程清单计价

第一节　工程量清单及编制

一、工程量清单的概念

工程量清单是指载明建设工程分部分项工程项目、措施项目、其他项目的名称和相应数量及规费、税金项目等内容的明细清单。

二、工程量清单的组成

工程量清单是招标文件的组成部分，是编制标底和投标报价的依据，是签订合同、调整工程量和办理竣工结算的基础，因此，一定要把握工程量清单的组成部分。

1. 分部分项工程量清单

分部分项工程是分部工程和分项工程的总称。分部工程是单位工程的组成部分，是按结构部位、路段长度及施工特点或施工任务将单位工程划分为若干分部的工程。分项工程是分部工程的组成部分，是按不同施工方法、材料、工序及路段长度等分部工程划分为若干个分项或项目的工程。

分部（分项）工程项目清单由五个部分组成，如图 8-1 所示。

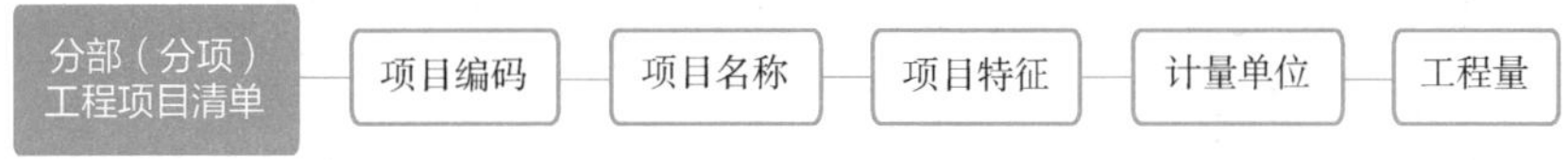

图 8-1　分部（分项）工程项目清单的组成

（1）项目编码　项目编码是分部分项工程和措施项目清单名称的阿拉伯数字标志。分部分项工程量清单项目编码以五级编码设置，用十二位阿拉伯数字表示。一、二、三、四级编码为全国统一，即一至九位应按计价规范附录的规定设置；第五级即十至十二位为清单项目编码，应根据拟建工程的工程量清单项目名称设置，不得有重号，这三位清单项目编码由招标人针对招标工程项目具体编制，并应自 001 起顺序编制。各级编码代表的含义如下：

第一级表示工程分类顺序码（分两位）。

第二级表示专业工程顺序码（分两位）。

第三级表示分部工程顺序码（分两位）。

第四级表示分项工程项目名称顺序码（分三位）。

第五级表示工程量清单项目名称顺序码（分三位）。

当同一标段（或合同段）的一份工程量清单中含有多个单位工程且工程量清单是以单位工程为编制对象时，在编制工程量清单时应特别注意对项目编码十至十二位的设置不得有重码的规定。

（2）项目名称　分部分项工程量清单的项目名称应按各专业工程计量规范附录的项目名称结合拟建工程的实际确定。附录表中的“项目名称”为分项工程项目名称，是形成分部分项工程量清单项目名称的基础。即在编制分部分项工程量清单时，以附录中的分项工程项目名称为基础，考虑该项目的规格、型号、材质等特征要求，结合拟建工程的实际情况，使其工程量清单项目名称具体化、细化，以反映影响工程造价的主要因素。清单项目名称应表达详细、准确，各专业工程计量规范中的分项工程项目名称如有缺陷，招标人可做补充，并报当地工程造价管理机构（省级）备案。

（3）项目特征　项目特征是构成分部分项工程项目、措施项目自身价值的本质特征。项目特征是对项目的准确描述，是确定一个清单项目综合单价不可缺少的重要依据，是区分清单项目的依据，是履行合同义务的基础。分部分项工程量清单的项目特征应按各专业工程计量规范附录中规定的项目特征，结合技术规范、标准图集、施工图样，按照工程结构、使用材质及规格或安装位置等，予以详细而准确地表述和说明。凡项目特征中未描述到的其他独有特征，由清单编制人视项目具体情况确定，以准确描述清单项目为准。

在各专业工程计量规范附录中还有关于各清单项目“工作内容”的描述。工作内容是指完成清单项目可能发生的具体工作和操作程序，但应注意的是，在编制分部分项工程量清单时，工作内容通常无需描述，因为在计价规范中，工程量清单项目与工程量计算规则、工作内容有一一对应关系，当采用计价规范这一标准时，工作内容均有规定。

（4）计量单位　计量单位应采用基本单位，除各专业另有特殊规定外均按以下单位计量：

1）以重量计算的项目——吨或千克（t 或 kg）。

2）以体积计算的项目——立方米（m^3）。

3）以面积计算的项目——平方米（m^2）。

4）以长度计算的项目——米（m）。

5）以自然计量单位计算的项目——个、套、块、樘、组、台等。

6）没有具体数量的项目——宗、项等。

各专业有特殊计量单位的，另外加以说明，当计量单位有两个或两个以上时，应根据所编工程量清单项目的特征要求，选择最适宜表现该项目特征并方便计量的单位。

计量单位的有效位数应遵守下列规定：以“t”为单位，应保留小数点后三位数字，第四位小数四舍五入；以“m”“m^2”“m^3”“kg”为单位，应保留小数点后两位数字，第三位小数四舍五入；以“个”“件”“根”“组”“系统”等为单位，应取整数。

（5）工程量　工程量主要通过工程量计算规则计算得到。工程量计算规则是指对清单项目工程量的计算规定。除另有说明外，所有清单项目的工程量应以实体工程量为准，并以完成后的净值计算；投标人投标报价时，应在单价中考虑施工中的各种损耗和需要增加的工程量。根据工程量清单计价与计量规范的规定，工程量计算规则可以分为房屋建筑与装饰工程、仿古建筑工程、通用安装工程、市政工程、园林绿化工程、矿山工程、构筑物工程、城市轨道交通工程、爆破工程九大类。

随着工程建设中新材料、新技术、新工艺等的不断涌现，计量规范附录所列的工程量清单项目不可能包含所有项目。在编制工程量清单时，当出现计量规范附录中未包括的清单项目时，编制人应做补充。编制补充项目应注意的问题如图 8-2 所示。

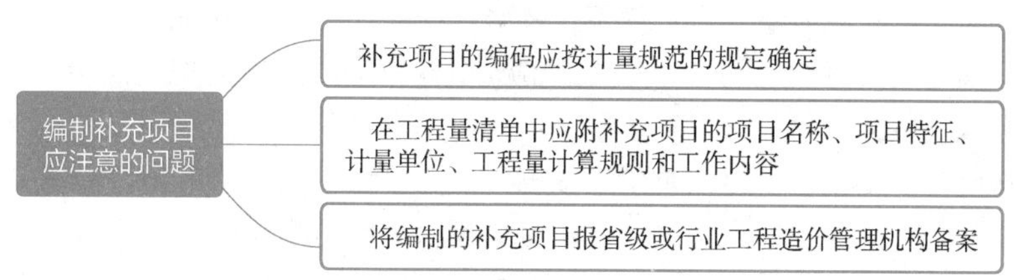

图 8-2　编制补充项目应注意的问题

2. 措施项目清单

措施项目清单是指为完成工程项目施工，发生于该工程施工准备和施工过程中的技术、生活、安全、环境保护等方面的项目。

措施项目清单应根据相关工程现行国家计量规范的规定编制，并应根据拟建工程的实际情况列项。

措施项目费用的发生与使用时间、施工方法或者两个以上的工序相关，并大都与实际完成的实体工程量的大小关系不大，如安全文明施工，夜间施工，非夜间施工照明，二次搬运，冬雨期施工，地上、地下设施，建筑物的临时保护设施，已完工程及设备保护等。但是有些非实体项目则是可以计算工程量的项目，如脚手架工程，混凝土模板及支架（撑），垂直运输，超高施工增加，大型机械设备进出场及安拆，施工排水、降水等，与完成的工程实体具有直接关系，并且是可以精确计量的项目，用分部分项工程量清单的方式采用综合单价，更有利于措施费的确定和调整。措施项目中不能计算工程量的项目清单，以“项”为计量单位进行编制。

3. 其他项目清单

其他项目清单是指分部分项工程量清单、措施项目清单所包含的内容以外，因招标人的特殊要求而发生的与拟建工程有关的其他费用项目和相应数量的清单。

工程建设标准的高低、工程的复杂程度、工程的工期长短、工程的组成内容、发包人对工程管理要求等都直接影响其他项目清单的具体内容。

其他项目清单的组成如图 8-3 所示。

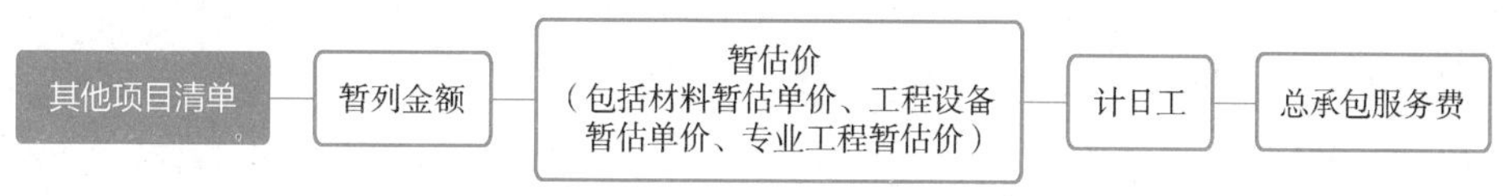

图 8-3　其他项目清单的组成

（1）暂列金额　暂列金额是指招标人在工程量清单中暂定并包括在合同价款中的一笔款项，用于工程合同签订时尚未确定或者不可预见的所需材料、工程设备、服务的采购，施工中可能发生的工程变更、合同约定调整因素出现时的合同价款调整，以及发生的索赔、现场签证确认等的费用。不管采用何种合同形式，其理想的标准是，一份合同的价格就是其最终的竣工结算价格，或者至少两者应尽可能接近。

（2）暂估价　是指招标人在工程量清单中提供的用于支付必然发生但暂时不能确定价格的材料、工程设备的单价及专业工程的金额，包括材料暂估单价、工程设备暂估单价和专业工程暂估价。暂估价数量和拟用项目应当结合工程量清单中的“暂估价表”予以补充说明。为方便合同管理，需要纳入分部分项工程量清单项目综合单价中的暂估价应只是材料、工程设备暂估单价，以方便投标人组价。

专业工程的暂估价一般应是综合暂估价，应当包括除规费和税金以外的管理费、利润等取费。公开透明地合理确定这类暂估价的实际开支金额的最佳途径就是通过施工总承包人与工程建设项目招标人共同组织的招标。

暂估价中的材料、工程设备暂估单价应根据工程造价信息或参照市场价格估算，列出明细表；专业工程暂估价应分不同专业，按有关计价规定估算，列出明细表。

(3) 计日工　在施工过程中，承包人完成发包人提出的工程合同范围以外的零星项目或工作，按合同中约定的单价计价的一种方式。

计日工是为了解决现场发生的零星工作的计价而设立的。国际上常见的标准合同条款中，大多数都设立了计日工计价机制。计日工对完成零星工作所消耗的人工工时、材料数量、施工机械台班进行计量，并按照计日工表中填报的适用项目的单价进行计价支付。

计日工适用的所谓零星项目或工作一般是指合同约定之外的或者因变更而产生的、工程量清单中没有相应项目的额外工作，尤其是那些难以事先商定价格的额外工作。

(4) 总承包服务费　是指总承包人为配合协调发包人进行的专业工程发包，对发包人自行采购的材料、工程设备等进行保管及施工现场管理、竣工资料汇总整理等服务所需的费用。招标人应预计该项费用并按投标人的投标报价向投标人支付该项费用。

4. 规费、税金项目清单

1）规费项目清单的组成如图 8-4 所示。

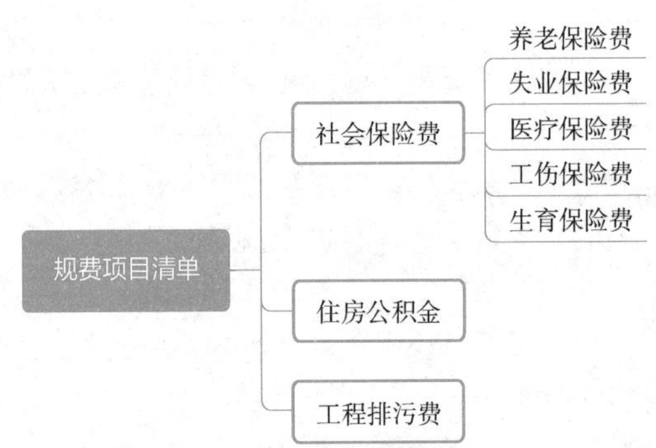

图 8-4　规费项目清单的组成

2）税金项目清单的组成如图 8-5 所示。

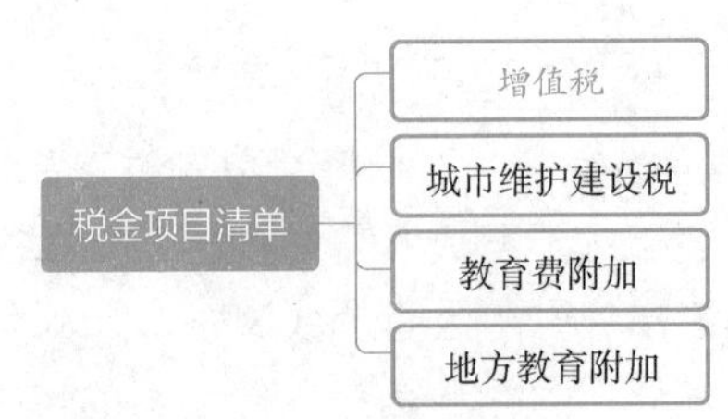

图 8-5　税金项目清单的组成

注：出现计价规范未列的项目，应根据税务部门的规定列项。

三、建筑电气工程工程量清单的编制

1. 工程量清单的编制依据

工程量清单的编制依据通常包括五部分内容，如图 8-6 所示。

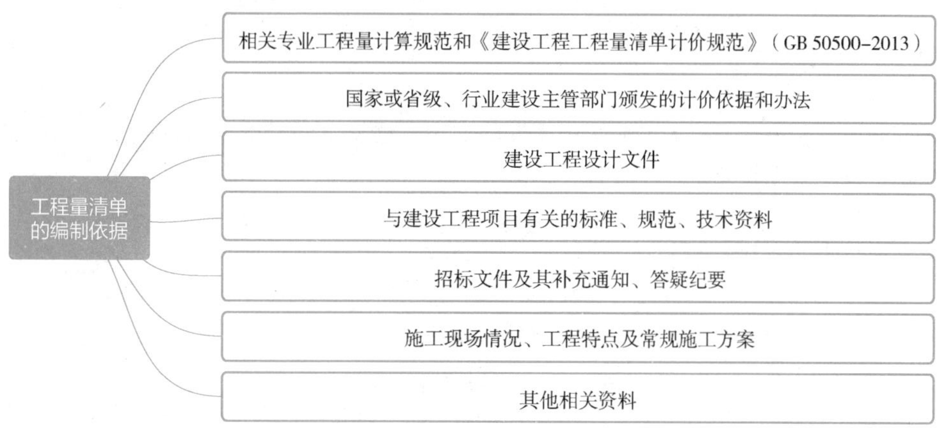

图 8-6　工程量清单的编制依据

2. 工程量清单的编制程序

工程量清单的编制程序可分为五个步骤，如图 8-7 所示。

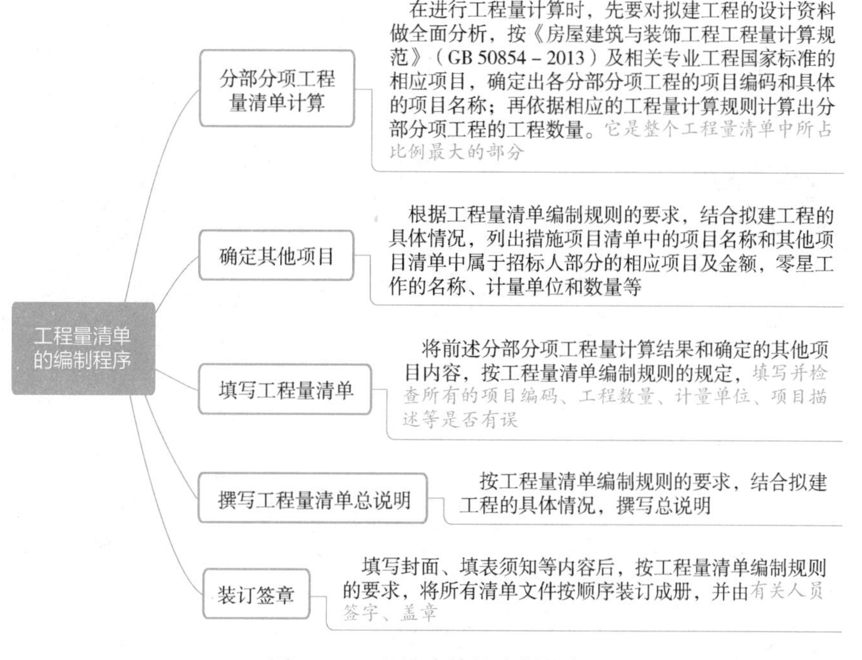

图 8-7　工程量清单的编制程序

第二节 工程量清单计价的概述

一、工程量清单计价的概念

工程量清单计价是指投标人按照招标文件的规定，根据工程量清单所列项目，参照工程量清单计价依据计算的全部费用。

二、工程量清单计价的作用

工程量清单计价的作用如图 8-8 所示。

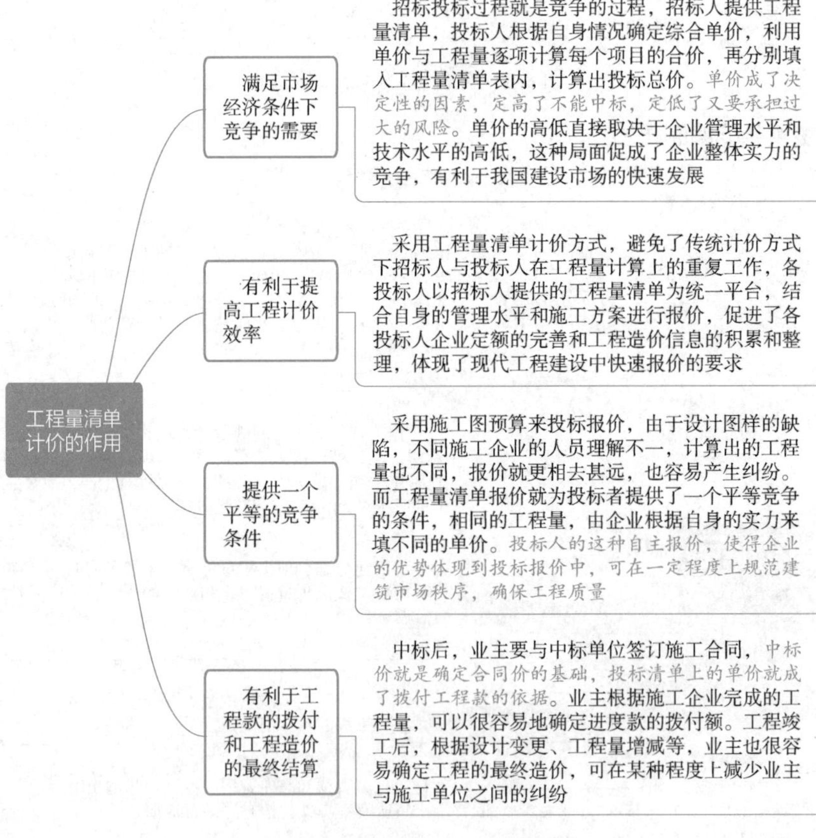

图 8-8　工程量清单计价的作用

三、工程量清单计价的适用范围

计价规范适用于建设工程发承包及其实施阶段的计价活动。使用国有资金投资的建设工程发承包，必须采用工程量清单计价；非国有资金投资的建设工程，宜采用工程量清单计价；不采用工程量清单计价的建设工程，应执行计价规范中除工程量清单等专门性规定外的其他规定。

国有资金投资的项目包括全部使用国有资金（含国家融资资金）投资或国有资金投资为主的工程建设项目。

1）国有资金投资的工程建设项目包括：

①使用各级财政预算资金的项目。

②使用纳入财政管理的各种政府性专项建设资金的项目。

③使用国有企事业单位自有资金，并且国有资产投资者实际拥有控制权的项目。

2）国家融资资金投资的工程建设项目包括：

①使用国家发行债券所筹资金的项目。

②使用国家对外借款或者担保所筹资金的项目。

③使用国家政策性贷款的项目。

④国家授权投资主体融资的项目。

⑤国家特许的融资项目。

3）国有资金（含国家融资资金）为主的工程建设项目是指国有资金占投资总额50%以上，或虽不足50%但国有投资者实质上拥有控股权的工程建设项目。

四、工程量清单计价的基本原理

工程量清单计价的基本原理：按照工程量清单计价规范规定，在各相应专业工程计量规范规定的工程量清单项目设置和工程量计算规则基础上，针对具体工程的施工图样和施工组织设计计算出各个清单项目的工程量，根据规定的方法计算出综合单价，并汇总各清单合价得出工程总价。

（1）分部分项工程费 = Σ（分部分项工程量 × 综合单价）

（2）措施项目费 = Σ（措施项目工程量 × 综合单价）

（3）其他项目费 = 暂列金额 + 暂估价 + 计日工 + 总承包服务费

（4）单位工程报价 = 分部分项工程费 + 措施项目费 + 其他项目费 + 规费 + 税金

（5）单项工程报价 = Σ单位工程报价

（6）建设项目总报价 = Σ单项工程报价

公式中，综合单价包括人工费、材料费、施工机具使用费、企业管理费和利润以及一定范围内的风险费用。风险费用是隐含于已标价工程量清单综合单价中，用于化解发承包双方在工程合同中约定内容和范围内的市场价格波动风险的费用。

工程量清单计价活动涵盖施工招标、合同管理，以及竣工交付全过程，主要包括编制招标工程量清单、招标控制价、投标报价，确定合同价，进行工程计量与价款支付、合同价款的调整、工程结算和工程计价纠纷处理等活动。

五、建设工程造价的组成

采用工程量清单计价，建设工程造价由分部分项工程费、措施项目费、其他项目费和规费、税金组成，如图8-9所示。

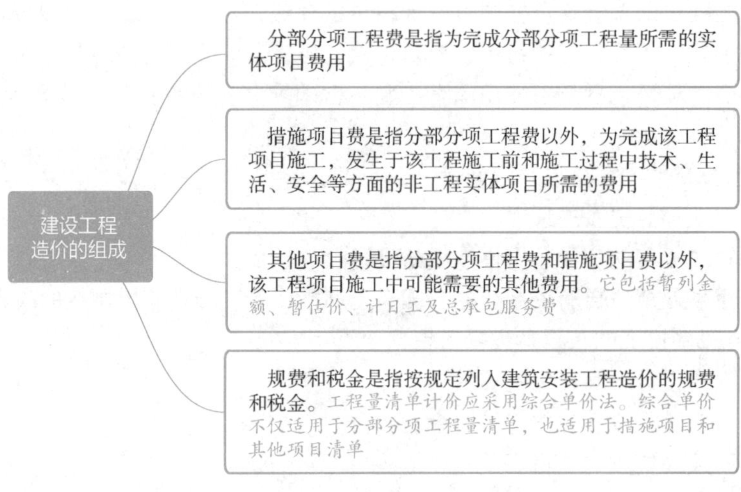

图 8-9　建设工程造价的组成

第三节　工程量清单计价的应用

一、招标控制价

招标控制价是招标人根据国家或省级、行业建设主管部门颁发的有关计价依据和办法，以及拟定的招标文件和招标工程量清单，编制的招标工程的最高限价。国有资金投资的工程建设项目应实行工程量清单招标，并应编制招标控制价，招标控制价应由具有编制能力的招标人或受其委托具有相应资质的工程造价咨询人编制。

二、投标价

投标价是由投标人按照招标文件的要求，根据工程特点，并结合企业定额及企业自身的施工技术、装备和管理水平，依据有关规定自主确定的工程造价，是投标人投标时报出的工程合同价，是投标人希望达成工程承包交易的期望价格，它不能高于招标人设定的招标控制价。

三、合同价款的确定与调整

合同价是在工程发承包交易过程中，由发承包双方在施工合同中约定的工程造价。采用招标发包的工程，其合同价应为投标人的中标价。在发承包双方履行合同的过程中，当图家的法律、法规、规章及政策发生变化时，国家或省级、行业建设主管部门或其授权的工程造价管理机构据此发布工程造价调整文件，合同价款应当进行调整。

四、竣工结算价

竣工结算价是由发承包双方依据国家有关法律、法规和标准规定，按照合同约定确定的，包括在履行合同过程中按合同约定进行的工程变更、索赔和价款调整，是承包人按合同约定完成了全部承包工作后，发包人应付给承包人的合同总金额。

第九章 建筑电气工程造价软件的运用

第一节 广联达工程造价算量软件基础知识

一、基本概念

随着社会的进步，造价行业也逐步深化，建筑市场上工程造价计算软件也多种多样，人机的结合使得操作方便，软件包含清单和定额两种计算规则，运算速度快，计算结果精准，为广大工程造价人员提供巨大方便。目前最常见、最常用、最受欢迎及最值得信赖的造价计算软件是广联达软件，产品被广泛使用于房屋建筑、工业与基础设施等三大行业。举世瞩目的奥运鸟巢、上海迪斯尼、上海中心大厦、广州东塔等工程中，广联达产品均有深入应用，并赢得好评。下面以广联达 BIM 安装算量软件 GQI2018 为例，简单介绍一下安装算量软件的操作步骤及运用。

二、类别

广联达软件主要包括工程量清单计价软件（GBQ）、图形算量软件（GCL）、钢筋算量软件（GGJ）、钢筋翻样软件（GFY）、安装算量软件（GQI）、材料管理软件（GMM）、精装算量软件（GDQ）、市政算量软件（GMA）等，进行套价、工程量计算、钢筋用量计算、钢筋现场管控、安装工程量计算、材料的管理、装修的工程量价处理、桥梁及道路等的工程量计算等。软件内置了规范和图集，自动实行扣减，还可以根据各公司和个人需要，对其进行设置修改，选择需要的格式报表等。安装好广联达工程算量和造价系列软件后，装上相对应的加密锁，双击计算机屏幕上的图标，就启动软件了。

三、算量原理

广联达安装算量软件 GQI2018 是针对民用建筑工程中安装专业所研发的一款工程量计算软件。集成了 CAD 图算量、PDF 图纸算量、天正实体算量、表格算量、描图算量等多种算量模式。通过设备一键全楼统计，管线一键整楼识别等一系列功能，解决工程造价人员在招标投标、过程提量、结算对量等过程中手工统计繁杂、审核难度大、工作效率低等问题。

安装工程能算出的量有：计算数量的比如照明灯具、开关插座、配电箱等，以及计算长度的如电线配管等。

四、操作流程

广联达安装算量（GQI）软件做工程的流程如图 9-1 所示。

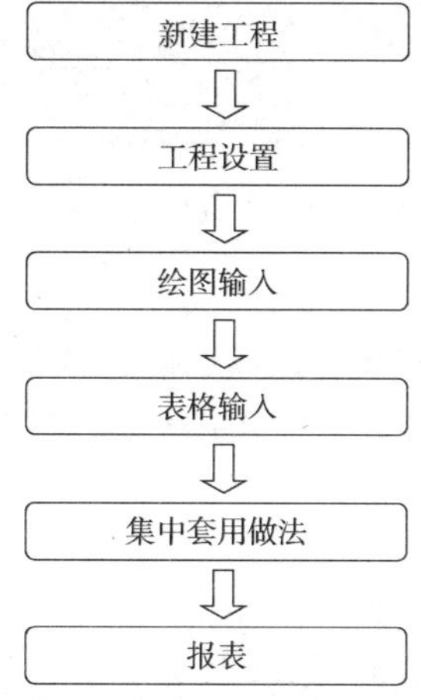

图 9-1 GQI2018 做工程的流程

第二节 广联达安装算量软件 GQI2018 操作

一、新建工程

打开软件，进入新建界面，进行工程的新建，主要填写工程名称、保存路径、计算规则、定额库和清单库、工程类型五部分的信息，其中特别需要注意的是工程保存路径及计算规则的选择，算量软件中完全支持 2013 新清单的计算规则，在实际算量中不同的计算规则会对工程量的计算结果产生影响。新建好工程后，进入第二步工程设置。

二、工程设置

在工程设置中主要是对工程的主要信息进行录入，其中包括图纸管理、工程信息、楼层设置、设计说明信息、计算设置。

1. 图纸管理

首先需要将图纸导入到软件当中，在这里使用图纸管理中的添加图纸来完成，如图 9-2 所示。

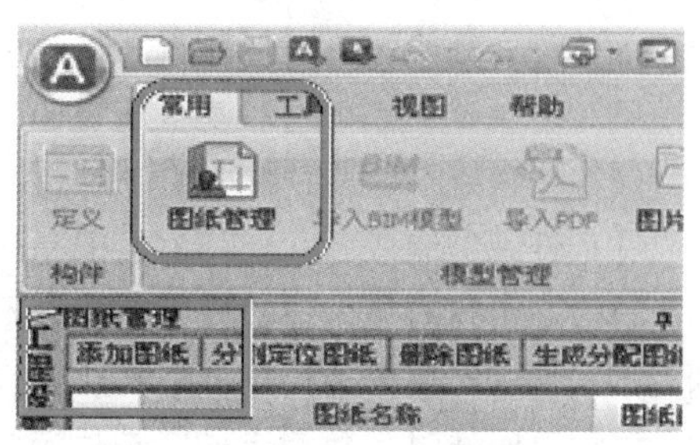

图 9-2 图纸添加操作按钮

2. 工程信息

图纸导入完成后可以按照图纸录入对应的工程信

息，这里的工程信息只起到标识的作用，对工程量的结果没有影响，如图9-3所示。

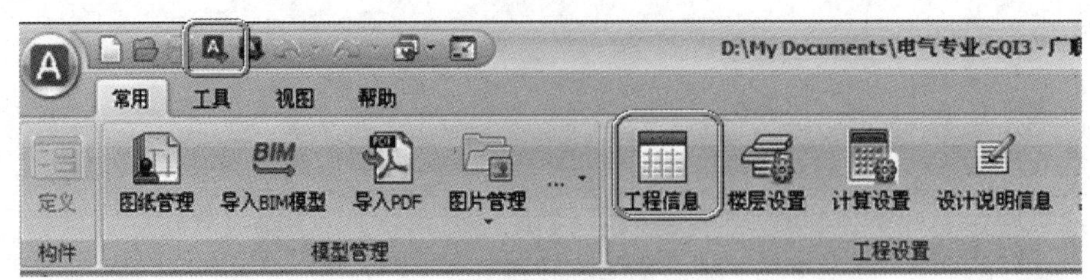

图9-3　工程信息设置

3. 楼层设置

工程信息完成之后，进入到楼层设置，选择在首层单击“插入楼层”完成地上楼层的建立，选择在基础层，可完成地下的楼层建立，如果建立有误，可以通过删除楼层进行修改，同时要设置层高。

4. 设计说明信息

楼层建立完成之后，看设计说明信息，在电气工程图纸中，照明灯具、开关插座在材料表中统一标注距地高度，通过设计说明信息可以统一设置安装高度。

5. 计算设置

在安装算量软件中，能够保证工程量计算准确性的还有一个很重要的内容，就是安装中的计算规则，常见的计算规则软件已经内置了，如果工程有特殊说明，也可以直接在计算设置里面进行修改。

完成所有的信息后要对导入的图纸进行分割定位，具体是在“图纸管理”里面找到分割定位图纸分割定位好后单击“生成分配图纸”，软件可以自动把图纸分配到各个楼层，然后进行计算。首先看下数量的计算。

三、绘图输入

1. 数量的计算

在软件中只需要四步即可完成工程量的统计，分别为新建构件、识别、检查、提量，在算量的环节都要遵循着这四步的操作。

第一步首先要在算量软件中新建构件，可以采用两种方式，使用定义可以手动建立构件信息，同时软件中还内置了常见的构件库供大家选择。

新建构件完成后，就进入到第二步的操作，软件通过“图例”的功能可以快速地将图中相同图例的数量自动统计出来；可通过“形识别”快速的识别图中相似图例的统计；通过“配电箱自动识别”可快速识别所有种类的配电箱；“一键识别”可以一次性提取灯具和开关插座，不需要分别新建，识别。强调是在块图元的前提下。

在构件识别完成后，比较关注的是工程量的准确性，图纸中有没有漏掉的图例没有识别上，这时通过漏量检查可以自动检查出图中还没有被识别的块图例，更加保证结果准确。还可以对识别完的构件进行属性的检查，在属性中的蓝色字体代表的是公有属性，黑色字体代表的是私有属性，同时可以通过“批量选择”快速选中相同名称的所有设备。

前三步完成之后就可以进行提量了，在绘图区直接提量或查量可以通过“多图元”的命令，可以快速查看指定区域内的所有设备的工程量。

2. 长度的计算

第一步新建构件，可以采用两种方式，使用定义可以手动建立构件信息，软件会自动对应之前设计说明信息中的标高信息，同时软件中还内置了常见的构件库供选择，比如新建管线。

在计算管线量的时候可运用“多回路”功能键，多回路可以解决按照配电箱回路编号统计管线、同一回路穿线根数不同、靠墙构件这三个问题，并可以同时识别多个回路，应注意的是必须先要识别墙体。

在电线配管识别完成后，需要对管线的完整性进行检查，通过“回路”的功能可自动亮显整个回路的管线，可直观地检查回路的完整性，并可与每段管线的工程量对应，如图 9-4 所示。

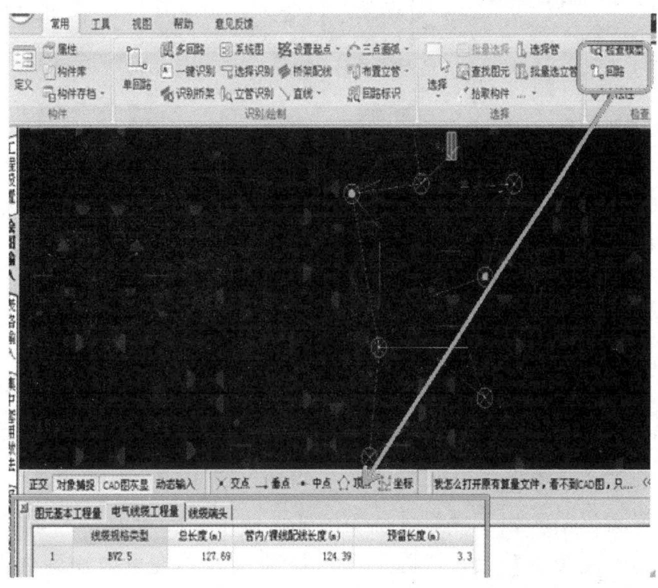

图 9-4　检查回路

最后就是提量，可以采用计算式的功能，直接查看到管线对应的工程量、长度并可直接显示在绘图区域，如图 9-5 所示。

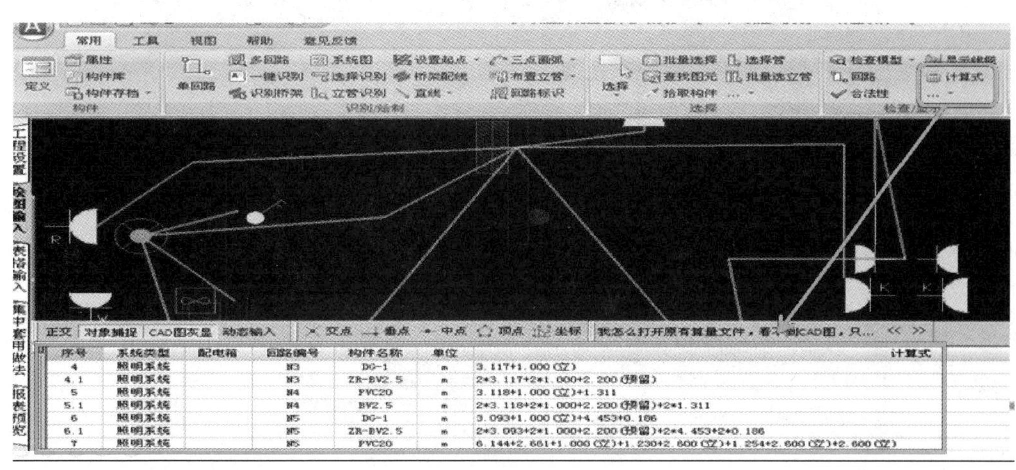

图 9-5　管道提量示意图

四、表格输入

对于图纸上没有表示的工程量，以及工程中的变更、签证等工程量可以通过表格输入来统计。

表格输入的工程量可以在表格输入页签中集中查看，可以通过“单元格设置”“过滤”对变更、签证的项目进行统一的管理，如图9-6所示。

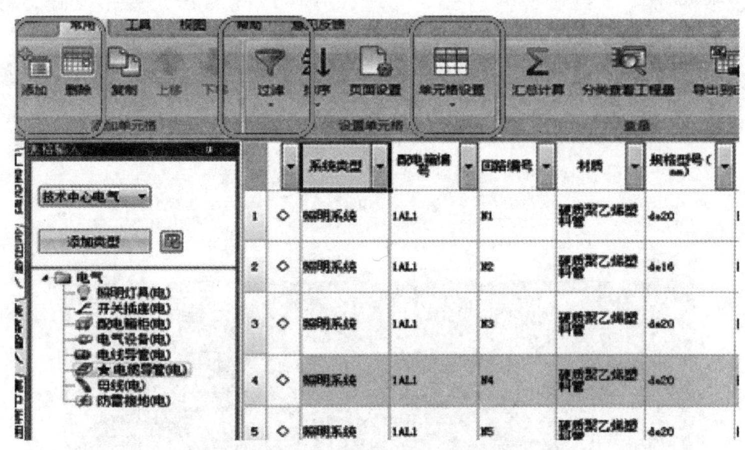

图9-6　表格输入相关处理键

五、集中套用做法

汇总计算后绘图输入和表格输入中的工程量全部都呈现出来，如图9-7所示，可以使用“属性分类设置”的功能设置当前表格工程量呈现的形式，使用“自动套用清单”功能，软件会根据构件属性中的信息自动匹配清单项目，“匹配项目特征”的功能可以快速为清单编辑项目特征。套取做法后，单击“汇总计算”，保存结果。

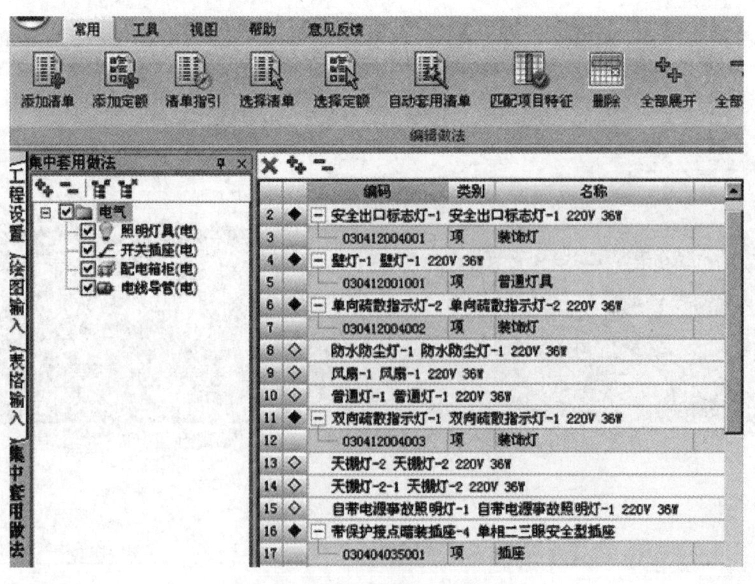

图9-7　集中套用做法示意图

六、报表

在软件中提供了符合用户提量习惯的多种报表，可以满足提量、核量过程中的各种需要。

在提量的过程中，发现某一工程量有疑问，或想要追溯图纸计算位置，可通过“报表反查”自动返回图纸对应的管线位置。

在提量时，经常需要按照不同的维度进行统计，比如按照配管材质、管径，敷设方式的分别出量，使用“报表设置器”可以根据任意属性进行分类提量。软件中不仅内置了常用报表，还可以通过保存报表、载入报表对报表进行灵活调整，同时支持导出 Excel 或 PDF 文件。

第十章　建筑电气工程综合计算实例

实例一

工程背景资料如下：

（1）图 10-1 为某配电房电气平面图，图 10-2 为配电箱系统图、设备材料表。该建筑物为单层平屋面砖、混凝土结构，建筑物室内净高为 4.00m。

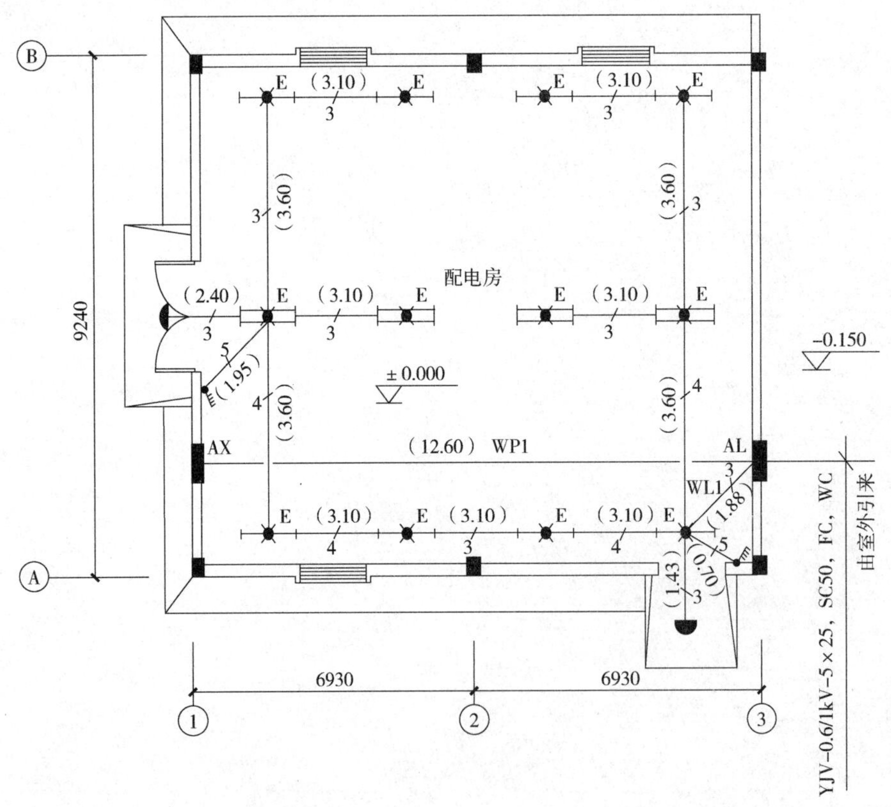

图 10-1　某配电房电气平面图

图中括号内数字表示线路水平长度，配管进入地面或顶板内深度均按 0.05m，穿管规格为 BV2.5 导线穿 3～5 根均采用刚性阻燃管 PC20，其余按系统图。

（2）该工程相关定额、主材单价及损耗率见表 10-1。

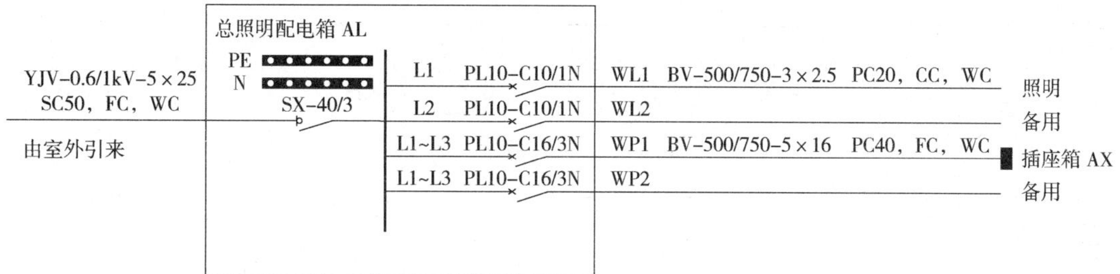

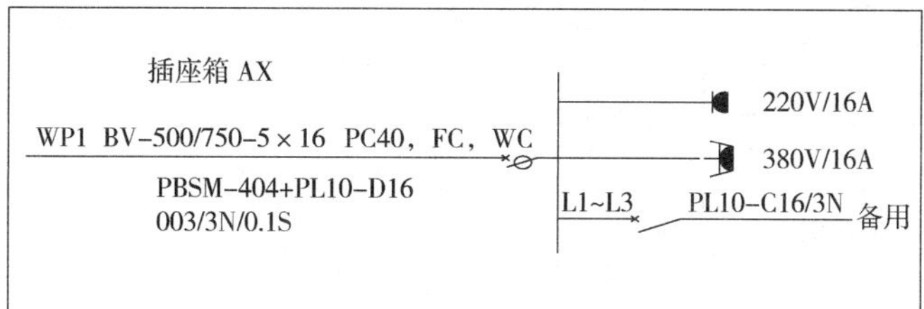

设备材料表

序号	图例	材料/设备名称	型号规格	单位	备注
1		总照明配电箱 AL	非标定制，600（宽）×800（高）×200（深）	台	嵌入式，安装高度底边离地1.5m
2		插座箱 AX	PZ30，300（宽）×300（高）×120（深）	台	嵌入式，安装高度底边离地0.5m
3		吸顶灯	HYG7001，1×32W，D350	套	吸顶安装
4	E	双管荧光灯 自带蓄电池	HYG218-2C，2×28W	套	应急时间不小于120min，吸顶安装
5	E	单管荧光灯 自带蓄电池	HYG118-2C，1×28W	套	应急时间不小于120min，吸顶安装
6		四联单控暗开关	AP86K41-10，250V/10A	个	安装高度离地1.3m

图 10-2　配电箱系统图、设备材料表

表 10-1　工程相关定额、主材单价及损耗率

定额编号	项目名称	定额单位	安装基价/元			主材	
			人工费	材料费	机械费	单价	损耗率（%）
4-2-76	成套插座箱安装 嵌入式半周长≤1.0m	台	102.30	34.40	0	500.00 元/台	
4-2-77	成套配电箱安装 嵌入式半周长≤1.5m	台	131.50	37.90	0	4000.00 元/台	
4-1-14	无端子外部接线 导线截面≤2.5mm^2	个	1.20	1.44	0		
4-4-26	压铜接线端子 导线截面≤16mm^2	个	2.50	3.87	0		
4-12-133	砖、混凝土结构暗配 刚性阻燃管 PC20	10m	54.00	5.20	0	2.00 元/m	6
4-12-137	砖、混凝土结构暗配 刚性阻燃管 PC40	10m	66.60	14.30	0	5.00 元/m	6

（续）

定额编号	项目名称	定额单位	安装基价/元			主材	
			人工费	材料费	机械费	单价	损耗率（%）
4-13-5	管内穿照明线 铜芯导线截面≤2.5mm²	10m	8.10	1.50	0	1.80 元/m	16
4-13-28	管内穿动力线 铜芯导线截面≤16mm²	10m	8.10	1.80	0	11.50 元/m	5
4-14-2	吸顶灯具安装 灯罩周长≤1100mm	套	13.80	1.90	0	100.00 元/套	1
4-14-204	荧光灯具安装　吸顶式　单管	套	13.90	1.50	0	120.00 元/套	1
4-14-205	荧光灯具安装　吸顶式　双管	套	17.50	1.50	0	180.00 元/套	1
4-14-380	四联单控暗开关安装	个	7.00	0.80	0	15.00 元/个	2

注：表内费用均不包含增值税可抵扣进项税额。

（3）该工程的人工费单价（综合普工、一般技工和高级技工）为 100 元/工日，管理费和利润分别按人工费的 40% 和 20% 计算。

（4）相关分部分项工程量清单项目编码及项目名称见表 10-2。

表 10-2　相关分部分项工程量清单项目编码及项目名称

项目编码	项目名称	项目编码	项目名称
030404017	配电箱	030411001	配管
030404018	插座箱	030411004	配线
030404034	照明开关	030412005	荧光灯
030404031	小电器	030412001	普通灯具

问题：

1. 按照背景资料（1）~（4）和图 10-1 及图 10-2 所示内容，根据《建设工程工程量清单计价规范》（GB 50500—2013）和《通用安装工程工程量计算规范》（GB 50856—2013）的规定，计算各分部分项工程量，并将配管（PC20、PC40）和配线（BV2.5、BV16）的工程量计算式与结果填写在指定位置（见表 10-3）；计算各分部分项工程的综合单价与合价，编制完成表 10-4“分部分项工程和单价措施项目清单与计价表”。（答题时不考虑总照明配电箱的进线管道和电缆，不考虑开关盒和灯头盒）

表 10-3　工程量计算表

序号	项目编码	项目名称	计量单位	计算式	工程量

表 10-4　分部分项工程和单价措施项目清单与计价表

工程名称：配电房　　　　　　　　　　　　　　标段：电气工程

序号	项目编码	项目名称	项目特征描述	计量单位	工程量	金额/元		
						综合单价	合价	其中：暂估价

2. 设定该工程“总照明配电箱 AL”的清单工程量为 1 台，其余条件均不变，根据背景资料（2）中的相关数据，编制完成表 10-5“综合单价分析表”。(计算结果保留两位小数)

表 10-5　综合单价分析表

工程名称：配电房　　　　　　　　　　　　　　标段：电气工程

项目编码		项目名称				计量单位		工程量					
清单综合单价组成明细													
定额编号	定额名称	定额单位	数量	单价/元					合价/元				
				人工费	材料费	机械费	企业管理费	利润	人工费	材料费	机械费	企业管理费	利润
人工单价	小计												
元/工日	未计价材料费												
清单项目综合单价													

材料费明细	主要材料名称、规格、型号	单位	数量	单价/元	合价/元	暂估单价/元	暂估合价/元
	其他材料费						
	材料费小计						

解：

1.（1）工程量计算结果见表 10-6。

表 10-6　工程量计算结果

序号	项目编码	项目名称	计量单位	计算式	工程量
1	030404017001	配电箱 AL	台	1	1
2	030404018001	插座箱 AX	台	1	1
3	030411001001	WL1 刚性阻燃管沿砖、混凝土结构暗配 PC20	m	水平：$1.88+0.7+1.43+3.1\times7+4\times3.6+1.95+2.4=44.46$ 垂直：$4-1.5-0.8+0.05+(4-1.3+0.05)\times2=7.25$ 合计：$44.46+7.25=51.71$	51.71
4	030411001002	WP1 刚性阻燃管沿砖、混凝土结构暗配 PC40	m	$12.6+1.5+0.5+0.05\times2=14.70$	14.70

（续）

序号	项目编码	项目名称	计量单位	计算式	工程量
5	030411004001	WL1 管内穿铜线 BV2.5mm²	m	（1.88 +0.6 +0.8 +4 −1.5 −0.8 +1.43 +3.6 +2.4 +3.1 ×5 +3.6 +0.05）×3 +（3.6 ×2 +3.1 ×2）×4 +（0.7 +4 −1.3 +0.05 +1.95 +4 −1.3 +0.05）×5 =189.03	189.03
6	030411004002	WP1 管内穿铜线 BV16mm²	m	（14.7 +0.6 +0.8 +0.3 +0.3）×5 =83.50	83.50
7	030404034001	四联单控暗开关	个	2	2
8	030412005001	单管荧光灯	套	8	8
9	030412005002	双管荧光灯	套	4	4
10	030412001001	吸顶灯	套	2	2

（2）分部分项工程和单价措施项目清单与计价结果见表10-7。

表 10-7　分部分项工程和单价措施项目清单与计价结果

序号	项目编码	项目名称	项目特征描述	计量单位	工程量	金额/元		
						综合单价	合价	暂估价
1	030404017001	配电箱	（1）总照明配电箱 AL （2）非标定制，600mm × 800mm × 300mm（宽 × 高 × 厚） （3）嵌入式安装，底边距地 1.5m （4）无端子外部接线 2.5mm²3 个 （5）压铜接线端子 16mm² 5 个	台	1.00	4297.73	4297.73	
2	030404018001	插座箱	（1）插座箱 AX （2）300mm × 300mm × 120mm（宽 × 高 × 厚） （3）嵌入式安装，底边距地 0.5m	台	1.00	698.08	698.08	
3	030404034001	照明开关	（1）四联单控暗开关 250V/10A （2）底边距地 1.3m 安装	个	2.00	27.30	54.60	
4	030411001001	配管	刚性阻燃管 PC20 砖、混凝土结构暗配 CC、WC	m	51.71	11.28	583.29	
5	030411001002	配管	刚性阻燃管 PC40 砖、混凝土结构暗配 FC、WC	m	14.70	17.39	255.63	
6	030411004001	配线	管内穿线 BV2.5mm²	m	189.03	3.53	667.28	
7	030411004002	配线	管内穿线 BV16mm²	m	83.50	13.55	1131.43	
8	030412001001	普通灯具	吸顶灯 1 ×32W	套	2.00	124.98	249.96	

（续）

序号	项目编码	项目名称	项目特征描述	计量单位	工程量	金额/元		
						综合单位	合价	暂估价
9	030412005001	荧光灯	（1）单管荧光灯，自带蓄电池 1×28W （2）应急时间不小于 120min，吸顶安装	套	8.00	144.94	1159.52	
10	030412005002	荧光灯	（1）双管荧光灯，自带蓄电池 2×28W （2）应急时间不小于 120min，吸顶安装	套	4.00	211.30	845.20	
		合计					9942.72	

综合单价及合价的计算过程如下：

1）配电箱（含压铜接线端子、无端子外部接线）：［131.5＋37.9＋131.5×（40%＋20%）＋4000＋5×（2.5＋3.87＋2.5×60%）］元＋3×（1.2＋1.44＋1.2×60%）元＝4297.73 元

2）插座箱：［102.3＋34.4＋500＋102.3×（40%＋20%）］元＝698.08 元。

3）电气配管 PC20：51.71×（5.4＋0.52＋1.06×2＋5.4×60%）元＝51.71×11.28 元＝583.29 元。

4）电气配管 PC40：14.70×（6.66＋1.43＋1.06×5＋6.66×60%）元＝14.70×17.39 元＝255.63 元。

5）管内敷设 BV2.5 mm^2 电气配线：189.03×（0.81＋0.15＋1.16×1.8＋0.81×60%）元＝189.03×3.53 元＝667.28 元。

6）管内敷设 BV16 mm^2 电气配线：83.5×（0.81＋0.18＋1.05×11.5＋0.81×60%）元＝83.5×13.55 元＝1131.43 元。

7）照明开关：2×（7＋0.8＋1.02×15＋7×60%）元＝2×27.30 元＝54.6 元。

8）单管荧光灯：8×（13.9＋1.5＋1.01×120＋13.9×60%）元＝8×144.94 元＝1159.52 元。

9）双管荧光灯：4×（17.5＋1.5＋1.01×180＋17.5×60%）元＝4×211.30 元＝845.20 元。

10）吸顶灯：2×（13.8＋1.9＋1.01×100＋13.8×60%）元＝2×124.98 元＝249.96 元。

2. 综合单价分析结果见表 10-8。

表 10-8　综合单价分析结果

项目编码	030404017001		项目名称	总照明配电箱 AL		计量单位	台		工程量	1.00	
清单综合单价组成明细											
定额编号	定额名称	定额单位	数量	单价				合价			
				人工费	材料费	机械费	管理费和利润	人工费	材料费	机械费	管理费和利润
4-2-77	成套配电箱安装嵌入式半周长≤1.5m	台	1.00	131.50	37.90	0	78.90	131.50	37.90	0	78.90
4-1-14	无端子外部接线导线截面≤2.5mm^2	个	3.00	1.20	1.44	0	0.72	3.60	4.32	0	2.16

（续）

项目编码	030404017001		项目名称	总照明配电箱 AL		计量单位		台	工程量		1.00
清单综合单价组成明细											
定额编号	定额名称	定额单位	数量	单价				合价			
				人工费	材料费	机械费	管理费和利润	人工费	材料费	机械费	管理费和利润
4-4-26	压铜接线端子导线截面 $\leqslant 16\text{mm}^2$	个	5.00	2.50	3.87	0	1.50	12.50	19.35	0	7.50
人工日工资单价		小计						147.60	61.57	0	88.56
100 元/工日		未计价材料费						4000.00			
清单项目综合单价/元								4297.73			
材料费明细	主要材料名称、规格、型号			单位	数量	单价		合价	暂估单价/元		暂估合价/元
	总照明配电箱 AL			台	1.00	4000.00		4000.00			
	其他材料费					—		61.57	—		
	材料费小计					—		4061.57	—		

实例二

已知某电气照明工程，该工程是一栋3层3个单元的居民砖混住宅楼。图10-3是电气照明系统图，图10-4是一单元二层电气照明平面图，其他各单元各层均与此相同，每个开间均为3m。

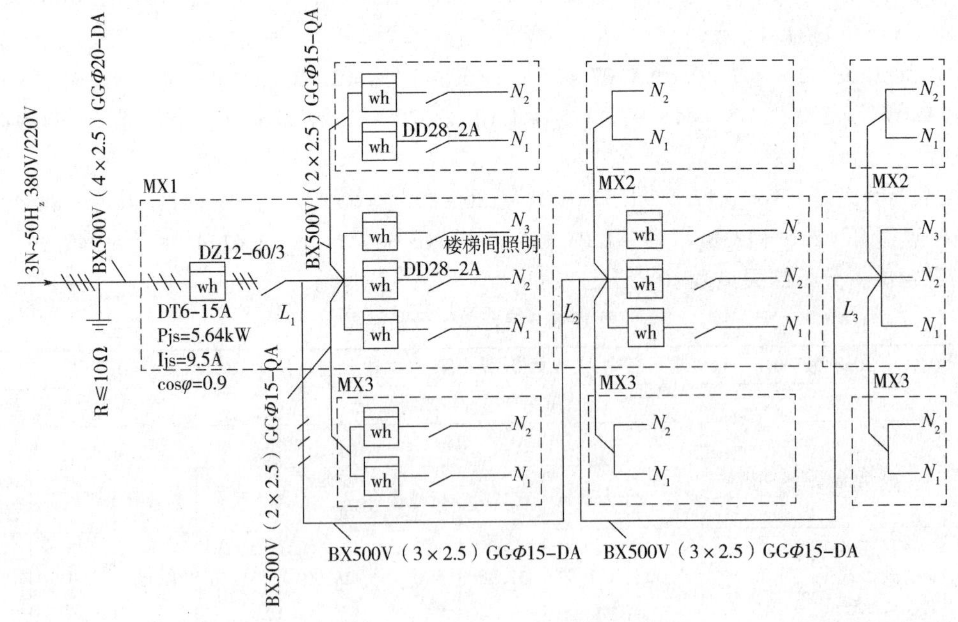

图10-3　电气照明系统图

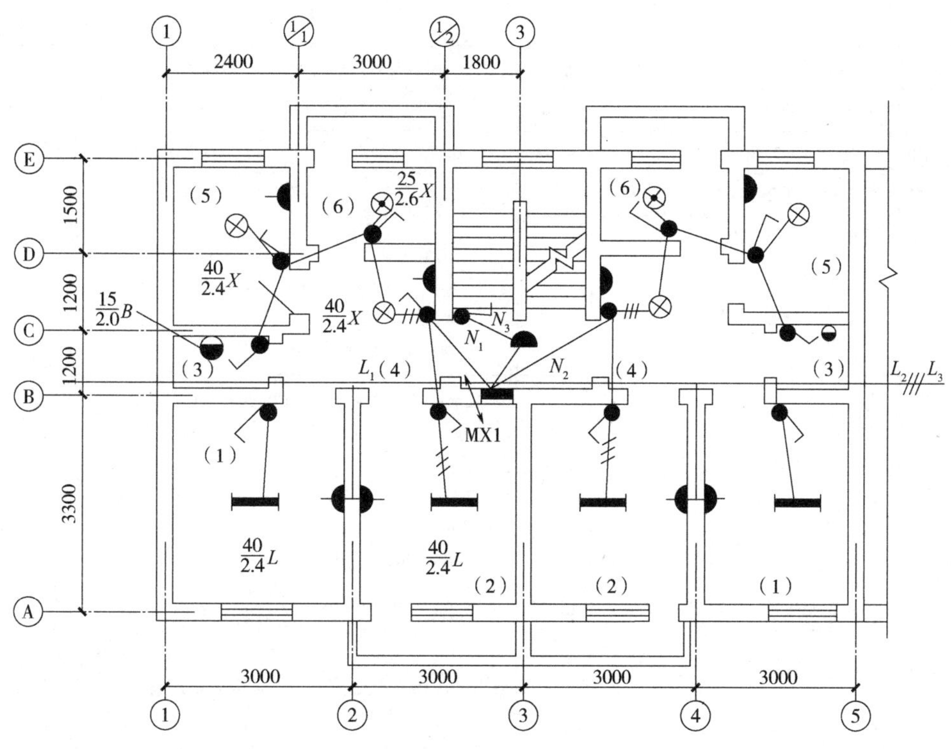

图 10-4　电气照明平面图

解：(1) 工程说明见表 10-9。

表 10-9　工程说明

项目	内容
电源线	电源线架空引入，采用三相四线制电源供电，进户线沿二层地板穿管暗敷设，进户点距室外地面高度 $H≥3.6$m，进户线要求重复接地，接地电阻 $R≤10Ω$，进户横担为两端埋设式，规格是∟ 50×5×800
配电箱	本工程共有 9 个配电箱，分别在每单元的每层设置。MX1 为总配电箱兼一单元第二层的分配电箱，设在一单元第二层，规格为 800mm×400mm×125mm（长×高×厚）。MX2 为二、三单元第二层的分配电箱，规格为 500mm×400mm×125mm（长×高×厚）。MX3 为三个单元第一、三层的分配电箱，规格为 350mm×400mm×125mm（长×高×厚） 配电箱均购成品成套箱
安装高度	配电箱底距楼地面 1.4m，跷板开关距地 1.3m、距门框 0.2m，插座距地 1.8m
导线	导线未标注者均为 BLX-500V-2.5mm² 暗敷 GGDN15
层高	建筑物层高 3.6m

(2) 工程量计算。

工程量计算见表 10-10，工程量汇总见表 10-11。

表 10-10　工程量计算

工程名称：某住宅楼电气照明

序号	项目名称	单位	数量	计算公式
1	进户横担安装（两端埋设）	m	1.00	角钢∟ 50×5：1.00

（续）

序号	项目名称	单位	数量	计算公式
2	进户线配管 GDN20	m	6.40	5（水平）+1.4（竖向）=6.40
3	进户导线 BX4×2.5mm^2	m	36.40	[6.4+（1.5+0.8+0.4）（预留）]×4=36.40
4	成套配电箱安装 2m 以内	台	1.0	
5	成套配电箱安装 1m 以内	台	8.0	
6	二层配电箱之间配管GDN15	m	51.20	12×2+1.4×2+1.4×2=29.60 6×3.6=21.60 29.60+21.60=51.20
7	二层配电箱之间配线 BX2.5mm^2	m	147.00	12×3+12×2+（0.8+0.4）×3（预留）+（0.5+0.3）×2（预留）+（0.5+0.4）×2×2（预留）+1.4×2×3+1.4×2×2=82.80 21.6×2+（0.35+0.4）×2×6+（0.5+0.4）×2×4+（0.8+0.4）×2×2=64.20 82.80+64.20=147.00
8	一个单元走廊配管 GDN15	m	46.20	15.90+30.30=46.20
	①沿顶棚顶以平面比例计算 ②沿墙以建筑物层高计算			[2（配电箱至右边用户）+1.5（配电箱至左边用户）+0.8（配电箱至走廊）+1（灯至右开关）]×3=15.90 [3.6（层高）-1.4（箱底高度）-0.4（箱高）]×3×3+3.6×2+（3.6-1.3）×3=30.30
9	一个单元走廊配线BX2.5mm^2	m	105.60	[（15.9+30.3）+（0.35+0.4）×4+（0.8+0.4）×3]×2=105.60
10	一个用户内的配管 GDN15	m	37.65	15.05+22.60=37.65
	①沿顶棚顶以平面图比例计算 ②沿墙以建筑物层高计算			0.24（总线向1号房开关引线）+0.24（1号房插座至2号房插座）+（0.12+3.3/2）（总线向1号、2号插座引线）+1.6（1号房开关至灯）+1.6（2号房开关至灯）+0.5（3号房开关至灯）+1.4（4号房开关至2号房开关）+1（4号房开关至灯）+1（4号房灯至6号房开关）+0.5（4号房开关至插座）+0.9（5号房开关至灯）+1.2（5号房开关至3号房开关）+1.3（5号房开关至插座）+0.7（6号房开关至灯）+1.1（6号房开关至5号房开关）=15.05 [3.6-1.3（开关安装高度）]×6（开关数量）+[3.6-1.8（插座安装高度）]×4（插座数量）+3.6-2（壁灯安装高度）=22.60
11	一个用户内穿线BLX2.5mm^2	m	76.00	34.1（1个用户内配管总长）×2（穿线根数）+2.6×3（穿3根线管长）=76.00
12	半圆球吸顶灯（楼梯处）	套	9.0	1×3×3=9
13	软线吊灯	套	36.0	2×18=36
14	防水灯	套	18.0	1×18=18
15	一般壁灯	套	18.0	1×18=18
16	吊链式单管荧光灯	套	36.0	2×18=36
17	跷板开关	套	117.0	6×18+1×3×3=117

（续）

序号	项目名称	单位	数量	计算公式
18	单相三孔插座	套	72.0	4×18=72
19	接线盒	个	117.0	6×18+3×3=117
20	灯头盒（吸顶灯）	个	27.0	1×18+9=27
21	开关盒	个	117.0	6×18+1×3×3=117
22	插座盒	个	72.0	4×18=72

表 10-11　工程量汇总

工程名称：某住宅楼电气照明

序号	定额编号	项目名称	单位	数量	计算公式
1	2-802	进户横担安装（两端埋设）	根	1.0	
2	2-266	成套配电箱安装 2m 以内	台	1.0	
3	2-264	成套配电箱安装 1m 以内	台	8.0	
4	2-1009	进户线配置 GDN20 暗敷	100m	0.064	6.4/100=0.064
5	2-1008	配管 GDN15 暗敷	100m	8.675	（51.20+46.2×3+37.65×18）/100=8.675
6	2-1172	导线 BX2.5mm^2	100m	5.002	（36.4+147.00+105.6×3）/100=5.002
7	2-1169	导线 BLX2.5mm^2	100m	13.68	（76.00×18）/100=13.68
8	2-1384	半圆球吸顶灯	10 套	0.9	9/10=0.9
9	2-1389	软线吊灯	10 套	3.6	36/10=3.6
10	2-1391	防水灯	10 套	1.8	18/10=1.8
11	2-1393	一般壁灯	10 套	1.8	18/10=1.8
12	2-1588	吊链式单管荧光灯	10 套	3.6	36/10=3.6
13	2-1637	跷板开关	10 套	11.7	117/10=11.7
14	2-1670	单相三孔插座	10 套	7.2	72/10=7.2
15	2-1377	接线盒	10 个	11.7	117/10=11.7
16	2-1377	灯头盒	10 个	2.7	27/10=2.7
17	2-1378	开关盒	10 个	11.7	117/10=11.7
18	2-1378	插座盒	10 个	7.2	72/10=7.2

主材价格见表 10-12，工程预算见表 10-13，工程取费见表 10-14。

表 10-12　主材价格

项目文件：某住宅楼室内照明工程

序号	项目名称	单位	数量	预算价	合计/元
1	接线盒	个	119.34	2.50	298.35

（续）

序号	项目名称	单位	数量	预算价	合计/元
2	灯头盒	个	27.54	2.50	68.85
3	开关盒	个	119.34	2.50	298.35
4	插座盒	个	73.44	2.50	183.60
5	2孔加3孔单相暗插座	套	73.44	3.67	269.52
6	半圆球吸顶	套	9.09	25.00	227.25
7	壁灯	套	18.18	15.30	278.15
8	跷板暗开关	只	119.34	2.50	298.35
9	吊链式单管荧光灯	套	36.36	28.22	1026.08
10	防水吊灯	套	18.18	6.50	118.17
11	焊接钢管 *DN*15	m	869.84	4.83	4201.33
12	焊接钢管 *DN*20	m	6.59	6.10	40.20
13	BLV 绝缘导线 2.5mm^2	m	1626.55	0.28	455.43
14	BV 绝缘导线 2.5mm^2	m	581.51	0.59	343.09
15	软线吊灯	套	36.36	2.50	90.90
16	成套配电箱（半圆长2.5m以内）	台	1.00	800.00	800.00
17	成套配电箱（半圆长1.0m以内）	台	8.00	360.00	2880.00
18	镀锌角钢50×5横担（含绝缘子及防水弯头）	根	1.00	90.00	90.00
合计					11967.62

表 10-13 工程预算

工程名称：某住宅楼内照明工程

序号	定额编号	工程项目名称	工程量		定额直接费/元		其中人工费/元		未计价材料费				
			单位	工程量	基价	合价	基价	合价	材料名称	单位	材料数量	单价/元	合价/元
1	2-264	成套配电箱安装悬挂嵌入式(半周长1.0m)	台	8.000	101.28	810.24	37.80	302.40	成套配电箱(半周长1.0m以内)	台	8.00	360.00	2880.00
2	2-266	成套配电箱安装悬挂嵌入式(半周长2.5m)	台	1.000	146.97	146.97	58.80	58.80	成套配电箱(半周长2.5m以内)	台	1.00	800.00	800.00
3	2-802	进户线横担安装两端埋设式四线	根	1.000	49.51	49.51	7.77	7.77	镀锌角钢∟50×5横担	根	1.00	90.00	90.00
4	2-849	送配电装置系统调试1kV以下交流供电（综合）	系统	1.000	589.69	589.69	210.00	210.00					

（续）

序号	定额编号	工程项目名称	工程量		定额直接费/元		其中人工费/元		未计价材料费				
			单位	工程量	基价	合价	基价	合价	材料名称	单位	材料数量	单价/元	合价/元
5	2-1008	砖、混凝土结构暗配钢管公称口径（15mm以内）	100m	8.675	336.61	2920.09	141.75	1229.68	焊接钢管 *DN*15	m	869.84	4.83	4201.33
6	2-1009	砖、混凝土结构暗配钢管公称口径（20mm以内）	100m	0.064	367.68	23.53	151.20	9.68	焊接钢管 *DN*20	m	6.59	6.10	40.20
7	2-1169	管内穿线照明线路导线截面（2.5mm^2以内）铝芯	100m单线	13.68	46.15	631.33	21.00	287.28	BLX绝缘导线2.5mm^2	m	1626.55	0.28	455.43
8	2-1172	管内穿线照明线路导线截面（2.5mm^2以内）铜芯	100m单线	5.002	54.12	270.71	21.00	105.04	BX绝缘导线2.5mm^2	m	581.51	0.59	343.09
9	2-1377	暗装接线盒安装	10个	11.700	29.94	350.30	9.45	110.57	接线盒	个	119.34	2.50	298.35
10	2-1377	暗装灯头盒安装	10个	2.700	29.94	80.84	9.45	25.52	灯头盒	个	27.54	2.50	68.85
11	2-1378	暗装开关盒安装	10个	11.700	25.24	295.31	10.08	117.94	开关盒	个	119.34	2.50	298.35
12	2-1378	暗装插座盒安装	10个	7.200	25.24	181.73	10.08	72.58	插座盒	个	73.44	2.50	183.60
13	2-1384	半圆球吸顶灯	10套	0.900	204.41	183.97	45.36	40.82	半圆球吸顶	套	9.09	25.00	227.25
14	2-1389	软线吊灯	10套	3.600	66.97	241.09	19.74	71.06	软线吊灯	套	36.36	2.50	90.90
15	2-1391	防水吊灯	10套	1.800	59.28	106.70	19.74	35.53	防水吊灯	套	18.18	6.50	118.17
16	2-1393	一般壁灯	10套	1.800	190.07	342.13	42.42	76.36	壁灯	套	18.18	15.30	278.15

（续）

序号	定额编号	工程项目名称	工程量		定额直接费/元		其中人工费/元		未计价材料费				
			单位	工程量	基价	合价	基价	合价	材料名称	单位	材料数量	单价/元	合价/元
17	2-1588	成套型荧光灯具安装吊链式单管	10套	3.600	141.69	510.08	45.57	164.05	吊链式单管荧光灯	套	36.36	28.22	1026.08
18	2-1637	扳式暗开关(单控)单联	10套	11.700	37.12	434.30	17.85	208.85	跷板暗开关	只	119.34	2.50	298.35
19	2-1670	单相暗插座15A 2孔加3孔	10套	7.200	49.17	354.02	23.10	166.32	2孔加3孔单相暗插座	套	73.44	3.67	269.52
20		脚手架搭拆费	元	1.000	163.58	163.58	32.75	32.75					
		合计	元			8686.12		3333.00					11967.62

表10-14　工程取费

序号	费用名称	取费基数	费率（%）	金额/元
1	综合计价合计	Σ（分项工程量×分项子目综合基价）		8686.12
2	计价中人工费合计	Σ（分项工程量×分项子目综合基价中人工费）		3333.00
3	未计价材料费用	主材费合计		11967.62
4	施工措施费	[5]＋[6]		
5	施工技术措施费	其费用包含在1中		
6	施工组织措施费			
7	安全文明施工增加费	（人工费合计）×7%	7.00	233.31
8	差价	[9]＋[10]＋[11]		
9	人工费差价	不调整		
10	材料差价	不调整		
11	机械差价	不调整		
12	专项费用	[13]＋[14]		1133.22
13	社会保险费	[2]×33%	33.00	1099.89
14	工程定额测定费	[2]×1%	1.00	33.33
15	工程成本	[1]＋[3]＋[4]＋[8]＋[12]		21786.96
16	利润	[2]×38%	38.00	1266.54
17	其他项目费	其他项目费		
18	税金	{[15]＋[16]＋[17]}×3.413%	3.413	786.82
19	工程造价	[15]＋[16]＋[17]＋[18]		23840.32
	含税工程造价：贰万叁仟捌佰肆拾元叁角贰分			23840.32

参考文献

[1] 住房和城乡建设部，国家质量监督检验检疫总局．建设工程工程量清单计价规范：GB 50500—2013［S］．北京：中国计划出版社，2013.

[2] 住房和城乡建设部．通用安装工程工程量计算规范：GB 50856—2013［S］．北京：中国计划出版社，2013.

[3] 杨庆丰．建筑工程招投标与合同管理［M］．北京：机械工业出版社，2012.

[4] 姜海．电气工程制图［M］．北京：中国电力出版社，2015.

[5] 张日新，等．工程施工［M］．北京：中国电力出版社，2014.

[6] 王和平．安装工程工程量清单计价原理与实务［M］．北京：中国建筑工业出版社，2010.

[7] 赵莹华．例解安装工程工程量清单计价［M］．武汉：华中科技大学出版社，2010.